COURS

D'ARITHMÉTIQUE

DU MÊME AUTEUR :

Leçons d'Arithmétique pratique, (Année préparatoire) par EUG. ANDRÉ. 1 vol. in-18 jésus; cartonné. . . . . 1 fr.
Cours d'Arithmétique (2e année); **Arithmétique commerciale**. 1 vol. in-18 jésus, cart. . . . . 1 fr. 50

PARIS. — IMPR. JULES LE CLERE, RUE CASSETTE, 29.

COURS COMPLET
D'ENSEIGNEMENT SECONDAIRE SPÉCIAL

COURS

D'ARITHMÉTIQUE

RÉDIGÉ

Conformément aux programmes officiels de 1866

PAR

Eug. ANDRÉ

Répétiteur de mathématiques à l'École municipale Turgot

PREMIÈRE ANNÉE

ARITHMÉTIQUE THÉORIQUE ET PRATIQUE

TROISIÈME ÉDITION.

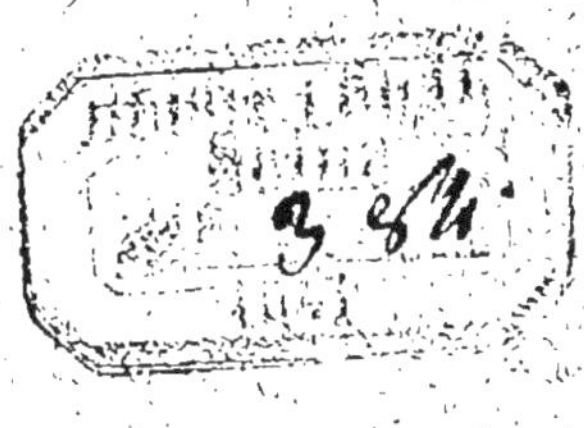

PARIS

LIBRAIRIE CH. DELAGRAVE

58, RUE DES ÉCOLES, 58.

1874

[illegible]

[illegible]

[illegible]

[illegible]

[illegible]

AVIS DE L'ÉDITEUR

M. André étant mort, ses héritiers et M. Delagrave, son éditeur, ont confié la révision de ce livre, en vue de la publication de la troisième édition, qui paraît aujourd'hui, à M. Fitremann, professeur de mathématiques à l'École préparatoire de Sainte-Barbe et à l'École municipale Turgot.

Du reste, comme le reconnaîtront facilement les personnes qui ont eu entre les mains l'édition précédente, M. Fitremann a complétement respecté le fond de l'ouvrage de M. André, et s'est borné à modifier la rédaction de certains passages et à corriger, autant qu'il l'a pu, les quelques fautes typographiques qui existaient encore dans la deuxième édition.

Les professeurs qui ont adopté l'ouvrage de M. André le retrouveront donc dans cette nouvelle édition tel qu'ils le connaissent, et n'ayant rien perdu des qualités qui lui ont valu jusqu'ici un si légitime succès.

L'Éditeur,

Ch. DELAGRAVE.

PROGRAMME D'ARITHMÉTIQUE

PREMIÈRE ANNÉE

Prescrit par décision du 6 juillet 1866.

PROGRAMME D'ARITHMÉTIQUE.

ARITHMÉTIQUE

THÉORIQUE ET PRATIQUE

INTRODUCTION

I. — NOTIONS PRÉLIMINAIRES

Grandeur ou quantité. — Quantités qui se comptent. — Quantités qui se
mesurent. — Unité, nombre. — Nombres entiers, fractionnaires ; nombres
décimaux.

1. Grandeur ou quantité. — On appelle *grandeur* ou
quantité tout ce qui est susceptible d'être *augmenté* ou *diminué*.

Les groupes d'objets de même espèce, les prix et les valeurs
monétaires, les longueurs, les surfaces, les volumes, les poids, le
temps, les forces sont des quantités.

2. Quantités qui se comptent. — Il y a des quantités
qui sont de leur nature divisées en parties distinctes; on les
nomme *discontinues*. Une pile de livres, un troupeau de moutons,
qui se partagent naturellement en parties distinctes, *livre, mou-
ton*, sont des quantités discontinues.

Il en est ainsi de toute collection d'objets de la même espèce.
Chacun de ces objets, considéré isolément, est appelé l'*unité* de
cette espèce. Dans une collection de livres, chaque livre est l'unité.

Une unité et *une* unité font *deux* unités ; *deux* unités et *une*
unité font *trois* unités; *trois* unités et *une* unité font *quatre* unités ; de même *quatre* et *un* font *cinq, cinq* et *un* font *six*, etc.

Dire sur une série d'objets cette suite de noms : un sur le premier, deux sur le suivant, trois sur celui qui vient après, quatre
sur un autre, et ainsi de suite, jusqu'au dernier, c'est ce qu'on
appelle *compter* ces objets.

Les premiers objets ou les premières unités se comptent par les noms :

Un, deux, trois, quatre, cinq, six, sept, huit, neuf, dix.

S'il y en a davantage, on en forme des groupes de dix ; en dehors de ces groupes il peut rester plusieurs unités non groupées dites *unités simples* ou unités du *premier ordre*, dont le nombre est toujours inférieur à dix. Les groupes de dix s'appellent *dizaines* ou unités du *second ordre*. — S'il n'y en a pas plus de dix, on les compte comme les unités du premier ordre. — S'il y en a davantage, on en forme des groupes de dix dizaines, qu'on appelle *centaines*, ou *cents*, ou unités du *troisième ordre*, et il reste en dehors de ces groupes moins de dix dizaines. — S'il n'y a pas plus de dix centaines, on les compte comme les unités simples. — S'il y en a davantage, on en forme encore des groupes de dix centaines, qu'on appelle *mille* ou unités du *quatrième ordre*, et ainsi de suite.

3. Quantités qui se mesurent. — Il y a des quantités qui ne sont pas naturellement divisées en parties distinctes, mais qui sont susceptibles d'être partagées comme on veut : on les nomme quantités ou grandeurs *continues*. Telle est la longueur d'un bout de fil : il ne présente pas de parties distinctes, mais on peut le partager à volonté en le coupant en n'importe quel point. Telle est encore la surface d'une feuille de papier : elle présente un tout sans séparation ; mais un trait marqué au travers peut la partager comme on veut. Ces sortes de quantités se *mesurent*, voici comment :

Supposons, pour fixer les idées, qu'on veuille mesurer la longueur d'une table. On se sert d'une longueur connue, du mètre, par exemple ; on le porte sur la longueur autant de fois qu'il peut y être contenu, soit trois fois exactement ; la longueur de la table est trois mètres ; les unités comptées sont des mètres.

Supposons maintenant qu'ayant porté le mètre deux fois sur la longueur, il y ait un reste moindre que le mètre. Le mètre étant divisé en dix parties égales qu'on appelle décimètres, prenons le décimètre comme nouvelle unité ; portons-le sur la portion qui reste à mesurer autant de fois qu'il est possible, soit quatre fois : la longueur sera de deux mètres et quatre décimètres.

On continue de la sorte autant qu'il est nécessaire, en mesurant toujours ce qui reste avec une unité dix fois moindre que la précédente.

Les unités de dix en dix fois plus petites ainsi formées s'appellent, la première : unité du *premier ordre décimal* ou *dixième*; la seconde : unité du *deuxième ordre décimal* ou *centième*; la troisième : unité du *troisième ordre décimal* ou *millième*; etc.

Mais, au lieu de partager l'unité en parties de dix en dix fois plus petites, on la partage aussi bien en 2, 3, 4, 5... parties égales, qu'on nomme demies, tiers, quarts, cinquièmes... de l'unité et dont on se sert de la même manière.

4. Unité, nombre. — On appelle *unité* toute quantité choisie pour servir de terme de comparaison entre les quantités de la même espèce.

Comparer une quantité à son unité de façon à reconnaître combien cette quantité contient d'unités ou de parties connues de l'unité, c'est ce qu'on appelle la *mesurer*.

Chaque quantité est ainsi considérée comme une collection d'objets distincts ou d'unités de convention et de parties plus petites de ces unités.

Un *nombre* est la collection des unités ou des parties d'unité dont une quantité se compose.

Un nombre qui ne contient que des unités entières est appelé nombre *entier*. Un nombre obtenu en partageant l'unité en parties égales et en prenant une ou plusieurs de ces parties est appelé *nombre fractionnaire*.

Quand un nombre ne contient que des unités entières et des parties de l'unité de dix en dix fois plus petites, on le nomme *nombre décimal*.

II. — NUMÉRATION DÉCIMALE.

Numération parlée. — Ordres et classes. — Numération écrite. — Lecture d'un nombre. — Base du système de la numération décimale.

5. Numération parlée. — On a nommé *unités, dizaines, centaines*, les trois premiers ordres d'unités entières ; à partir de là on n'a donné des noms distincts aux autres ordres que de trois en trois. Ces noms sont *mille, million, billion*[1], *trillion*, etc.

Les unités du quatrième, du cinquième et du sixième ordre

_____
1. On dit *milliard* quand il s'agit de sommes d'argent.

s'appellent : *mille* ou *unités de mille, dizaines de mille, centaines de mille*; les unités du septième, du huitième et du neuvième ordre s'appellent : *million* ou *unité de million, dizaine de millions, centaine de millions*, et ainsi de suite.

On a fait de même pour les ordres d'unités décimales : de trois en trois ordres, on les nomme *millièmes, millionièmes, billionièmes...* Les unités des deux ordres qui suivent les millièmes sont appelés *dix-millièmes, cent-millièmes*; après les millionièmes viennent les *dix-millionièmes*, les *cent-millionièmes*, et ainsi de suite.

En disant combien il y a d'unités de l'ordre entier ou décimal le plus élevé, combien du suivant, et ainsi de suite, on forme le nom du nombre qui représente les objets comptés ou la grandeur mesurée.

Termes particuliers. 1° On dit *onze, douze, treize, quatorze, quinze, seize,* au lieu de dix-un, dix-deux, dix-trois, dix-quatre, dix-cinq, dix-six.

2° Au lieu de deux dizaines, trois dizaines, quatre dizaines, cinq dizaines, six dizaines, sept dizaines, huit dizaines, neuf dizaines, on dit : *vingt, trente, quarante, cinquante, soixante, septante,* ou plus généralement *soixante-dix*; *octante,* ou plus généralement *quatre-vingts*; *nonante,* ou plus généralement *quatre-vingt-dix.*

3° Après soixante-dix, on dit : *soixante et onze, soixante-douze, soixante-treize, soixante-quatorze, soixante-quinze, soixante-seize*; et de même, après quatre-vingt-dix, on dit : *quatre-vingt-onze, quatre-vingt-douze, quatre-vingt-treize, quatre-vingt-quatorze, quatre-vingt-quinze, quatre-vingt-seize.*

6. Ordres et classes. — *Une unité d'un ordre en vaut dix du premier ordre qui lui est inférieur;* par suite elle en vaut cent du second, mille du troisième, dix mille du quatrième, etc.

Les unités de mille en mille fois plus grandes ou plus petites, à partir des unités simples, se nomment *unités ternaires.* Ce sont, les unités simples, les mille, les millions, les billions, etc...; les millièmes, les millionièmes, les billionièmes, etc.

Un ordre d'unités ternaires, l'ordre immédiatement supérieur (qui exprime des dizaines du premier), et le suivant (qui exprime des centaines du premier), constituent ce qu'on appelle une *classe.* Le tableau suivant offre le résumé des ordres et des classes.

TABLEAU RÉSUMÉ DE LA NUMÉRATION PARLÉE.

9. Centaine de millions....................	)	classe
8. Dizaine de millions......................	}	des
7. Unité de million	)	millions.
6. Centaine de mille.......................	)	classe
5. Dizaine de mille........................	}	des
4. Unité de mille..........................	)	mille.
3. Centaine..............................	)	classe
2. Dizaine...............................	}	des
1. Unité	)	unités.
1. Dixième ou Centaine de millièmes........	)	classe
2. Centième ou Dizaine de millièmes........	}	des
3. Millième ou Unité de millième...........	)	millièmes.
4. Dix-millième ou Centaine de millionièmes.	)	classe
5. Cent-millième ou Dizaine de millionièmes.	}	des
6. Millionième ou Unité de millionième......	)	millionièm.
7. Dix-millionième ou Centaine de billionièmes.	)	classe
8. Cent-millionième ou Dizaine de billionièmes.	}	des
9. Billionième ou Unité de billionième........	)	billionièm.

7. Numération écrite. — Les nombres peuvent s'écrire au moyen de signes abréviatifs qu'on nomme *chiffres*. — Les neuf premiers, qui représentent les neuf premiers nombres, sont :

$$1, 2, 3, 4, 5, 6, 7, 8, 9.$$

On les appelle chiffres *significatifs*. On se sert, en outre, d'un dixième caractère, 0, appelé *zéro*, qui n'a par lui-même aucune valeur, mais sert à marquer la place des ordres d'unités qui ne se trouvent pas dans un nombre.

Avec ces dix caractères, on parvient, grâce à la convention suivante, à représenter tous les nombres.

CONVENTION FONDAMENTALE. *Tout chiffre placé à la droite d'un autre représente des unités de l'ordre immédiatement inférieur.* Il en résulte que *tout chiffre représente des unités dix fois plus petites que celles du chiffre qui est immédiatement à sa gauche.*

ÉCRITURE D'UN NOMBRE. RÈGLE I. *Pour représenter en chiffres un nombre entier, on écrit le chiffre des unités de l'ordre le plus élevé, à sa droite le chiffre des unités de l'ordre immédiatement inférieur, puis* celui des unités de l'ordre suivant, et ainsi de suite jusqu'aux unités simples inclusivement, — en ayant soin de marquer par un zéro la place de tout ordre d'unités intermédiaire manquant.

Exemple : Cinquante millions, soixante-dix-huit mille, quatre cent vingt s'écrira : 50 078 420.

RÈGLE II. *Pour représenter en chiffres un nombre décimal, on écrit les entiers s'il y en a; un zéro, s'il n'y a pas d'entiers; puis, de gauche à droite, une virgule, — ensuite le chiffre du premier ordre décimal, puis le chiffre du deuxième ordre décimal, etc.; — en ayant soin de marquer par un zéro la place de tout ordre intermédiaire manquant.*

Exemple : Six unités, trente-cinq millièmes, ou six unités, pas de dixièmes, trois centièmes et cinq millièmes, s'écrira : 6,035.

Chaque classe se trouve représentée par une tranche de trois chiffres, et chaque classe intermédiaire qui manque est par conséquent remplacée par trois zéros.

Exemple : Cinq millions, trois cent quarante-cinq, six cent trente-quatre millièmes : 5 000 345, 634.

LECTURE D'UN NOMBRE. — 1° *Pour lire un nombre entier écrit, on le partage par la pensée en tranches de trois chiffres à partir de la droite; puis, commençant par la gauche, on lit séparément chaque tranche, en lui donnant le nom de la classe qu'elle représente.*

Exemple : 26 703 812 se lira : 26 millions, 703 mille, 812 unités.

2° *Pour lire un nombre décimal, on lit d'abord la partie entière; puis le nombre formé par l'ensemble des chiffres décimaux comme un nombre entier, en lui donnant le nom des unités décimales du dernier ordre.*

Exemples : 126,79 se lit : 126 unités, 79 centièmes.
　　　　　　37,175 se lit : 37 unités, 175 millièmes.

Bien que cette règle puisse toujours être appliquée, il est préférable d'adopter la suivante quand le nombre des chiffres décimaux est plus grand que trois : *pour lire la partie décimale d'un nombre, on la sépare par la pensée en tranches de trois chiffres à partir de la virgule, et on lit de gauche à droite chaque tranche séparément, en lui donnant le nom de la classe qu'elle représente.*

Exemples : 3,006 000 5 se lit : 3 unités, 6 millièmes, 500 billionièmes.

0,321 409 se lit : 321 millièmes, 409 millionièmes.

8. Base du système de la numération décimale. —
Dix, nombre des unités d'un ordre qui, groupées ensemble,
forment l'unité de l'ordre suivant, est appelé la BASE de notre
système de numération. Celui-ci s'appelle le SYSTÈME DE LA NUMÉ-
RATION DÉCIMALE.

III. — APPLICATIONS DE LA NUMÉRATION.

Valeur absolue, relative. — Changement d'unité. — Rendre un nombre
10, 100, 1000 fois plus grand ou plus petit : zéros placés ou supprimés à
la droite d'un nombre; déplacement de la virgule dans un nombre décimal. — Applications. — Valeur approchée d'un nombre. — Exercices.

9. Valeur absolue, relative. — On nomme *valeur absolue*
d'un chiffre le nombre d'unités que ce chiffre représente, quel
que soit l'ordre de ces unités. On nomme *valeur relative* d'un
chiffre le nombre qu'il représente en raison de la place qu'il
occupe. Elle s'obtient en disant 1° sa valeur absolue, 2° le nom
des unités de l'ordre auquel il appartient. Ex. : dans le nombre
5,324, le chiffre 4 a pour valeur absolue quatre, et pour valeur
relative 4 millièmes.

10. Changement d'unité. — En partant du chiffre d'un ordre
désigné, les unités représentées par les divers chiffres qui le
suivent de droite à gauche, valent dix, cent, mille,... unités de
cet ordre désigné.

Appliquons ces remarques au nombre 23ᶠ,45.

En partant du chiffre 5, 4 représente des unités dix fois plus
fortes ou des dizaines de centimes; 3 des unités cent fois plus
fortes ou des centaines de centimes ; 2 des unités mille fois plus
fortes ou des mille de centimes. En prenant le centime pour unité, on pourra regarder ce nombre comme représentant 2345 centimes.

En écrivant un zéro à droite du chiffre 5 du nombre 23ᶠ45,
on aura 23ᶠ, 45⁰ ; ce nombre aura toujours la même valeur,
car chacun de ses chiffres représentera toujours le même nombre

d'unités du même ordre ; mais on pourra alors le lire autrement, soit 23 francs, 450 millièmes de franc, soit 23450 millièmes.

On ne change pas la valeur d'un nombre décimal en écrivant à sa droite un ou plusieurs zéros.

11. Rendre un nombre 10, 100, 1000... fois plus grand ou plus petit. — 1° *Zéros placés ou supprimés à la droite d'un nombre entier.* 24 représente 24 unités ; 240 représente 24 dizaines, il est donc dix fois plus fort ; 2400 représente 24 centaines, il est donc cent fois plus fort que 24.

On rend un nombre entier 10, 100, 1000... fois plus grand en écrivant à sa droite 1, 2, 3... zéros. — Un nombre entier étant terminé par des zéros, on le rend 10, 100, 1000... fois plus petit en supprimant à sa droite 1, 2, 3... zéros.

Ex. : 37000 est 1000 fois 37 ; 540 est dix fois plus petit que 5400 ; 54 est cent fois plus petit que 5400.

2° *Déplacement de la virgule dans un nombre décimal.* 23,712 représente 23712 millièmes ; 237,12 représente 23712 centièmes, il est donc 10 fois plus grand ; 2371,2 représente 23712 dixièmes, il est donc 100 fois plus grand que 23,712.

On rend un nombre décimal, 10, 100, 1000... fois plus grand en déplaçant la virgule de 1, 2, 3... rangs vers la droite ; — on le rend 10, 100, 1000... fois plus petit en déplaçant la virgule de 1, 2, 3... rangs vers la gauche.

Ex. : 27,14 est dix fois 2,714 ; cent fois 0,2714 ; mille fois 0,02714 ; 2,3 est dix fois moindre que 23.

Si le nombre décimal que l'on veut rendre 10, 100, 1000... fois plus grand ou plus petit ne contient pas assez de chiffres pour permettre l'application directe des règles précédentes, on devra commencer par écrire, soit à sa droite, soit à sa gauche, autant de zéros qu'il sera nécessaire pour rendre ces règles applicables.

Ex. : Rendre 3,45 cent fois moindre. On écrit 0,0345. — Rendre le même nombre 1000 fois plus grand. On a 3450.

12. Applications. — Problème I. *A 5ᶠ, 80 les 100 ᵏᵍ de charbon de terre, combien coûte un approvisionnement de 10 tonnes ?*

Solution.   100ᵏˢ coûtent. 5ᶠ,80
10ᵗ ou 10000ᵏˢ coûtent cent fois plus ou. . . . . 580ᶠ.

PROBLÈME II. 29^m,5 d'étoffe ont coûté 54^f,20 ; *combien coûteraient* 2^m,95 *de la même étoffe ?*

Solution : 29^m,5 d'étoffe ayant coûté . . . . 54^f,20,
2^m,95 ou 10 fois moins coûtent 10 fois moins ou 5^f,42.

13. Valeur approchée d'un nombre. — On appelle valeur approchée d'un nombre à une unité près d'un ordre indiqué, ou à moins d'une unité de cet ordre, le nombre d'unités de ce même ordre que contient le nombre en question.

Ainsi dans la solution du problème II, 5^f (au lieu de 5,42) est le nombre de francs contenus dans le nombre demandé ; c'est le nombre de francs demandé, à 1 unité près, ou à moins de 1 unité. — 5^f,4 ou 54 dixièmes de francs, est le nombre de francs demandé, à 1 dixième près, ou à moins de 1 dixième.

EXERCICES n° 1.

I. Écrire les nombres : 1° quarante ; quarante-six ; trois cents ; trois cent six ; trois cent quarante ; trois cent quarante-six ; — 2° trois, quatre centièmes ; cinquante, sept dixièmes ; cinquante-sept centièmes ; onze, cinq millièmes ; trois cent cinquante-quatre millièmes ; vingt-sept centièmes ; trente-cinq millièmes ; trois cent cinq millièmes ; — 3° trois milliards, cinq cent cinquante-quatre mille francs ; deux cent trente mille, vingt-cinq ; cent quarante millions, quatre-vingt-dix-huit unités ; deux mille quatre cent cinquante-quatre millions ; — 4° trois cent quarante mille, cinq cents, deux cent trente millièmes, trois cent quarante millionièmes, trente-deux cent-millionièmes ; quatre cent-millionièmes, huit dix-billionièmes.

II. Lire les nombres ; 1° 60 ; 65 ; 700 ; 760 ; 765 ; 76 ; 95 ; — 2° 5,3 ; 0,08 ; 0,072 ; 3,006 ; 21,43 ; 2,143 ; 0,504 ; — 3° 732,005 ; 730,007 ; 3,141 592 653 5 ; 2,718 281 828 ; 0, 434 294 48.

III. Rendre 10 fois, 100 fois et 1000 fois plus grands, et ensuite 10 fois, 100 fois et 1000 fois plus petits tous les nombres des exercices précédents, en les écrivant les uns sous les autres de manière que les unités de même ordre se correspondent, et en les rangeant par ordre de grandeur.

IV. Quels rangs occupent 1° les dix-millièmes ; 2° les cent-millièmes ; 3° les dix-billionièmes ; 4° les trillionièmes ?

V. Combien faut-il de chiffres pour écrire un nombre dont les unités les plus élevées sont des centaines de mille et les plus basses des dix-millionièmes ?

VI. Dans le nombre 17324,37, quelle est la valeur absolue de chaque chiffre ? quelle en est la valeur relative ? Combien la valeur relative du 1er chiffre 7 vaut-elle de fois celle du dernier chiffre 7 ? Même question pour les deux chiffres 3.

VII. Pour compter une somme d'argent en pièces de 1^f, on les a rangées par dix; trois n'entraient pas dans ces rangées; comme il y avait plus de dix rangées de dix francs, on les a réunies dix par dix; il y avait cinq de ces nouveaux groupes; et il y avait huit rangées de dix qui n'en faisaient pas partie. Quel est le nombre de francs contenus dans cette somme?

VIII. 1° Payer avec la plus grosse monnaie possible 2485^f,25, ayant à sa disposition des billets de cent francs et des pièces de vingt francs, de 1^f, de dix centimes et de cinq centimes en quantité suffisante. 2° Combien faudrait-il de centimes pour payer toute cette somme; combien de décimes pour payer les décimes; combien de pièces de 1^f pour payer les francs; combien de pièces de dix francs en payant tout sauf 5^f, 25? 3° Lire ce nombre tout entier en prenant pour unité le millier de francs, ou la centaine de francs, ou le décime, ou le centime?

IX. 100 litres de vin coûtant 17^f,25, combien coûte la charge d'un foudre contenant 10 000 litres; combien coûte 1 litre de ce vin?

X. Combien un banquier prendra-t-il de commission sur une somme de 15 827^f qu'il a encaissée, sa commission devant être de 1 centime pour 1^f?

XI. Le transport de 612^{kg} de marchandises à 10^{km} de distance a coûté 8^f,95, combien coûterait le transport de 6120^{kg} à 1^{km}, à 10^{km}, à 100^{km}?

PREMIÈRE PARTIE.

OPÉRATIONS FONDAMENTALES.

CHAPITRE PREMIER.

ADDITION.

Définition. — Premier cas. — Deuxième cas. — Application de la règle.
— Preuves de l'addition. — Usages de l'addition. — Applications : problèmes I, II, III, IV, V, VI. — Exercices.

14. Définition. — *Additionner deux ou plusieurs nombres, c'est former un nombre qui contienne à lui seul autant d'unités et de parties de l'unité qu'il y en a dans tous les nombres donnés pris ensemble.* L'opération qu'on fait pour cela s'appelle *addition.*

Le résultat de l'addition s'appelle *somme ou total* ; les nombres à réunir sont appelés les *parties* de la somme. Le signe $+$ placé entre deux nombres en indique l'addition ; le signe $=$ indique que le nombre qui suit est le résultat de l'opération qui précède. Ex. : $5 + 1 = 6$ se lit : 5 plus 1 égale 6.

15. Premier cas. *Additionner un nombre entier d'un seul chiffre avec un nombre entier quelconque.* — Soit à ajouter 3 à 12. On dira : 12 et une première unité font 13 ; 13 et une deuxième unité font 14 ; 14 et une troisième unité font 15 ; donc 12 et 3 font 15.

Règle. *Pour ajouter un nombre entier quelconque à un nombre entier d'un seul chiffre, on ajoute au premier successivement chacune des unités du second.*

Mais on doit acquérir assez d'habitude pour trouver de tête immédiatement le résultat d'une semblable addition.

16. Deuxième cas. — 1er Exemple : *Un commerçant a reçu* 534_f, 25 *et* 215^r,34 *; combien a-t-il reçu en tout?*

Dans sa première somme il a 5 centimes, dans la seconde 4 ; en tout 9 centimes ; — dans sa première somme 2 décimes, dans la seconde 3 ; en tout 5 décimes ; — dans la première somme 4 francs, dans la seconde 5 ; en tout 9 francs ; — dans la première 3 dizaines de francs, dans la seconde 1 dizaine ; en tout 4 dizaines de francs ; — dans la première 5 centaines de francs, dans la seconde 2 ; en tout 7 centaines de francs. En résumé, il a donc : 7 centaines de francs, 4 dizaines de francs, 9 francs, 5 décimes, 9 centimes ; ou en un seul nombre : 749^f,59.

On voit mieux l'opération en la disposant ainsi :

$$
\begin{array}{r}
534^f,25 \\
215,34 \\
\hline
749^f,59
\end{array}
$$

2e EXEMPLE. *Réunir en un seul les nombres 3845,34 ; 812,42 ; 711,51.*

$$
\begin{array}{r}
3845,34 \\
812,42 \\
711,51 \\
\hline
5369,27
\end{array}
$$

On dira comme précédemment : 4 centièmes et 2 centièmes, 6 centièmes, et 1 centième, 7 centièmes ; je pose 7 sous les centièmes ; — 3 dixièmes et 4 dixièmes, 7 dixièmes ; 7 dixièmes et 5 dixièmes, 12 dixièmes ; — alors, remarquant que 12 dixièmes valent l'unité et 2 dixièmes, j'écris seulement le chiffre 2 des dixièmes, et je fais attention que j'omets ainsi une unité ; pour en tenir compte, en passant à la colonne suivante, qui est celle des unités, j'ajoute cette unité retenue avec les nombres de cette colonne : 1 unité retenue et 5 unités, 6 unités ; — 6 unités et 2 unités, 8 unités ; 8 unités et 1 unité, 9 unités ; je pose 9 sous les unités, après avoir écrit la virgule. — 4 dizaines et 1 dizaine font 5 dizaines ; 5 dizaines et 1 dizaine, 6 dizaines ; j'écris 6 sous les dizaines ; — 8 centaines et 8 centaines, 16 centaines ; 16 centaines et 7 centaines, 23 centaines ; 23 centaines valent 2 mille et 3 centaines ; j'écris les 3 centaines et je retiens les 2 mille ; j'ajoute ces 2 mille aux mille qui sont dans la colonne suivante : 2 mille et 3 mille font 5 mille. Total : 5369,27.

RÈGLE. *Pour additionner plusieurs nombres entiers ou décimaux, on les écrit les uns sous les autres, en plaçant dans une même colonne les unités d'un même ordre ; on souligne le dernier nombre, on ajoute successivement, en commençant par la droite, les nombres contenus dans chaque colonne ; si la somme ne surpasse pas 9, on l'écrit telle qu'on l'a trouvée, sous la colonne additionnée ; si elle surpasse 9, on en retient les dizaines, pour les additionner avec les nombres de la colonne suivante. A la dernière colonne, on écrit la somme telle qu'on la trouve. — Si les nombres sont décimaux, on écrit dans la somme une virgule sous les virgules des nombres addition-nés.*

17. Application de la règle. — 1ᵉʳ EXEMPLE. *Faire l'addi-tion des nombres suivants :*

$$
\begin{array}{r}
3,71 \\
0,04 \\
21,501 \\
97,7 \\
0,0005 \\
\hline
122,9515
\end{array}
$$

Opération : Dans la première colonne il n'y a qu'un nombre : 5, je pose 5 ; dans la seconde : 1, je pose 1 ; dans la troisième : 1 et 4, 5 ; je pose 5 ; dans la suivante : 7 et 5, 12 ; et 7, 19 ; je pose 9 et je retiens 1, etc. *Total :* 122,9515.

2ᵉ EXEMPLE : LONGUE ADDITION. *Sommes reçues dans un magasin en un jour; recette totale :*

25ᶠ,30		
7,25		
0,75		
120,10		
3, »		
6,20		
7,35		*Report.* 169,95
4,45	25,30	4,45
1,10	7,25	1,10
17,50	0,75	17,50
20,75	120,10	20,75
34,70	3 »	34,70
6,20	6,20	6,20
3,05	7,35	3,05
257ᶠ,70	**169,95**	**257,70**

ou

On peut, comme on le voit, décomposer l'addition en deux ou plusieurs autres, en reportant sur la suivante le total obtenu pour la précédente.

Recette totale : 257ᶠ,70.

18. Preuves de l'addition. — Quand on a fait une addition, pour s'assurer qu'on n'a pas commis d'erreur, on la recommence. 1re *preuve : Si on a additionné les nombres en allant de haut en bas dans chaque colonne, on les additionne de nouveau en allant de bas en haut.*

2e *preuve : Si l'opération est longue, on la décompose en plusieurs autres,* comme dans le dernier exemple ; si elle a été déjà faite en décomposant les nombres donnés en deux groupes, on la refait en les décomposant en deux groupes différents des premiers, ou bien en un plus grand nombre de groupes : ainsi, pour le dernier exemple, on peut faire la vérification de la façon suivante.

25,30				
7,25	*Report.*	162,60	*Report.*	193,00
0,75		7,35		20,75
120,10		4,45		34,70
3 »		1,10		6,20
6,20		17,50		3,05
162,60		193,00		257,70

Si les deux résultats obtenus ne sont pas identiques, ou, comme on dit, si la preuve ne *réussit* pas, l'une des deux opérations *au moins* est fausse : il faut recommencer.

Si la preuve *réussit*, il y a grande probabilité que l'opération primitive avait été faite exactement, mais non certitude absolue, car on pourrait s'être trompé dans les deux opérations d'une même quantité.

19. Usages de l'addition. — Les principaux problèmes usuels qui demandent l'emploi de l'addition seule, s'appliquent aux objets ci-dessous :

I. Somme des dépenses ou des recettes.

II. Prix d'une marchandise connaissant le prix d'achat et le bénéfice qu'on veut faire.

III. Somme des entrées en magasin ; — somme des sorties.

IV. Valeur d'une quantité connaissant son état antérieur et son augmentation.

V. Statistique : somme des populations des différentes parties d'une contrée.

VI. Temps écoulé entre deux dates, l'une antérieure, l'autre postérieure à une ère.

20. Applications. — Problème I. *La première ligne de chemin de fer, de Liverpool à Manchester, coûta :*

1° Pour tranchées et embanquements. . .   199 763 liv. sterl.
2° Pour le passage du Chat moss. . . . . .   27 719   —
3° Pour un tunnel. . . . .   47 788   —
4° Pour clôtures. . . . .   10 202   —
5° Pour les ponts. . . . .   99 065   —
6° Pour la voie. . . . .   20 568   —
7° Pour la pose et les rails. . . . .   81 432   —
8° Pour achat de la terre et frais divers. . .   252 646   —

Quelle a été, également en livres sterling, la dépense totale de ce chemin de fer?

Solution. La dépense totale doit renfermer toutes les dépenses partielles : on fera donc la somme de ces dépenses.

Réponse. 739 183 livres sterling.

Problème II. *Un marchand a acheté une provision de thé qui lui revient, rendue en magasin, à 2345ᶠ,75. Il la revendra au détail et compte réaliser ainsi un bénéfice de 527ᶠ,25. Combien espère-t-il la revendre?*

Solution. Le prix de vente doit se composer du prix d'achat et du bénéfice réunis; il sera donc la somme des deux :

$$\begin{array}{lr}
\text{Prix d'achat.} & 2345^f,75 \\
\text{Bénéfice.} & 527\,,25 \\
\hline
\text{Prix de vente.} & 2873^f,00
\end{array}$$

Réponse. 2873ᶠ.

Problème III. *Un marchand de charbon de terre a en magasin 2654ᵗ,725 de houille; il en reçoit successivement 724ᵗ,3; 812ᵗ,42; 75ᵗ,612. Combien a-t-il alors en magasin (sans tenir compte de ce qui a pu en sortir dans l'intervalle) ?*

Solution. Ce qu'il a en magasin doit être la somme de ce qu'il avait et de ce qu'il a reçu.

Réponse. 4267ᵗ,057.

Problème IV. *Un propriétaire a acheté sa maison 120 000ᶠ; les réparations qu'il y a faites s'élèvent à 17 895ᶠ,75; il estime à cette somme la plus-value qu'il a donnée à son immeuble: il veut le revendre; quel doit être le prix de vente?*

Réponse. 137 895ᶠ,75

Problème V. *Statistique des monnaies d'or et d'argent fabriquées en France depuis 1795 jusqu'en 1864 inclusivement.* L'énoncé se confond dans la solution qui doit être détaillée et disposée de façon à ce que les données du problème ressortent facilement.

Nature des pièces.		Or.		Argent.	
Pièces de 100ᶠ	»	36 685 600ᶠ	»		
— 50	»	41 652 300	»		
— 40	»	204 432 360	»		
— 20	«	5 110 205 200	»		
— 10	»	785 675 210	»		
— 5	»	160 493 205	»		
Pièces de 5	»	. . . .		4 434 654 190ᶠ	»
— 2	»	. . . .		72 972 442	»
— 1	»	. . . .		90 572 350	»
— 0 ,50		. . . .		52 228 209	,50
— 0 ,20		. . . .		5 835 769	,40
Total.		6 339 143 875ᶠ	»	4 656 262 960ᶠ	,90
Total or.		6 339 143 875ᶠ	»		
— argent. . . .		4 656 262 960, 90			
Total général.. .		10 995 406 835ᶠ,90			

Problème VI. *La fondation de Rome eut lieu 753 ans avant notre ère; nous sommes en 1871. Combien y a-t-il de temps que Rome fut fondée ?*

Réponse. 2624 ans.

EXERCICES nᵒ 2.

I. Faire de tête les opérations suivantes : 34 + 16; 53 + 37; 66 + 80; 75 + 35; 235 + 125; 130 + 17 + 20 + 50; 1073 + 183 + 102 + 25.

II. Compter par 2, à partir de 0 ou de 1 ; par 3, à partir de 0, de 1, ou de 2 ; par 4, 5, 6, 7, 8, 9, 10, à partir de tous les nombres entiers inférieurs.

III. Un champ de garance a fourni en trois ans : 1618ᵏᶠ, 750 de racines sèches en tout, pour les trois années ; 185ᵏᶠ de semences, la deuxième année ; 92ᵏᶠ, 5, la troisième année ; quel est le poids total de cette production.

IV. Dans une maison de banque on a reçu 5175ᶠ,75 en monnaie ; 228 400ᶠ en billets de banque ; 35 700ᶠ, 75 en billets, traites, etc. Quelle a été la recette totale ?

V. Un chef d'atelier faisant sa paye à la fin de la semaine donne à ses dix hommes d'équipe : au n° 1, 54ᶠ ; au n° 2, 25ᶠ, 40 ; au n° 3, 17ᶠ,35 ; au n° 4, 34ᶠ,20 ; au n° 5, 12ᶠ,40 ; au n° 6, 28ᶠ,55 ; au n°7, 31ᶠ, 45 ; au n° 8, 7ᶠ,35 ; au n° 9, 22ᶠ,35 ; au n° 10, 28ᶠ, 75. En outre, il leur a remis dans le courant de la semaine : au n° 2, 10ᶠ,50 ; au n° 3, 12ᶠ,30 ; au n° 5, 9ᶠ, 25 ; au n° 8, 16ᶠ, 20 ; au n° 9, 7ᶠ,85. Quelle somme totale a-t-il payée ; quelle a été la paye totale de chacun de ses ouvriers ?

VI. Dans une maison de commerce, les recettes ont été pendant une année : en janvier 21 734ᶠ, 75 ; en février 19 340ᶠ,25 ; en mars 19 077ᶠ, 60 ; en avril 20 893ᶠ, 40 ; en mai 22 870ᶠ, 50 ; en juin 21 370ᶠ, 70 ; en juillet 19980ᶠ, 75 ; en août 19786ᶠ, 10 ; en septembre 18886ᶠ, 35 ; en octobre 18 910ᶠ ; en novembre 20 013ᶠ, 60 ; en décembre 22 370ᶠ. Quelle a été la recette totale de l'année ?

VII. Un commerçant a acheté en fabrique pour 26 870ᶠ, 50 de savon ; il doit le revendre avec un bénéfice total de 1734ᶠ, 65. Combien doit-il le revendre ?

VIII. Un marchand de blé a dans son grenier 350 770ᵏˢ de blé, il en reçoit successivement 1570ᵏˢ, 3140ᵏˢ, 735ᵏˢ, 4710ᵏˢ, 62800ᵏˢ. A combien s'élèvent ces diverses entrées de marchandises ; combien a-t-il en tout dans son grenier ?

IX. Un agriculteur a acheté sa propriété 75000ᶠ ; il y a fait des frais divers qui en augmentent d'autant la valeur, savoir : réparation aux bâtiments 7876ᶠ, 50 ; augmentation de l'outillage 4570ᶠ,25 ; achat de fumures et d'amendements non encore employés 1844ᶠ, 10. En outre, il a acheté à son voisin une portion de terre de 3 hectares, au prix de 1000ᶠ l'hectare. Quelle est actuellement la valeur totale de sa propriété ?

X. Les deux départements de la Savoie et de la Haute-Savoie comprennent une population ainsi répartie ; Savoie : arrondissement de Chambéry, 144945 habitants ; d'Albertville, 36312 ; de Moutiers, 37265 ; de Saint-Jean de Maurienne, 53141. — Haute-Savoie : arrondissement d'Annecy, 87112 habitants ; Bonneville, 69648 ; Saint-Julien, 54350 ; Thonon, 62658. Quelle est la population totale de chacun de ces départements, — des deux réunis ?

XI. La guerre de Troie s'étant terminée par la ruine de cette ville en 1270 avant notre ère, combien de temps s'est-il écoulé depuis la ruine de Troie jusqu'à l'année 1867 ?

XII. 49ᵍʳ,6 de gaz oxygène et 6ᵍʳ,2 d'hydrogène se combinent pour former de l'eau : sachant que rien ne s'est perdu, combien s'est-il formé d'eau en poids ?

XIII. 57ᵏˢ, 12 de soufre et 85ᵏˢ, 68 d'oxygène en se combinant forment de l'acide sulfurique anhydre (sans eau) ; l'acide anhydre formé se combinant avec 32ᵏˢ, 13 d'eau forme l'acide sulfurique monohydraté (ayant un équivalent d'eau) ou acide sulfurique ordinaire. Combien les deux premiers corps forment-ils d'acide anhydre ? Combien les trois ensemble forment-ils d'acide monohydraté ?

XIV. Un train parti de Paris à minuit moins 55 minutes arrive à Donai à

6^h 10^m du matin, à Valenciennes à 7^h 25^m, à Mons à 9^h 3^m. Combien a-t-il mis de temps pour aller de Paris à chacune de ces stations ?

XV. Le mercure se congèle à $39°,5$ au-dessous de zéro, et bout à $350°$ au-dessus ; — l'alcool se congèle à $90°$ au-dessous de zéro et bout à $78°,3$ au-dessus ; — l'acide sulfurique monohydraté se congèle à $34°$ au-dessous de zéro et bout à $326°$ au-dessus. De combien de degrés le point d'ébullition est-il au-dessus du point de congélation pour chacun de ces trois liquides ?

CHAPITRE II.

SOUSTRACTION.

Définition. — Premier cas. — Deuxième cas. — Application de la règle.
— Preuve. — Usages de la soustraction. — Applications. — Emploi de
la soustraction et de l'addition combinées. — Applications. — Exercices.

21. Définition. — *Soustraire un nombre d'un autre, c'est ôter
du premier autant d'unités et de parties d'unité qu'il y en a dans le second.* L'opération que l'on fait pour cela se nomme *soustraction*.

Le résultat de la soustraction s'appelle *reste, excès* ou *différence*.
On dit, par exemple, que 3 étant soustrait de 8, le reste est cinq ;
ou que 8 diminué de 3 donne pour reste 5 ; ou encore que 5 est
l'excès de 8 sur 3 ; qu'il est la différence entre 8 et 3. On indique la soustraction par le signe — placé après le plus grand
nombre et avant le plus petit ; 12 moins 3 égal 9, s'écrit : 12 —
3 = 9.

22. Premier cas. — *D'un nombre entier quelconque ôter un
nombre entier d'un seul chiffre.* — Soit à ôter 3 de 12. On dira 12
moins une première unité est 11 ; 11 moins une deuxième unité
est 10 ; 10 moins une troisième unité est 9 ; donc 12 moins 3
est 9.

RÈGLE. *Pour retrancher d'un nombre entier quelconque un nombre
entier d'un seul chiffre, on ôte du premier, l'une après l'autre, autant
d'unités qu'il y en a dans le second.*
Mais on doit acquérir assez d'habitude pour trouver de tête
immédiatement les résultats de toute soustraction comprise dans
ce cas.

23. Deuxième cas. — 1ᵉʳ EXEMPLE ; SOUSTRACTION SANS RE-
TENUE. Soit à ôter 25,34 de 86,76. Écrivez le plus grand nombre
d'abord, et au-dessous le plus petit, les unités de même ordre
étant dans la même colonne.

$$
\begin{array}{r}
86,76 \\
25,34 \\
\hline
61,42
\end{array}
$$

On peut dire : 4 centièmes ôtés de 6 centièmes, il reste 2 centièmes, que j'écris sous les centièmes des nombres donnés ; puis, 3 dixièmes ôtés de 7 dixièmes, il reste 4 dixièmes, que j'écris sous les dixièmes ; j'écris à gauche, sous les virgules des nombres donnés, une virgule, pour séparer les 4 dixièmes écrits des unités, que j'écrirai à gauche ; 5 unités ôtées de 6 unités, il reste 1 unité, que j'écris sous les unités ; 2 dizaines ôtées de 8 dizaines, il reste 6 dizaines, que j'écris sous les dizaines. J'ai donc pour reste 6 dizaines, 1 unité, 4 dixièmes, 2 centièmes, ou 61,42 ; il n'y a qu'à lire le résultat tel qu'il est écrit.

On voit qu'il a suffi pour faire la soustraction d'ôter les unités de chaque ordre appartenant au plus petit nombre des unités de même ordre appartenant au plus grand, en écrivant les résultats par ordre suivant la nature des unités obtenues ; puis de réunir ces résultats en un seul nombre.

REMARQUE. *On ne change pas la différence de deux nombres en ajoutant à tous les deux un même nombre.*

De 9 + 3 ou 12, ôter 4 + 3 ou 7.

$$\begin{array}{r} 9 + 3 \\ 4 + 3 \\ \hline 5 + 0 \end{array}$$

3 ôtés de 3 il reste zéro ; reste donc à retrancher 4 de 9, ce qui donne 5 ; en sorte que retrancher 4 + 3 de 9 + 3 donne le même résultat que retrancher 4 de 9.

Il suit de là *qu'on ne changerait pas* non plus *la différence en diminuant les deux termes d'un même nombre*

2ᶜ EXEMPLE. Soit à ôter 3,645 de 12,782.

$$\begin{array}{r} 12,782 \\ 3,645 \\ \hline 9,137 \end{array}$$

Je dispose les deux nombres l'un sous l'autre, les unités de même ordre dans une même colonne, et je dis :

5 millièmes ne peuvent se retrancher de 2 millièmes ; j'augmente le nombre supérieur de 10 millièmes ou 1 centième ; ces 10 millièmes, réunis aux 2 millièmes écrits, font 12 millièmes ; 5 millièmes ôtés de 12 millièmes, il reste 7 millièmes, que j'écris. — Comme j'ai ajouté 10 millièmes, ou un centième, au nombre supérieur, pour que la différence ne soit pas changée, j'ajoute aussi 1 centième au nombre inférieur ; je dis donc : 1 centième

et 4 centièmes font 5 centièmes ; 5 centièmes de 8 centièmes, il reste 3 centièmes, que j'écris. — 6 dixièmes de 7 dixièmes, il reste 1 dixième, que j'écris. J'écris la virgule à gauche des dixièmes. — 3 unités ôtées de 12 unités, il reste 9 unités que j'écris. Reste : 9,137.

Dans tous les cas, on pourra opérer de même ; de là la règle suivante :

RÈGLE. *Pour soustraire un nombre d'un autre, on écrit le plus petit sous le plus grand, de manière que les unités de même ordre se correspondent ; on souligne le second nombre. — Ensuite, en commençant par la droite, on retranche successivement chaque chiffre inférieur du chiffre supérieur correspondant, et on écrit le reste sous la colonne qui l'a fourni. — Si le chiffre inférieur est plus fort que le chiffre supérieur, on ajoute 10 à ce dernier ; de la somme on retranche le chiffre inférieur, on écrit le reste au-dessous et on retient une unité ; passant à la colonne suivante, on augmente de cette unité retenue le chiffre inférieur avant de le retrancher du chiffre supérieur. — Si les nombres sont décimaux, on écrit dans le reste une virgule sous la virgule du nombre soustrait.*

24. Application de la règle. — EXEMPLES.

I.	II.	III.
51,421	51,421	51,421
6,8	6,800	6,805
44,621	44,621	44,616

IV.	V.	VI.
514,200	514,000	15,3
68,400	68,400	7,392
445,800	445,600	7,908

25. Preuve de la soustraction. — REMARQUE. Puisque le reste s'obtient en ôtant du plus grand nombre le plus petit, il s'ensuit que le plus grand nombre contient le plus petit et le reste ensemble, ou que *le plus grand nombre est la somme du plus petit nombre et du reste.*

De là la règle suivante pour faire la preuve de la soustraction :

RÈGLE. *Pour faire la preuve de la soustraction, on ajoute le plus petit nombre au reste, on doit retrouver le plus grand.*

Exemple. *Soustraction et preuve :*

$$8\ 171,205$$
$$534,071$$
$$\overline{7\ 637,134}$$
$$\overline{8\ 171,205}$$

26. Usages de la soustraction. — Ces usages sont du même genre que ceux de l'addition : elle trouve son application dans un grand nombre de questions pratiques. Les principaux problèmes usuels où elle est employée seule s'appliquent aux divers objets ci-dessous.

I. A-compte sur une dette.
II. Bénéfice ou perte sur une vente.
III. Reste en caisse après une dépense faite.
IV. Reste en magasin après une sortie de marchandises.
V. Augmentation ou diminution d'une grandeur.
VI. Statistique : accroissement ou diminution de la population, de la consommation, etc.
VII. Différence de temps entre deux dates.

27. Applications. — Problème I. *Sur une dette de 2475', le débiteur a payé 321', 75 ; combien doit-il encore ?*

Solution : Il redoit l'excès de 2475 frans sur 321', 75.

Dû. . . . 2475'
Payé . . . 321,75
Reste dû. . $\overline{2153,25}$

Réponse : 2153', 25.

Problème II. *Un marchand de bois avait 3485 stères de bois de chauffage dans son chantier, au commencement de l'hiver. A la fin de l'hiver, il se trouve avoir vendu 2986 stères ; combien doit-il en rester sur son chantier ?*

Solution. Il doit rester l'excès de ce qu'il avait sur ce qui est sorti : 3485st — 2986st.

Réponse : 499 stères.

Problème III. *Une propriété agricole était estimée 85 800 fr. Par suite de mauvaise culture, la qualité du sol a diminué, et la propriété n'est plus estimée que* 68 000 *francs. De combien sa valeur a-t-elle diminué ?*

Solution. Si à la valeur qu'elle a encore on ajoutait la valeur perdue, la somme serait sa valeur passée. Si de la somme on retranche la partie connue ou la valeur actuelle, on aura pour reste l'autre partie ou la valeur perdue.

$$
\begin{array}{lr}
\text{Valeur primitive.} \quad . \quad . \quad . & 85\ 800^{\text{f}} \\
\text{Valeur actuelle.} . \quad . \quad . \quad . & 68\ 000 \\
\hline
\text{Valeur perdue.} \quad . \quad . \quad . \quad . & 17\ 800^{\text{f}}
\end{array}
$$

Vérification : somme des deux derniers
nombres égale à la valeur primitive.   85 800ᶠ

Réponse : 17 800 francs.

Problème IV. *La réforme grégorienne du calendrier a eu lieu en 1582; combien y a-t-il de temps, en 1866, que le calendrier grégorien est en usage ?*

Solution. Raisonnement analogue au précédent et même disposition.

Réponse : 284 ans.

28. Emploi de la soustraction et de l'addition combinées. — L'addition et la soustraction combinées résolvent un grand nombre de questions usuelles de même nature que les précédentes et seulement un peu plus complexes.

I. A-comptes successifs.

II. Bénéfices ou pertes formés de plusieurs éléments réunis.

III. Mouvement de caisse résultant de payements et recettes.

IV. Mouvement des marchandises en magasin, sorties et entrées de toute espèce.

V. Augmentation ou diminution d'une valeur provenant de divers éléments réunis.

VI. Statistique : mouvement de la population. — Importations et exportations, et autres statistiques analogues.

Toutes ces questions se traitent de la même manière ; nous n'en donnerons que trois exemples.

29. Applications. — **Problème I. Dépenses successives.** *Un commerçant avait en caisse 54 812 francs; avant d'avoir rien reçu, il* *a payé* 2341 *francs en une fois;* 6812 *francs en une autre;* 45 *francs une troisième fois; combien lui reste-t-il après ces trois payements ?*

Solution. Son encaisse diminuerait de la même quantité s'il payait les trois sommes en une seule fois; on fera donc la somme totale des trois payements, on retranchera cette somme de l'encaisse primitif, et le reste sera l'encaisse final.

Réponse. 45 614 francs.

PROBLÈME II. COMPTE DE DÉPENSES ET DE RECETTES SUCCESSIVES. *Un commerçant dans une année a déboursé :* 1° *pour achat de marchandises,* 282 575f,75; 2° *pour son loyer* 4500 *francs;* 3° *pour traitements d'employés,* 21 875f,50; 4° *pour frais d'intérieur,* 12 524f,25; 5° *pour payement de billets et traites,* 14 825f,20. *Au commencement de l'année il avait en caisse* 646f,25 *en monnaie;* 5300 *francs en billets de banque. Il a encaissé pendant l'année :* 1° *la recette de ses ventes,* 332 895f,15; 2° *le montant de billets qui lui ont été payés,* 6720f,45. *Combien doit-il avoir en caisse à la fin de l'année ?*

Solution. En réunissant en un seul nombre, sous le nom de recettes, ce qu'il avait en caisse et ce qu'il a reçu dans le courant de l'année, on aura la somme qui serait en caisse s'il n'avait rien déboursé. Si d'une autre part on réunit en une seule, sous le nom de dépenses, toutes les sommes déboursées, l'excès de la recette sur la dépense indiquera l'état final de la caisse. Les opérations se disposent comme ci-dessous :

Recettes		Dépenses.	
En caisse, monnaie	646f,25	Achat de marchandises.	282 575f,75
— billets. .	5 300 »	Loyer.	4 500 »
Recette des ventes	332 895, 15	Traitements d'employés.	21 875 ,50
Billets encaissés. .	6 720, 45	Frais d'intérieur.	12 524 ,25
Total des recettes.	345 561f,85	Payement de billets.	14 825 ,20
		En caisse à la fin de l'année.	9 261, 1
		Total égal.	345 561f,85

En caisse à nouveau, 9261f,15.

Après avoir fait le total des recettes d'un côté, celui des dépenses de l'autre côté, on fait à part la différence des recettes et des dépenses; on l'écrit sous le plus faible des deux totaux; on l'y ajoute; la somme doit être un total égal au plus fort. En recommençant le compte, on porte du côté des recettes la somme qui reste en caisse à la fin de l'année.

Pour obtenir l'encaisse à la fin de l'année, on procède ordinairement de la façon suivante : après avoir inscrit les dépenses, on laisse au-dessous une ligne en blanc (celle où se trouvera l'encaisse) : on tire un trait dessous; on inscrit sous ce trait le total égal à celui des recettes, 345 561,85 ; puis on dit en additionnant les dépenses : 5 et 5, 10, et 5 (qu'on écrit à l'encaisse), 15 ; et je retiens 1 ; — 1 et 5, 6 ; et 5, 11 ; et 4, 15 ; et 5, 20; et 1 (qu'on écrit à l'encaisse), 21 ; et je retiens 2 ; — 2 et 7, 9 ; et 7, 16 ; et 2, 18 ; et 2, 20; et 6 (qu'on écrit à l'encaisse), 26 ; et je retiens 2 ; — 2 et 5, 7 ; et 5, 12 ; et 8, 20; et 5, 25 ; et 8, 33 ; et 2 (qu'on écrit à l'encaisse), 35; et je retiens 3 ; — 3 et 2, 5 ; et 4, 9 ; et 1, 10; et 2, 12; et 4, 16 ; et 9 (qu'on écrit à l'encaisse), 25 ; et je retiens 2 ; — 2 et 8, 10 ; et 2, 12 ; et 1, 13 ; et 1, 14 ; et je retiens 1 ; — 1 et 2, 3. L'encaisse 9261,15 se trouve ainsi inscrite sous les dépenses.

Réponse. 9261ᶠ,15.

Problème III. *Le stock* (1) *des cotons dans les magasins du Havre, au* 1ᵉʳ *janvier 1866, était de 34 280 balles; les arrivages (entrées en magasin) dans l'année ont été de 535 515 balles; les débouchés (sorties) ont été dans le même temps de 470 050 balles. Quel est le stock au 31 décembre 1866?*

Solution. Même raisonnement et même disposition qu'au problème II.

Entrées.	Balles.	Sorties.	Balles.
Stock au 1ᵉʳ janvier	34 280	Débouchés de l'année	470 050
Arrivages de l'année	535 515	Stock au 31 décembre	99 745
Total des entrées :	569 795	Total égal :	569 795
Stock au 31 déc.	99 745		

Réponse. 99 745 balles.

(1) *Stock*, mot anglais francisé, qui veut dire proprement *base, fond, fourniture.* En français on désigne par ce mot la masse des marchandises ou des valeurs en magasin ou en caisse à un moment donné.

EXERCICES N° 3.

I. Effectuer de tête les opérations suivantes : 56 — 16 ; 56 — 15 ; 56 — 17 ; 56 — 30 : 54 — 25 ; 112 — 50 ; 112 — 75 ; 230 — 35 ; 250 — 125 ; 120 + 75 — 50 ; 147 — 45 + 20.

II. Compter depuis 100 jusqu'à zéro, de 2 en 2 ; *id.* depuis 99 jusqu'à zéro ; — compter par 3, depuis 100, depuis 99, depuis 98, jusqu'à zéro ; — compter de même par 4, 5, 6, 7, 8, 9, 10, depuis 100, depuis 99, etc.

III. Un banquier a en caisse 15 325^f, 70 ; il effectue un payement de 7856^f, 45 ; combien lui reste-il ?

IV. Ayant acheté une obligation du chemin de fer de Lyon au prix de 595^f, 75, on la revend au prix de 607^f, 25 ; quel bénéfice brut rapporte cette opération ?

V. Une caisse de verrerie pèse, étant pleine, 372^{kg}, 7 ; vide elle pèse 160^{kg}, 3 ; quel est le poids de la verrerie qui la remplissait ?

VI. Sept lots de terrain sont mis à prix pour 42 218^f, 75 ; 42 350^f ; 45 088^f ; 48 190^f ; 48 190^f ; 57 535^f, 20 ; 52 780^f, 80. On les vend respectivement 43 500^f ; 42 750^f ; 44 820^f ; 46 295^f, 50 ; 50 712^f ; 58 000^f ; 52 500^f. De combien le prix de vente est-il inférieur ou supérieur à la mise à prix, 1° pour chaque lot. 2° pour la totalité ?

VII. La population du département des Ardennes était en 1831 et en 1861, par arrondissements :

	1831	1861
Mézières.	62 737 hab.	79 085 hab.
Réthel.	65 845	66 112
Rocroy.	43 807	52 670
Sedan.	57 919	70 613
Vouziers.	59 314	60 631

1° Quel est l'accroissement de la population dans chaque arrondissement ? 2° dans tout le département ? 3° quelle était la population totale en 1831 ; 4° en 1861 ?

VIII. Dans le même département, pendant l'année 1862, le nombre des naissances a été : garçons, 3938 ; filles, 3775 ; le nombre des décès a été : décès masculins, 2883 ; décès féminins, 2921. De combien se sont accrues : 1° la population masculine ; 2° la population féminine ? 3° quelle était à la fin de 1862 la population totale du département, celle de la fin de 1861 étant fournie par le problème précédent ?

IX. Le stock des cafés était, dans les magasins du Havre, au 1er janvier 1866, de 9 247 550^{kg} ; les arrivages de l'année ont été de 31 391 765^{kg} ; les débouchés, de 33 546 770^{kg} ; quel était le stock au 31 décembre ?

X. La tourbe desséchée donne à l'analyse sur 100^{kg} : 5^{kg}, 58 de cendres ; 2^{kg}, 09 d'azote ; 29^{kg},67 d'oxygène, et en outre deux substances qui constituent la valeur de la tourbe comme combustible, savoir : 5^{kg}, 63 d'hydrogène, et le reste en carbone ; combien de carbone ?

XI. Sur le chemin de fer de Paris à Strasbourg, le prix des places dans 'les trois classes, les distances kilométriques à partir de Paris et les heures de départ et d'arrivée sont pour un train omnibus :

PRIX DES PLACES.

1ʳᵉ Cl.	2ᵉ Cl.	3ᵉ Cl.	Kilom.	Stations.		Heures.
a	"	"	"	Paris. . .	dép.	11 35ᵐ soir
15ᶠ,90	11ᶠ,95	8ᶠ,75	142	Epernay. .	arr. } dép. }	3 48 matin 4 »
19, 40	14, 55	10, 65	173	Châlons. .	arr. } dép. }	4 50 5 „
28, 45	21, 35	15, 65	254	Bar-le-Duc.		7 34
39, 55	29, 65	21, 75	353	Nancy.. .	arr. } dép. }	10 50 11 4
43, 25	32, 40	23, 80	386	Lunéville..		12 5 soir

On demande quel est le prix des places, quelle est la distance kilométrique, quelle est la durée du parcours, de chacune de ces 8 stations à chacune des autres.

XII. Pour la culture d'un hectare de garance, en 2 années les dépenses ont été : 1ʳᵉ année 736ᶠ, 50 ; 2ᵉ année 651ᶠ, 85 ; et les produits : 3500ᵏᵍ de racines sèches valant 2100ᶠ ; 600ᵏᵍ de semences à 1ᶠ le kilog. ; quels ont été 1° la dépense totale ; 2° le produit total, en poids et en francs ; 3° le bénéfice ?

XIII. Quand on ajoute 9 à un nombre, que devient la somme des valeurs absolues de ses chiffres ? Différents cas à examiner.

XIV. Quand on ajoute 11 à un nombre, que devient l'excès de la somme des valeurs absolues de ses chiffres de rang impair en partant de la droite, sur la somme des valeurs absolues de ses chiffres de rang pair en partant de la droite ?

XV. Faites écrire par quelqu'un 3 nombres, à volonté, composés du même nombre de chiffres, soient 439, 387, 812 ; annoncez que vous allez écrire 2 autres nombres immédiatement, et que l'on trouvera pour la somme des 5 nombres 2 385. Ecrivez 560 et 187, faites faire l'addition, et l'on trouvera le nombre annoncé.

$$
\begin{array}{r}
439 \\
387 \\
812 \\
560 \\
187 \\
\hline
2\ 385
\end{array}
$$

2385 est obtenu en ôtant 2 unités au second nombre 387, et les reportant devant ce nombre ; 560 est obtenu avec 439 en remplaçant chaque chiffre de ce dernier par la différence avec 9 ; 187 est obtenu de même avec 812. Expliquer ce jeu.

CHAPITRE III.

MULTIPLICATION

I. NOMBRES ENTIERS.

Définition; signe. — Premier cas; table de multiplication. — Deuxième cas. — Application de la règle; disposition ordinaire du calcul. — Cas particuliers I, II. — Troisième cas. — Application de la règle. — Cas particuliers, I, II, III. — Multiple. — Le produit ne change pas quand on intervertit les facteurs. — Preuve de la multiplication. — Exercices.

30. Définition ; signe. — *Multiplier un nombre par un nombre entier, c'est répéter le premier autant de fois qu'il y a d'unités dans le second.* L'opération que l'on fait se nomme *multiplication*; le nombre que l'on multiplie s'appelle *multiplicande* ; le nombre par lequel on le multiplie s'appelle *multiplicateur.*

Le résultat de la multiplication s'appelle *produit*. Le multiplicande et le multiplicateur reçoivent le nom commun de *facteurs* du produit. On indique la multiplication d'un nombre par un autre nombre au moyen du signe $\times$ placé entre les deux facteurs : ainsi 4×3 se lit 4 multiplié par 3.

31. Premier cas. — *Multiplier un nombre d'un seul chiffre par un nombre d'un seul chiffre.* — Soit 4 à multiplier par 3. On peut résoudre la question en additionnant 3 nombres égaux à 4 :

$$\begin{array}{r} 4 \\ 4 \\ 4 \\ \hline 12 \end{array}$$

$4 \times 3 = 12$. Mais comme les produits de deux facteurs d'un seul chiffre se présentent très-fréquemment, il est indispensable de les retenir de mémoire. A cet effet, on les a réunis dans le tableau suivant :

TABLE DE MULTIPLICATION.

1	2	3	4	5	6	7	8	9
2	4	6	8	10	12	14	16	18
3	6	9	12	15	18	21	24	27
4	8	12	16	20	24	28	32	36
5	10	15	20	25	30	35	40	45
6	12	18	24	30	36	42	48	54
7	14	21	28	35	42	49	56	63
8	16	24	32	40	48	56	64	72
9	18	27	36	45	54	63	72	81

FORMATION DE LA TABLE. Sur une première ligne on écrit les neuf premiers nombres; sur une seconde les résultats obtenus en les ajoutant à eux-mêmes; sur une troisième les résultats obtenus en ajoutant aux nombres de la seconde les nombres correspondants de la première; et ainsi de suite en ajoutant toujours aux nombres de la dernière ligne les nombres correspondants de la première. D'après cela, le premier chiffre en haut d'une colonne indique le nombre répété dans cette colonne, et le premier chiffre à gauche d'une ligne indique combien de fois les nombres de la première ligne ont été répétés pour former celle-ci.

USAGE DE LA TABLE. On trouve le produit à la rencontre de la colonne qui porte en tête le multiplicande avec la ligne qui a à sa gauche le multiplicateur. Ainsi le produit de 8 par 6 se trouvera à la rencontre de la 8ᵉ colonne avec la 6ᵉ ligne ; ce produit est 48.

32. Deuxième cas. — *Multiplier un nombre de plusieurs chiffres par un nombre d'un seul.* — Soit à multiplier 157 par 4. C'est répéter 4 fois 157, ce qu'on pourrait faire comme dans

l'exemple précédent en additionnant 4 nombres égaux à 157.
Faisons cette addition :

```
    1 5 7
    1 5 7
    1 5 7
    1 5 7
   ───────
    6 2 8
```

Mais au lieu de dire : 7 et 7, 14; et 7, 21; etc.; comme je
sais combien valent 4 fois 7, je dirai simplement : 4 fois 7 unités
28 unités; je pose 8 unités, et je retiens 2 dizaines; de même
à la seconde colonne : 4 fois 5 dizaines, 20 dizaines; et comme
j'avais retenu 2 dizaines, je les ajoute avec 20 dizaines que j'ai déjà,
ce qui fait 22 dizaines; je pose 2 dizaines et je retiens 2 centaines; de même encore à la colonne qui suit : 4 fois 1 centaine,
4 centaines; et 2 centaines retenues, 6 centaines, que j'écris. Produit 628.

Règle. *Pour multiplier un nombre de plusieurs chiffres par un
nombre d'un seul, on multiplie successivement, en commençant par
la droite, chaque chiffre du multiplicande par le multiplicateur. Un
de ces produits partiels étant trouvé, s'il ne surpasse pas 9, on l'écrit
tel qu'il est sous le chiffre du multiplicande que l'on a multiplié; s'il
surpasse 9, on en écrit seulement les unités, et l'on en retient les
dizaines, pour les ajouter comme unités au produit partiel suivant;
on continue ainsi jusqu'au dernier chiffre à gauche du multiplicande,
dont on écrit, tel qu'on le trouve, le produit par le multiplicateur, augmenté, s'il y a lieu, de la retenue provenant du produit précédent.*

33. Disposition du calcul. — Ex. *Multiplier* 2437 *par* 8.
C'est répéter 2437, 8 fois; on écrira 2437, et au-dessous le
chiffre 8.

```
    2 4 3 7
          8
   ─────────
   1 9 4 9 6
```

On tirera un trait pour séparer ce nombre du résultat, et on dira :

Unités :   8 fois 7, 56; je pose 6 et je retiens 5.
Dizaines :   8 fois 3, 24; et 5 de retenues, 29; je pose 9 et je
               retiens 2.
Centaines : 8 fois 4, 32; et 2 de retenues, 34; je pose 4 et je
               retiens 3.
Mille :   8 fois 2, 16; et 3 de retenues, 19; je pose 19.
Produit :   19496.

AUTRE MANIÈRE DE DISPOSER LE CALCUL. Le plus souvent on n'écrit pas même le multiplicateur au-dessous du multiplicande; on effectue le produit en suivant la règle, et on l'écrit immédiatement au-dessous du multiplicande,

Exemple :

$$2437 \times 8$$

Produit. 19496

34. **Cas particuliers**. — I. *Multiplier un nombre par 10,100, 1000....* cela revient à le rendre 10, 100, 1000... fois plus grand, opération connue (11).

Ex. : $328 \times 100 = 32800$, $13,487 \times 10 = 134,87$.

II. *Multiplication par un nombre formé d'un seul chiffre significatif suivi d'un ou plusieurs zéros.* — Soit un nombre entier quelconque, 645, à multiplier par 300, ou à répéter 300 fois.

300 est 100 fois 3 unités ; le produit doit se composer de 100 fois 3 nombres égaux à 645 ; il faut donc trouver la somme de 3 nombres égaux à 645, et la répéter 100 fois :

$$
\begin{array}{r}
6\ 4\ 5 \\
3 \\
\hline
1\ 9\ 3\ 5
\end{array}
$$

3 fois 645 font 1935 ; 100 fois 1935 s'obtiennent (I) en écrivant à la droite de ce nombre deux zéros. Le produit est donc 193 500 ou 1935 centaines.

Il faut donc dans ce cas multiplier le multiplicande par le chiffre significatif du multiplicateur, et faire exprimer à ce produit des unités de l'ordre du chiffre significatif du multiplicateur, ou, ce qui revient au même, écrire à la droite de ce produit autant de zéros qu'il y en a à la droite du multiplicateur.

35. **Troisième cas**. — *Multiplication d'un nombre entier quelconque par un autre nombre entier quelconque.* — Soit à multiplier 5467 par 328. C'est répéter 5467, 328 fois, ou le répéter d'abord 8 fois, puis 20 fois, puis 300 fois, et ajouter ensemble les résultats obtenus. Écrivons 5467 et au-dessous 328 :

$$
\begin{array}{r}
5\ 4\ 6\ 7 \\
3\ 2\ 8 \\
\hline
4\ 3\ 7\ 3\ 6 \\
1\ 0\ 9\ 3\ 4 \\
1\ 6\ 4\ 0\ 1 \\
\hline
1\ 7\ 9\ 3\ 1\ 7\ 6
\end{array}
$$

1° 8 fois 5467 (2ᵉ cas, n° 32) font 43 736 ; écrivons ce nombre sous le multiplicateur, de façon que son premier chiffre à droite soit sous les unités du multiplicateur, c'est-à-dire sous le chiffre du multiplicateur qui a servi à former ce premier produit partiel ;

2° 20 fois 5467 (34, II) font 10 934 dizaines ; écrivons ce nombre sous le produit précédent, de façon que son dernier chiffre à droite, qui représente des dizaines, soit sous les dizaines du multiplicateur, c'est-à-dire sous le chiffre du multiplicateur qui a servi à former ce second produit partiel ;

3° 300 fois 5467 font 16401 centaines ; écrivons ce nombre sous le produit précédent, de façon que son dernier chiffre à droite, qui représente des centaines, soit sous les centaines du multiplicateur, c'est-à-dire sous le chiffre du multiplicateur qui a servi à former ce troisième produit partiel ;

4° Reste à additionner ces trois produits partiels ; comme les unités de même ordre se correspondent, d'après la façon dont ils ont été écrits, il n'y a qu'à en faire l'addition suivant la règle. On trouve pour *produit total* 1 793 176.

Règle. Pour multiplier un nombre entier quelconque par un autre nombre entier quelconque, on écrit le multiplicateur sous le multiplicande, on souligne le tout ; on multiplie le multiplicande successivement par chacun des chiffres du multiplicateur, en ayant soin de placer le dernier chiffre à droite de chaque produit partiel sous le chiffre du multiplicateur qui a servi à le former. On additionne ensuite tous ces produits partiels ; la somme obtenue est le produit total.

36. **Exemples.** — 1ᵉʳ Exemple. La multiplication suivante est une simple application de la règle :

$$
\begin{array}{r}
9\ 3\ 5\ 2 \\
8\ 7\ 6 \\
\hline
5\ 6\ 1\ 1\ 2 \\
6\ 5\ 4\ 6\ 4 \\
7\ 4\ 8\ 1\ 6 \\
\hline
8\ 1\ 9\ 2\ 3\ 5\ 2
\end{array}
$$

Je multiplie 9352 par 6, et je pose sous 6 le premier chiffre 2, du produit partiel 56112 ; ensuite je multiplie 9352 par 7 et je pose sous 7, le premier chiffre 4, du produit partiel 65464 ; puis je multiplie 9352 par 8, et je pose sous 8 le premier chiffre 6, du produit partiel 74816 ; faisant ensuite l'addition, j'obtiens 8 192 352.

2e Exemple. Le multiplicateur renferme un zéro; la règle s'applique néanmoins.

$$
\begin{array}{r}
5\ 3\ 7 \\
8\ 0\ 1 \\
\hline
5\ 3\ 7 \\
4\ 2\ 9\ 6 \\
\hline
4\ 3\ 0\ 1\ 3\ 7
\end{array}
$$

37. Cas particuliers. — I. *Le multiplicande est terminé par des zéros.* — Soit 17 500 à multiplier par 93. On suit encore la règle générale; mais, au lieu d'écrire deux zéros à la droite de chaque produit partiel, on se contente de les écrire au produit total :

$$
\begin{array}{r}
1\ 7\ 5\ 0\ 0 \\
9\ 3 \\
\hline
5\ 2\ 5 \\
1\ 5\ 7\ 5 \\
\hline
1\ 6\ 2\ 7\ 5\ 0\ 0
\end{array}
$$

Le produit de 175 par 93 est 16 275 ; celui de 17 500 par 93 est 1 627 500.

II. *Le multiplicateur est terminé par des zéros.* — Multiplier 725 par 3700. La règle s'applique aussi bien à ce cas :

$$
\begin{array}{r}
7\ 2\ 5 \\
3\ 7\ 0\ 0 \\
\hline
5\ 0\ 7\ 5 \\
2\ 1\ 7\ 5 \\
\hline
2\ 6\ 8\ 2\ 5\ 0\ 0
\end{array}
$$

Seulement le dernier chiffre à droite, 5, du premier produit partiel, devant représenter des centaines, il en est de même du chiffre de même rang, 5, du produit total : on écrit donc deux zéros à la droite de ce dernier. Le produit de 725 par 37 est 26 825, et le produit de 725 par 3700 est le même suivi de deux zéros : 2 682 500.

III. *Les deux facteurs sont terminés tous deux par des zéros.* — Soit 2730 à multiplier par 3400 :

$$
\begin{array}{r}
2\ 7\ 3\ 0 \\
3\ 4\ 0\ 0 \\
\hline
1\ 0\ 9\ 2\ \ \\
8\ 1\ 9\ \ \ \\
\hline
9\ 2\ 8\ 2\ 0\ 0\ 0
\end{array}
$$

D'après ce qu'on vient de voir, ayant disposé l'opération comme ci-dessus, 1° on multiplie 273 par 34, ce qui donne 9282 ; 2° à la droite on écrit un zéro, afin que le produit devienne celui de 2730 par 34, puis deux autres zéros, afin que le produit devienne celui de 2730 par 3400 ; en tout, trois zéros. On obtient le produit définitif 9 282 000.

De là résulte la règle suivante s'appliquant aux trois cas particuliers : *quand les deux facteurs sont terminés par des zéros, on multiplie les deux facteurs l'un par l'autre, sans avoir égard aux zéros ; et, à la droite du produit, on écrit autant de zéros qu'il y en a sur la droite des deux facteurs ensemble.*

38. Multiple. — On nomme *multiple* d'un nombre le produit de celui-ci par un nombre entier :

$$2 \times 1 = 2 ; \quad 2 \times 2 = 4 ; \quad 2 \times 3 = 6 ; \quad 2 \times 4 = 8...$$
$$2 \times 10 = 20 ; \quad 2 \times 100 = 200....$$

sont des multiples de 2.

Tout multiple d'un nombre entier est un nombre entier.

39. Ordre des facteurs. — *Le produit d'une multiplication ne change pas quand on change l'ordre des facteurs.*

Ex. : $5 \times 3 = 3 \times 5$.

En effet : écrivons 5 fois l'unité sur une première ligne, puis sur une seconde, puis sur une troisième ;

$$
\begin{array}{ccccc}
1 & 1 & 1 & 1 & 1 \\
1 & 1 & 1 & 1 & 1 \\
1 & 1 & 1 & 1 & 1
\end{array}
$$

et faisons la somme des unités contenues dans ce tableau.

Chaque ligne horizontale contient 5 fois 1 ou 5 ; les 3 lignes contiennent 3 fois ce nombre ou 5×3.

Chaque colonne verticale contient 3 fois 1 ou 3; les 5 colonnes contiennent 5 fois ce nombre ou 3×5.

La somme faite par lignes ou par colonnes doit toujours être la
même; donc $5 \times 3 = 3 \times 5$.

40. Preuve de la multiplication. — De là résulte un
moyen de faire la preuve de la multiplication.

*Pour faire la preuve de la multiplication, on refait l'opération en
prenant pour multiplicande le multiplicateur, et pour multiplicateur
le multiplicande.*

EXEMPLE.

Opération directe :   Preuve, opération inverse :

```
    1  3  2  4                               7  1  6
       7  1  6                            1  3  2  4
 ───────────────                          ───────────
    7  9  4  4                            2  8  6  4
 1  3  2  4                            1  4  3  2
 9  2  6  8                         2  1  4  8
 ───────────────                   7  1  6
 9  4  7  9  8  4                   ──────────────
                                   9  4  7   9  8  4
```

EXERCICES Nº 4.

I. Effectuer de tête les opérations suivantes : multiplier 25, 75, 125
par 2, 3... jusqu'à 12. — 27×3; 40×23; 49×15; 99×164; $112 \times
15$; 63×125; 130×17; 49×127; 16×125.

II. Une vigne a 54^m de long sur 37^m de large; on voudrait la clore par
un treillage; quelle serait la longueur totale de ce treillage? quel en serait
le prix, sachant que le mètre courant coûte 2^f?

III. Combien y a-t-il de minutes dans 3 heures 24 minutes?

IV. Un homme dépense pour sa nourriture 3^f par jour; il dépense 50^f par
mois pour son logement; 350^f par an pour ses vêtements et son blanchis-
sage; 25^f par mois pour dépenses diverses. Il gagne par mois 250^f. Combien dépense-t-il par an, combien gagne-t-il? combien peut-il mettre de
côté au bout de cette année?

V. Un hectare de terrain ayant produit 16 hectolitres de blé et 3200^{kg} de
paille; le blé ayant été vendu à raison de 34^f l'hectolitre, et la paille à
raison de 20^f les 1000^{kg}, combien cet hectare de terrain a-t-il rapporté en
tout?

VI. Un cultivateur parti de chez lui avec 25^f,35, a vendu au marché
800^{kg} de pommes de terre à 4^f les 100^{kg}, 3^{kg} de safran sec à 150^f le kilogramme, et 500^{kg} de trèfle à 6^f les 100^{kg}, le tout payé comptant; mais il a

dépensé 4ʳ, 70 à l'auberge pour lui et son cheval, et il a acheté 12ᵐ de toile à 2ʳ le mètre. Quel est le total de sa recette? le total de sa dépense? avec combien d'argent rentre-t-il chez lui?

VII. La consommation du sucre en France étant d'environ 450 000 000 de kilogrammes par mois, ce sucre étant vendu en gros environ 125ʳ les 100ᵏᵍ, et au détail 65 cent. le demi-kilog., quel est la valeur totale de cette consommation au prix du gros et au prix du détail? quel est le bénéfice brut qui reste entre les mains des détaillants? (Faire ce problème et le suivant en n'opérant que sur des nombres entiers).

VIII. Une machine à vapeur consomme par force de cheval et par heure environ 4750ᵍʳ de charbon ; combien de kilogrammes dépense une machine de 15 chevaux pendant 24 heures? quel est le prix de cette consommation, en supposant que le charbon employé coûte 56ʳ les 1000ᵏᵍ?

IX. Pour multiplier l'un par l'autre deux nombres compris entre 10 et 20, on peut ajouter au multiplicande les unités du multiplicateur ; multiplier par 10 le résultat, et joindre à ce produit celui des unités des deux facteurs. Ex. : 15 × 17. 15 et 7, 22; 10 fois 22, 220 ; 5 fois 7, 35; 220 et 35, 255.

Effectuer, par ce moyen, les produits de 13, de 17 et de 19 chacun par 13, par 17 et par 19. Pourquoi ce procédé conduit-il au résultat demandé?

X. Quand on multiplie un nombre par 3, quel changement subit la somme des valeurs absolues de ses chiffres?

XI. Multiplier 12 345 679 par 9, par 18, par 27, par 36, par 45, par 54, par 63, par 72 et par 81, séparément.

II. NOMBRES DÉCIMAUX.

Multiplication des nombres décimaux ; premier cas. — Multiplication par un nombre décimal; définition. — Cas particulier. — Deuxième cas ; règle, exemples. — Ordre des facteurs — Preuve. — Usages de la multiplication. — Applications. — Exercices.

41. Multiplication des nombres décimaux ; premier cas. — *Le multiplicande est un nombre décimal, le multiplicateur est un nombre entier.* — Soit à multiplier 69, 71 par 144. C'est répéter 144 fois 69, 71 ou 6971 centièmes.

$$
\begin{array}{r}
6\ 9,7\ 1 \\
1\ 4\ 4 \\
\hline
2\ 7\ 8\ 8\ 4 \\
2\ 7\ 8\ 8\ 4 \\
6\ 9\ 7\ 1 \\
\hline
1\ 0\ 0\ 3\ 8,2\ 4
\end{array}
$$

144 fois 6971 font 1 003 824 ; donc 144 fois 6971 centièmes font

1 003 824 centièmes, ou 10 038, 24. En sorte que l'on a dû multiplier 69, 71, abstraction faite de la virgule, c'est-à-dire 6971, par 144, et séparer ensuite autant de chiffres décimaux qu'il y en avait dans le facteur décimal 69, 71.

42. Multiplication par un nombre décimal ; définition. — PROBLÈME. 1^m *d'étoffe coûte* 4^f, *combien coûteront :* 1° 3^m *de cette étoffe,* 2° 3^m, 5 *de la même étoffe ?*

1^m coûtant 4^f, 3^m coûtent 3 fois plus ou $4 \times 3 = 21$ fr. 2° 1^m coûtant 4^f, 1 décimètre coûte dix fois moins ou le dixième de 4^f ; et 3^m, 5 ou 35 décimètres coûtent 35 fois plus ou 35 fois le dixième de 4^f.

Le dixième de 4^f est 0^f, 4 ; 35 fois 0^f, 4 $= 0^f$, $4 \times 35 = 14^f$.

Dans le premier cas on obtient le prix de 3^m en multipliant par 3 le prix d'un mètre.

Dans le second cas on obtient le prix de 3^m, 5 ou 35 dixièmes de mètre en répétant 35 fois le dixième du prix d'un mètre. On dit encore qu'on multiplie le prix d'un mètre par 35 dixièmes ou par 3,5. De là résulte la définition suivante pour le cas où le multiplicateur est un nombre décimal :

DÉFINITION. *Multiplier un nombre par un certain nombre de dixièmes, de centièmes, etc., c'est répéter le dixième, le centième, etc. du multiplicande autant de fois que le multiplicateur contient de dixièmes, de centièmes, etc., de l'unité.*

Ainsi, ayant à multiplier 4 par 3,5, on observe que le multiplicateur renferme 35 dixièmes ; on aura donc à répéter 35 fois le dixième de 4. De même multiplier 74,3 par 0,42, c'est répéter 42 fois le centième de 74,3.

REMARQUE. Suivant que le multiplicateur sera plus grand que 1, égal à 1, ou plus petit que 1, le produit sera plus grand que le multiplicande, égal au multiplicande, ou plus petit que le multiplicande.

43. Cas particulier. — *Multiplication par* 0,1, 0,01, 0,001. Le produit sera simplement 1 dixième, 1 centième, 1 millième du nombre proposé, c'est-à-dire qu'il faudra rendre ce nombre 10, 100, 1000 fois plus petit, ce qu'on fera (12) en séparant à la droite de ce nombre 1, 2, 3... chiffres décimaux, ou en y déplaçant la virgule de 1, 2, 3... rangs vers la gauche.

I.   3

Exemples. 534 × 0,1   = 53,4   5300 × 0,1   = 530
           534 × 0,01 = 5,34   534 × 0,001   = 0,534.
           5340 × 0,001 = 5,34 534 × 0,0001 = 0,0534.
           53,4 × 0,1   = 5,34 5,34 × 0,1   = 0,534.
           53,4 × 0,01 = 0,534 5,34 × 0,01   = 0,0534.

44. Deuxième cas. — *Le multiplicande est quelconque, le multiplicateur est décimal.* — Soit à multiplier 732,1 par 4,67. C'est répéter 467 fois le centième de 732,1 ou 7,321. Pour cela (41), on doit multiplier 7,321, abstraction faite de la virgule, c'est-à-dire 7321 par 467, et séparer sur la droite du produit trois chiffres décimaux, c'est-à-dire autant qu'il y en a dans les deux facteurs 4, 67 et 732,4.

$$
\begin{array}{r}
7\,3\,2,1 \\
4,6\,7 \\
\hline
5\,1\,2\,4\,7 \\
4\,3\,9\,2\,6 \\
2\,9\,2\,8\,4 \\
\hline
3\,4\,1\,8,9\,0\,7
\end{array}
$$

Le produit de 732, 1 par 4, 67 est 3 418,007.

De là, pour tous les cas où l'un au moins des facteurs est décimal, la règle suivante :

RÈGLE. *Pour multiplier un nombre entier ou décimal par un autre nombre entier ou décimal, on fait la multiplication comme s'il n'y avait pas de virgules et on sépare ensuite sur la droite du produit obtenu autant de chiffres décimaux qu'il y en avait dans les deux facteurs ensemble.*

Exemples.

I.

$$
\begin{array}{r}
0,0\,0\,1\,2\,3\,4 \\
7\,2 \\
\hline
2\,4\,6\,8 \\
8\,6\,3\,8 \\
\hline
0,0\,8\,8\,8\,4\,8
\end{array}
$$

II.

$$
\begin{array}{r}
7\,2\,1 \\
0,3\,5 \\
\hline
3\,6\,0\,5 \\
2\,1\,6\,3 \\
\hline
2\,5\,2,3\,5
\end{array}
$$

III.

$$
\begin{array}{r}
0,1\,0\,0\,2\,0\,1 \\
7\,0\,9,7\,2 \\
\hline
2\,0\,0\,4\,0\,2 \\
7\,0\,1\,4\,0\,7 \\
9\,0\,1\,8\,0\,9 \\
7\,0\,1\,4\,0\,7 \\
\hline
7\,1,1\,1\,4\,6\,5\,9\,7\,2
\end{array}
$$

IV.	V.	VI.
7,1 0 3	5,3 4 1	2 3 7 0 0 0
0,0 0 0 3 7 6	2 4 0 0	3,5
4 2 6 1 8	2 1 3 6 4	1 1 8 5
4 9 7 2 1	1 0 6 8 2	7 1 1
2 1 3 0 9	1 2 8 1 8,4 0 0	8 2 9 5 0 0,0
0,0 0 2 6 7 0 7 2 8		

45. Ordre des facteurs. — Ce qu'on a vu (39) sur l'ordre des facteurs entiers, s'applique également au cas où les facteurs sont décimaux. Ex. : $54,7 \times 2,13 = 2,13 \times 54,7$. En effet, on devra d'abord multiplier, dans le premier cas, 547 par 213, et dans le second 213 par 547, ce qui donnera des produits égaux (39). Il faudra ensuite séparer dans les deux cas 3 décimales sur la droite du produit, ce qui donnera encore des résultats égaux.

46. Preuve. — Il suit de là qu'on pourra encore faire la preuve de la mutiplication des nombres décimaux en prenant le multiplicande pour multiplicateur et le multiplicateur pour multiplicande.

EXEMPLE :

Opération.		Preuve.	
	1 3 2,4		7,1 6
	7,1 6		1 3 2 4
	7 9 4 4		2 8 6 4
	1 3 2 4		1 4 3 2
	9 2 6 8		2 1 4 8
			7 1 6
Produit.	9 4 7,9 8 4	Produit égal.	9 4 7,9 8 4

47. Usages de la multiplication. — Les principaux problèmes usuels qui exigent l'emploi de la multiplication sont les suivants :

I. Grandeur en poids, en longueur, etc., de plusieurs objets ou parties d'objet, connaissant la grandeur d'un objet.

II. Prix de plusieurs objets ou parties d'objet, connaissant celui d'un objet.

III. Bénéfice sur une certaine quantité, connaissant le bénéfice fait sur l'unité.

IV. Gain, quantité d'ouvrage, obtenus en une semaine, un mois, un an ou plusieurs années, connaissant le gain journalier, la quantité d'ouvrage faite en un jour.

V. Espace parcouru dans un temps donné, connaissant l'espace parcouru dans chaque unité de temps.

VI. Connaissant ce qu'on a en poids, en longueur, etc., d'un objet pour 1 fr., trouver ce qu'on a pour une somme donnée.

VII. Temps employé à parcourir une longueur donnée, connaissant le temps employé à parcourir chaque unité de longueur.

Toutes ces questions très-simples se résolvent par des raisonnements analogues. Deux exemples suffiront.

48. Applications. — PROBLÈME I. *On a récolté dans un champ 21 600ᵏᵍ de pommes de terre, et on a calculé que 1ᵏᵍ de récolte provient en moyenne de 0ᵏᵍ, 1879 de pommes de terre plantées. Combien avait-on planté de kilogrammes de pommes de terre dans ce champ ?*

Solution.   1ᵏᵍ de récolte provient de. 0ᵏᵍ, 1879
        21 600   —   proviennent de 21 600 fois plus, ou de 0,1879 × 21 600 = 4058ᵏᵍ,64.

Réponse. 4058ᵏᵍ,64.

PROBLÈME II. *Pour 100ᶠ on a acheté 31ᵏᵍ, 725 d'étain, combien en aurait-on pour 247ᶠ, 55 ?*

Solution. Pour 100ᶠ. 31ᵏᵍ,725
        —   1ᶠ le centième, ou. 0ᵏᵍ,31725
        —   247ᶠ,55, ou 24755 centièmes de franc, on aura les 24755 centièmes de ce qu'on a pour 1ᶠ, ou 0,31725 × 247,55 = 78ᵏᵍ,5352375.

Réponse : 78ᵏᵍ,535.

EXERCICES Nº 5.

I. Effectuer de tête les opérations suivantes : 27 × 0, 3 ; 75 × 0, 8 ; 7 × 0, 5 ; 28 × 0, 25 ; 32 × 1, 25 ; 54 × 7, 5 ; 17 × 1, 5 ; 29 × 0, 15.

II. Une bielle de machine pèse 87ᵏᵍ, 53 et revient à 37ᶠ les 100 kilog. ; combien pèse une douzaine de bielles semblables, et quel en est le prix total ?

III. Un capitaliste ayant acheté 24 actions à 596ᶠ, 25, les revend quelque temps après à 603ᶠ, 70 ; combien y a-t-il gagné ?

IV. Dans une usine on produit chaque jour 15 230^{kg} de fonte; combien en produit-on dans une semaine; combien dans un mois, dans une année? Quelle est la valeur de cette production en estimant le kilogramme à 0^f 225.

V. Un cultivateur a fait sa récolte de blé sur 37^{ha},05, qui lui ont donné en moyenne par hectare 17^{hl}, 25. Le battage au fléau coûte, par hectolitre, 1^f, 40 environ, et le battage avec les batteuses mécaniques ne revient qu'à 0^f, 45. Combien ce cultivateur gagnerait-il à faire battre son blé à la mécanique?

VI. Un piéton non chargé parcourt, en moyenne, 1^m, 50 par seconde; combien parcourt-il par minute, par heure; combien dans une journée où il marche 10 heures? Combien emploie-t-il de temps à parcourir 1^{km}, 5?

VII. Deux trains partent, l'un de Paris, l'autre de Melun, et vont à la rencontre l'un de l'autre : le premier a une vitesse de 818^m, 2 par minute, et part à 8^h 40^m; le second a une vitesse de 589^m, 5 par minute, et part à 8^h 54^m; à quelle distance sont-ils l'un de l'autre : 1° à 9^h 5^m; 2° à 9^h 30^m, sachant que la distance de Paris à Melun est de 45 kilomètres?

VIII. La production totale du plomb dans toute l'Europe étant évaluée à environ 73 505 750 tonnes; l'Angleterre fournissant à peu près les 0, 5 de cette production, l'Espagne les 0, 4, le Hartz les 0, 05, et les autres pays, y compris la France, fournissant le reste; quelle est la quantité fournie par l'Angleterre, par l'Espagne, par le Hartz, par les autres contrées européennes? Quelle est la valeur de chacune de ces quatre productions partielles et quelle est la valeur de la production totale, sachant que le prix du plomb peut être estimé à 57^f, 5 les 100 kilog.?

IX. Un quincaillier a vendu, à raison de 65^f 25 les 100 kilog., 3 grilles de fonte pesant chacune 5^{kg}, 350, et 2 paires de chenets pesant 2^{kg} 750 chacune; il a vendu en outre à la même personne 3 garnitures de cheminée de 15^f, 75 chacune, et 2 autres de 5^f 30. Faire la facture de ces achats.

X. Les engrais suivants contiennent, par kilogramme, des quantités d'azote très-différentes, savoir : 1° fumier de ferme 0^{kg} 006 ; 2° noir animalisé 0^{kg}, 014; 3° colombine séchée à l'air 0^{kg} 0839; 4° guano ordinaire 0^{kg} 110.

Sachant qu'on a répandu sur une terre 425^{kg} de fumier ; 125^{kg} de noir animalisé ; 35^{kg} de colombine, et 100^{kg} de guano; quelle est la quantité d'azote qu'on a ainsi rendue à la terre, en supposant que tout soit absorbé?

III. PRODUITS DE PLUSIEURS FACTEURS ET PUISSANCES.

Produits de plusieurs facteurs. — Applications. — La valeur du produit est indépendante de l'ordre des facteurs. — Groupement des facteurs. Multiplication par un produit de plusieurs facteurs. Multiplication d'un produit par un facteur. — Puissances. — Multiplication de deux puissances d'un même nombre. — Puissances de 10. — Exercices.

49. Produit de plusieurs facteurs. — On appelle *produit de plusieurs nombres* le résultat qu'on obtient en multipliant 1° le premier nombre par le second, 2° ce premier produit par le troisième nombre, 3° ce second produit par le quatrième nombre, et ainsi de suite. Le premier nombre multiplié et les multiplicateurs successifs sont les *facteurs du produit*. Ainsi $2 \times 3 \times 7 \times 11$ représente le résultat des opérations suivantes :

$$2 \times 3 = 6; \quad 6 \times 7 = 42; \quad 42 \times 11 = 462.$$

On dit, par abréviation, qu'on multiplie 2 successivement par 3, par 7, par 11.

50. Applications. — PROBLÈME 1. *L'ancienne livre valait 16 onces; l'once 8 gros, le gros 3 deniers, et le denier 24 grains; combien la livre valait-elle de grains?*

Solution. 1 den. valait . . . . 24 grains
3 den. ou 1 gros, 3 fois plus ou . . . . 24×3
8 — ou 1 once, 8 fois plus ou . . . . . $24 \times 3 \times 8$
16 onces ou 1 livre, 16 fois
    plus ou . . . . $24 \times 3 \times 8$
    $\times 16 = 9216$ grains.

Réponse. 9216 grains.

Opérations. $24 \times 3 = 72$; $72 \times 8 = 576$; $576 \times 16 = 9216$.

PROBLÈME II. 1^{k} de grain produit $0^{k},82$ de farine; 1^{k} de farine fournit $1^{k},54$ de pâte, parce que dans la fabrication du pain on ajoute de l'eau à la farine; 1^{k} de pâte se réduit par la cuisson à $0^{k},86$ de pain; combien fait-on de pain avec 1^{k} de grain?

Solution. Pour 1^{k} de pâte . . . . on a : $0^{k},86$ de pain;
pour $1^{k},54$ de pâte ou 1^{k} de farine. $0,86 \times 1,54$
pour $0^{k},82$ de farine ou 1^{k} de grain. $0,86 \times 1,54 \times 0,82$
$$= 1,086008$$

Réponse. $1^{k},086$.

51. Ordre des facteurs. — *La valeur du produit est indépendante de l'ordre des facteurs.*

FACTEURS ENTIERS. La démonstration se compose de cinq parties.

1° *Le produit de deux nombres ne change pas quand on change l'ordre des facteurs.* Ex. ; $5 \times 3 = 3 \times 5$. On l'a démontré (39).

2° *Le produit de trois facteurs ne change pas quand on change l'ordre des deux derniers.* Ex. : $48 \times 5 \times 3 = 48 \times 3 \times 5$.

En effet : écrivons 5 fois le nombre 48 sur une première ligne, puis sur une seconde, puis sur une troisième.

$$48 \quad 48 \quad 48 \quad 48 \quad 48$$
$$48 \quad 48 \quad 48 \quad 48 \quad 48$$
$$48 \quad 48 \quad 48 \quad 48 \quad 48$$

faisons la somme des unités contenues dans ce tableau.

Chaque ligne contient 5 fois 48, ou 48×5; les 3 lignes contiennent 3 fois ce produit, ou $48 \times 5 \times 3$.

Chaque colonne contient 3 fois 48 ou 48×3; les 5 colonnes contiennent 5 fois ce produit, ou $48 \times 3 \times 5$.

La somme faite par lignes ou par colonnes doit toujours être la même, donc : $48 \times 5 \times 3 = 48 \times 3 \times 5$.

3° *Un produit quelconque ne change pas quand on change l'ordre des deux derniers facteurs.* Ex. : $6 \times 8 \times 5 \times 3 = 6 \times 8 \times 3 \times 5$.

En effet, par définition (49) et sachant que $6 \times 8 = 48$,

$$6 \times 8 \times 5 \times 3 = 48 \times 5 \times 3$$
$$= 48 \times 3 \times 5 \text{ d'après (2°)}$$
$$= 6 \times 8 \times 3 \times 5 \text{; déf. (49).}$$

4° *Un produit quelconque ne change pas quand on change l'ordre de deux facteurs consécutifs.*

Ex. : $6 \times 8 \times 5 \times 3 \times 7 \times 4 = 6 \times 8 \times 3 \times 5 \times 7 \times 4$.

En effet d'après (3°) on a :

$$6 \times 8 \times 5 \times 3 = 6 \times 8 \times 3 \times 5.$$

En multipliant par 7, et ensuite par 4, ces produits égaux, on aura encore des produits égaux :

$$6 \times 8 \times 5 \times 3 \times 7 \times 4 = 6 \times 8 \times 3 \times 5 \times 7 \times 4.$$

5° *Un produit quelconque ne change pas quand on change à volonté l'ordre des facteurs.*

Ex. : $6 \times 8 \times 5 \times 3 \times 7 \times 4 = 3 \times 5 \times 8 \times 4 \times 7 \times 6$.

En effet, en faisant avancer d'un rang autant de fois qu'il le faudra le facteur qui doit être le premier, on l'amènera à sa place ; de même pour celui qui doit être le second, et ainsi de suite.

FACTEURS DÉCIMAUX. Les mêmes principes s'appliquent aux facteurs décimaux d'un produit.

Ex. : $3,5 \times 7 \times 11,24 = 7 \times 11,24 \times 3,5$.

En effet, pour effectuer le premier produit, $3,5 \times 7 \times 11,24$, on peut effectuer le produit de $35 \times 7 \times 1124$ et y séparer 3 chiffres décimaux. Pour effectuer le second $7 \times 11,24 \times 3,5$, on peut faire le produit de $7 \times 1124 \times 35$ et y séparer 3 chiffres décimaux : dans les deux cas, on obtient le même produit entier; on y sépare le même nombre de chiffres décimaux : les résultats sont donc égaux.

52. Groupement des facteurs. — *1° Dans un produit de plusieurs facteurs on peut remplacer plusieurs d'entre eux par leur produit effectué.*

Ex. : $3 \times 4 \times 5 \times 25 = 3 \times 5 \times 100.$

En effet :
$$3 \times 4 \times 5 \times 25 = 4 \times 25 \times 3 \times 5. \dots (51)$$
$$= 100 \times 3 \times 5. \dots \text{déf. (49)}$$
$$= 3 \times 5 \times 100. \dots (51)$$

2° Pour multiplier un nombre par le produit de plusieurs facteurs, il suffit de le multiplier successivement par chacun d'eux.

Ex. : $25 \times (4 \times 7 \times 3) = 25 \times 4 \times 7 \times 3.$

En effet ces deux produits ne diffèrent que par le groupement des facteurs 4, 7, 3.

En effectuant dans le premier ordre, les opérations sont $4 \times 7 = 28$; $28 \times 3 = 84$; $25 \times 84 = 2100$; dans le second, elles sont beaucoup plus simples, $25 \times 4 = 100$; $100 \times 7 = 700$; $700 \times 3 = 2100$.

3° Pour multiplier un produit par un nombre, il suffit de multiplier un des facteurs par ce nombre.

Ex. : $(25 \times 7 \times 3) \times 4 = (25 \times 4) \times 7 \times 3.$

Ces deux produits ne diffèrent encore que par le groupement des facteurs.

Première opération :
$$25 \times 7 = 175; \quad 175 \times 3 = 525; \quad 525 \times 4 = 2100.$$

Deuxième opération :
$$25 \times 4 = 100; \quad 100 \times 7 = 700; \quad 700 \times 3 = 2100.$$

On peut encore d'après les principes précédents effectuer un tel produit de cette autre manière : $(25 \times 4) \times (7 \times 3).$

$$25 \times 4 = 100; \quad 7 \times 3 = 21; \quad 21 \times 100 = 2100$$

Ces exemples montrent le profit qu'on peut tirer des remarques précédentes dans la pratique des opérations, et surtout dans le calcul mental.

On remarquera que ces démonstrations s'appliquent indifféremment au cas où les facteurs sont des nombres entiers ou décimaux.

53. Puissances. — On appelle *puissance d'un nombre* le produit de plusieurs facteurs égaux à ce nombre.

$$Ex. : 5 \times 5 \times 5 = 125 \text{ est une puissance de } 5.$$

Une puissance s'indique en écrivant le facteur qui y entre, et au-dessus, un peu à droite, un nombre qu'on nomme *exposant* et qui représente le nombre des facteurs égaux ou le *degré* de la puissance. $5 \times 5 \times 5$ s'écrit 5^3 et se lit 5 puissance 3me, ou simplement 5 puissance 3.

La puissance 2me se nomme *carré*, et la puissance 3me, *cube*.

54. Multiplication de deux puissances d'un même nombre. — *Pour multiplier l'une par l'autre deux puissances d'un même nombre, on fait la somme des exposants et on en affecte le même nombre.*

Ex. : $5^4 \times 5^2 = 5^6$.

En effet $5^4 = 5 \times 5 \times 5 \times 5$; $5^2 = 5 \times 5$
donc $5^4 \times 5^2 = 5 \times 5 \times 5 \times 5 \times 5 \times 5 = 5^6$

55. Puissances de 10. $\quad 10^2 = 10 \times 10 \quad = 100$
$$10^3 = 100 \times 10 \quad = 1000$$
$$10^4 = 1000 \times 10 = 10000$$

Une puissance de 10 est égale à l'unité suivie d'autant de zéros qu'il y a d'unités dans l'exposant de la puissance.

En appliquant à deux puissances de 10 la règle du n° 54, on retrouverait une règle déjà connue : $1000 \times 100 = 10^3 \times 10^2 = 10^5 = 100000$.

EXERCICES N° 6.

I. Effectuer de tête les produits suivants : 1° $4 \times 6 \times 25 \times 5$; 2° $3 \times 28 \times 75$; 3° $4 \times 18 \times 1,25$; 4° $5 \times 7 \times 1,2$; 5° $8 \times 15 \times 3$.

II. Combien y a-t-il d'heures, de minutes et de secondes dans un jour?

III. Combien y a-t-il de degrés, de minutes et de secondes dans 90°, 180°,

270°, 360°, sachant que 1° contient 60 minutes, et 1 minute 60 secondes?

IV. L'année commerciale étant comptée à 360 jours et le mois à 30, 1° combien y a-t-il de mois dans 3 ans? 2° combien de jours? 3° Combien y a-t-il de jours depuis le 15 janvier 1864 jusqu'au 20 juillet 1866?

V. Le rendement moyen de la betterave est par hectare d'environ 40,000ᵏ (racines seules); 1ᵏ de racines de betterave équivaut pour la nourriture des bestiaux à environ 0ᵏ, 25 de foin sec; 1ᵏ de foin équivaut à 7ᵏ de trèfle; 1ᵏ de trèfle équivaut à 0ᵏ, 36 de choux. — 1000ᵏ de foin valent 71ᶠ, 50; comb⁻ᵉⁿ le rendement d'un hectare de betteraves vaut-il en francs et centimes? à combien de kilogrammes de choux équivaut-il pour la nourriture des bestiaux?

VI. Le mètre vaut en yards (mesure anglaise) 1, 093 633; le yard anglais vaut 3 pieds; le pied vaut 12 pouces; combien le mètre vaut-il de pouces anglais?

VII. 100ᵏ de verre de Bohême contiennent 15ᵏ de potasse; 100ᵏ de potasse contiennent 83ᵏ, 04 de potassium (c'est le métal qui uni à l'oxygène forme la potasse); combien y a-t-il de potassium dans 9ᵏ de verre de Bohême?

CHAPITRE IV.

DIVISION.

I. NOMBRES ENTIERS.

56. Définition; signe. — *Diviser un nombre par un nombre
entier, c'est partager le premier en autant de parties égales qu'il y a
d'unités dans le second.* L'opération que l'on fait se nomme *division*;
le nombre que l'on divise s'appelle *dividende*; le nombre par lequel on divise s'appelle *diviseur.* Le résultat de la division s'appelle *quotient.* On indique la division d'un nombre par un autre
en écrivant sur une même ligne : 1º le dividende; 2º le signe : ;
3º le diviseur; on l'indique encore en écrivant 1º le dividende;
2º le signe — au-dessous; 3º le diviseur au-dessous de ce signe.

Ainsi 8 : 2 et $\frac{8}{2}$ se lisent 8 divisé par 2.

Remarque. Au lieu de dire qu'on divise un nombre par 2, 3, 4,
5, 10... on dit encore qu'on en prend la *moitié*, le *tiers*, le *quart*,
le *cinquième*, le *dixième*...

Problème I. *Partager 12ᶠ en 4 parties égales.* Puisqu'on doit faire
de 12ᶠ quatre parts égales, une de ces parts répétée 4 fois ou
multipliée par 4 doit donner 12 pour produit. Or on sait que
3×4 donne 12; donc 3 est le nombre cherché. $12 : 4 = 3.$
De même comme 10 est égal à 5×2, il vaut 2 parts égales à 5;
donc $10 : 2 = 5.$

Problème II. *Partager 14ᶠ en 4 parties égales.* Le quart de 12ᶠ est
de 3ᶠ et il reste 2ᶠ à partager. — 2ᶠ valent 20 dixièmes de franc,
dont le quart est de 5 dixièmes de franc.
Le quart de 14ᶠ se compose donc de 3ᶠ et de 5 dixièmes de
franc, il est donc de 3ᶠ, 5.

57. Autres significations de la division. —
1º Quand on divise un nombre par 4, par exemple, on en fait

4 parts égales; le dividende contient ces 4 parts; il est donc égal à 4 fois le quotient.

D'une manière générale, *le dividende est égal au produit du quotient par le diviseur*, ou, ce qui revient au même, *au produit du diviseur par le quotient*.

Autrement encore on peut dire que *le quotient est le nombre par lequel il faut multiplier le diviseur pour obtenir le dividende*.

Ex. : $12 : 4 = 3$; donc $12 = 3 \times 4$ ou 4×3.
    $14 : 4 = 3,5$; donc $14 = 3,5 \times 4$ ou $4 \times 3,5$.

2° Ayant partagé un nombre en deux parties égales, par exemple, chaque part est 2 fois plus petite que le nombre partagé : *diviser un nombre par 2, 3, 4..., c'est le rendre 2, 3, 4... fois plus petit.*

58. Reste ; valeur maximum du reste. — En divisant 14 par 4, on a trouvé pour quotient 3,5. Pour faire cette division, nous avons d'abord partagé 12, au lieu de 14, en 4 parties égales; c'est cette division partielle qui nous a fourni la partie entière 3 du quotient : il restait encore 2 unités à partager. Ce reste 2 est l'excès du dividende 14 sur 12, ou sur 4×3. Quand on s'arrête, sans que la division soit terminée, à la partie entière quotient, on appelle *reste de la division ce qui reste à partager*, ou *l'excès du dividende sur le produit du diviseur par la partie entière du quotient.*

Il résulte de là que *le dividende est égal au produit du diviseur par la partie entière du quotient, plus le reste.* Ainsi : $14 = 4 \times 3 + 2$.

Le partage du reste doit nécessairement donner au quotient moins qu'une unité; il s'ensuit que *le reste est moindre que le diviseur*, et qu'il est, *au plus, égal au diviseur diminué de 1.* Quand il est nul, on dit que la division se fait exactement.

En résumé, le produit du diviseur par le quotient doit toujours ouvoir se retrancher du dividende, et le reste est nul ou moindre ue le diviseur.

59. Signification du mot quotient. — Considérons encore la division de 14 par 3; $14 = 4 \times 3 + 2$; donc 14 contient 3 fois 4, mais ne le contient pas une fois de plus; par suite, le quotient 3 est le plus grand nombre de fois que le dividende contient le diviseur. Ainsi *le quotient indique combien de fois le dividende contient le diviseur.* Le mot *quotient*, en effet, vient du mot latin *quoties*, qui signifie *combien de fois.*

Problèmes. 1° *Un ouvrier a reçu une avance de 8ᶠ sur son salaire; chaque semaine il abandonne 2ᶠ sur sa paye, en combien de temps se sera-t-il acquitté?* En autant de semaines que 8 contient de fois 2 ou en 4 semaines, 4 étant le quotient de 8 : 2.

2° *Si l'avance eût été de 9ᶠ, en combien de temps se serait-il acquitté?* Il se serait acquitté en autant de semaines que 9 contient de fois 2 ou en 4 semaines, sauf 1ᶠ qu'il n'aurait pas rendu, ou il se serait acquitté au bout de 5 semaines en ne donnant que 1ᶠ la 5ᵉ semaine.

60. Premier cas. — *Le diviseur et le quotient n'ont qu'un seul chiffre.* — 1° Diviser 48 par 6. Dans la table de multiplication, parmi les multiples de 6, je cherche 48 : je trouve qu'il est égal à 6 × 8; 8 est le quotient cherché.

2° Diviser 50 par 6. Dans la table de multiplication, parmi les multiples de 6, je cherche 50 : il n'y est pas; je cherche alors le plus grand de ces multiples contenu dans 50; je trouve 48 ou 6 fois 8; 8 est la partie entière du quotient.

En réalité, comme on doit savoir de tête les produits contenus dans la table de multiplication, on fera ces opérations sans être obligé de recourir à cette table.

Exemples : La moitié de 19 est 9; 2 fois 9 font 18, 18 ôté de 19, il reste 1; c'est le reste de la division. On dit d'une manière plus abrégée :

La moitié de 19 est 9 pour 18 et il reste 1; de même :

Le tiers de 19 est 6 pour 18 et il reste 1;

Le 5ᵉ de 19 est 3 pour 15 et il reste 4;

Le 7ᵉ de 49 est 7 exactement;

Le 7ᵉ de 60 est 8 pour 56 et il reste 4.

61. Cas particuliers. — I. *Division d'un nombre par 10, 100, 1000.* — Diviser un nombre par 10, 100, 1000..., c'est rendre ce nombre 10, 100, 1000.... fois plus petit; ce que l'on sait faire (12). On remarquera que cela revient (43) à le multiplier par 0,1 ; 0, 01 ; 0,001....

$$234,5 : 10 = 23,45; \qquad 234,5 : 100 = 2,345;$$
$$234,5 : 1000 = 0, 2345; \qquad 234,5 : 10\,000 = 0,02345.$$

De même on aurait :

$$56 : 10 = 5,6; \qquad 5400 : 10 = 540;$$
$$56 : 100 = 0,56; \qquad 5400 : 100 = 54;$$
$$56 : 1000 = 0,056; \qquad 5400 : 1000 = 5,4.$$

11. *Le diviseur est formé d'un chiffre significatif suivi de un ou plusieurs zéros.* — Diviser 1984 par 200. Si je partage 1984 en 100 parts égales, et ensuite chaque part en deux parts égales j'aurai fait 200 parts égales. Les dernières parts obtenues seront donc égales au quotient cherché. Le centième de 1984 est 19,84 ; la moitié de 19 est 9 pour 18, et il reste 1. On a donc encore à partager 1,84 en deux parties égales, ce qui ne donne pas une unité pour chaque part. La partie entière du quotient obtenu en divisant 19,84 par 200 est donc 9, ou la même qu'en divisant 19 par 2.

La partie entière du quotient s'obtient donc, dans ce cas, en *divisant par le chiffre significatif du diviseur les unités de même ordre du dividende.*

Ainsi la partie entière du quotient, ou, par abréviation, le quotient de 1984 par 300 est 6, parce que le quotient de 19 par 3 est 6. Celui de 2513 par 800 est 3 ; celui de 43521 par 6000 est 7.

62. Deuxième cas. — *Le dividende et le diviseur ont plusieurs chiffres, et le quotient n'en a plus qu'un seul.* — Diviser 1984 par 246. — C'est partager 1984 en 246 parties égales.

1° 198, nombre des dizaines, étant moindre que 246, il n'y aura pas une dizaine dans chaque part ; mais 1984 étant plus grand que 246, il y aura au moins une unité dans chaque part. Le quotient n'aura qu'un chiffre.

2° Si je partageais 1984 en 200 parts, au lieu de 246, le nombre de parts étant trop petit, chaque part ne pourrait être que trop grande. 1984 divisé par 200 (61) donne pour quotient 9 ; le quotient de 1984 par 246 est donc 9 ou un nombre plus petit.

Si je partageais 1984 en 300 parts au lieu de 246, le nombre des parts étant trop grand, chaque part ne pourrait être que trop petite. 1984 divisé par 300 (61) donne pour quotient 6 ; le quotient de 1984 par 246 est donc 6 ou un nombre plus grand.

Ainsi le quotient est nécessairement 9, 8, 7 ou 6.

3° Pour savoir lequel de ces quatre nombres est le quotient, on les essaye.

Essayons 9, lequel ne peut être qu'exact ou trop fort. Pour cela, ayant disposé l'opération comme ci-dessous, multiplions le diviseur 246 par le chiffre essayé 9 :

$$\begin{array}{r|l} 1984 & 246 \\ \hline 2214 & 9 \end{array}$$

écrivons, à mesure, les chiffres du produit sous les chiffres de même ordre du dividende. Ce produit 2214 ne peut pas se retrancher de 1984; donc (58) 9 est trop fort. Essayons 8 de la même manière.

$$\begin{array}{c|c} 1984 & 246 \\ 1968 & \overline{8} \\ \hline 16 & \end{array}$$

Le produit 1968 peut se retrancher du dividende; 8 n'est pas trop fort; donc 8 est le quotient cherché. 1968 ôté de 1984, il reste 16; c'est le reste de la division.

RÈGLE. *Pour trouver, quand il doit avoir un seul chiffre, le quotient de deux nombres entiers quelconques, on divise par le chiffre des plus hautes unités du diviseur le nombre des unités de même ordre du dividende; puis on essaye le nombre trouvé; pour cela ou multiplie le diviseur par ce chiffre; si le produit peut se retrancher du dividende, le chiffre trouvé est le quotient cherché, et le reste de cette soustraction est le reste de la division; si le produit ne peut pas se retrancher du dividende, on essaye de la même manière le chiffre immédiatement inférieur, et ainsi de suite.*

REMARQUE. Dans l'exemple précédent, au lieu de commencer les essais par le chiffre le plus fort, 9, nous aurions pu les commencer par le chiffre le plus faible, 6. Mais il convenait d'essayer d'abord 9, parce que 246 est plus près de 200 que de 300. Considérons l'opération suivante : diviser 1984 par 268. Le quotient sera, comme dans l'exemple précédent, 9, 8, 7 ou 6; mais comme 268 est plus près de 300 que de 200, nous essayerons d'abord 6, lequel ne peut être qu'exact ou trop faible.

$$\begin{array}{c|c} 1984 & 268 \\ 1608 & \overline{6} \\ \hline 376 & \end{array}$$

6 fois 268 font 1608; 1608 ôté de 1984, il reste 376; ce reste étant plus grand que 268, il s'ensuit (58) que 6 est trop faible. Essayons 7.

$$\begin{array}{c|c} 1984 & 268 \\ 1876 & \overline{7} \\ \hline 108 & \end{array}$$

7 fois 268 font 1876; 1876 ôté de 1984, il reste 108; ce reste étant plus petit que 268, 7 est le chiffre qui convient.

Quand le chiffre qui est à droite de celui des plus hautes

unités dans le diviseur est plus petit que 5, on suit la règle énoncée; dans le cas contraire, on divise par le chiffre des plus hautes unités augmenté de 1 les unités de même ordre du dividende; puis on essaye le chiffre trouvé. Si le produit du diviseur par ce chiffre, retranché du dividende, donne un reste inférieur au diviseur, le chiffre trouvé est le quotient cherché; sinon on essaye le chiffre immédiatement supérieur; et ainsi de suite.

SIMPLIFICATION. On simplifie l'écriture en faisant en même temps la multiplication et la soustraction nécessaires pour l'essai d'un chiffre. Reprenons le premier exemple 1984 : 246.

$$\begin{array}{c|c} 1984 & 246 \\ 16 & 8 \end{array}$$

Pour essayer le chiffre 8, on dit : 8 fois 6 unités, 48 unités; 48 unités à ôter de 4, c'est impossible; je joins donc à ces 4 unités 50 unités, et je dis 48 unités de 54 unités, il reste 6 unités; mais j'ai ajouté au nombre supérieur 50 unités ou 5 dizaines, il faudra donc les ajouter aussi au nombre inférieur : 8 fois 4 dizaines, 32 dizaines, et 5 dizaines retenues, 37 dizaines; ne pouvant retrancher 37 dizaines de 8 dizaines, j'agis comme précédemment et je dis : 37 de 38, il reste 1 et je retiens 3; 8 fois 2 centaines, 16 centaines, et 3 de retenues, 19; de 19, il ne reste rien. Le reste de la division est 16.

On peut encore s'exprimer ainsi : 8 fois 6, 48, et 6, que j'écris, 54, et je retiens 5; 8 fois 4, 32, et 5, 37, et 1, que j'écris, 38, et je retiens 3 ; 8 fois 2, 16, et 3, 19.

63. Exemples. — 1er EXEMPLE. Diviser 46521 par 9437. 1° Le quotient n'aura qu'un chiffre, car 4652 est moindre que 9437. 2° Les plus hautes unités du diviseur sont des mille; il en contient 9, et le dividende, 46.

$$\begin{array}{c|c} 46521 & 9437 \\ 8773 & 4 \end{array}$$

Le 9e de 46 est 5 pour 45; essayons 5 sans l'écrire : 5 fois 9 font 45, de 46 reste 1 ; 5 fois 4, 20, qui ne peut se retrancher de 15; 5 est trop fort. Essayons 4 : ce chiffre paraît être bon, je l'écris. — 4 fois 7, 28, et 3, 31, je retiens 3; — 4 fois 3, 12, et 3 de retenues, 15, et 7, 22, je retiens 2; — 4 fois 4, 16, et 2 de retenues,

18, et 7, 25, je retiens 2; — 4 fois 9, 36 , et 2 de retenues, 38, et 8, 46; — 4 est le quotient et 8773 est le reste.

2ᵉ Exemple. Diviser 2513 par 684. Dans cet exemple, 684 étant plus près de 700 que de 600, on force le chiffre des centaines, e on prend 7 au lieu de 6.

$$\begin{array}{r|l} 2513 & 684 \\ \hline 461 & 3 \end{array}$$

Le quotient est 3 et le reste est 461

64. Troisième cas. — *Le diviseur est un nombre entier quelconque, mais le quotient est supérieur à 10.* — Diviser 16 723 par 26. Cela revient à partager 16 723 en 26 parties égales.

1° 16 étant moindre que 26, je ne puis sur les 16 mille du dividende donner 1 mille à chaque part. Le quotient n'aura donc pas de mille. Mais 167 étant plus grand que 26, si je partage 167 centaines en 26 parts, chaque part contiendra au moins une centaine. Les centaines seront les plus hautes unités du quotient.

$$\begin{array}{r|l} 16723 & 26 \\ 112 & \overline{643} \\ 83 & \\ 5 & \end{array}$$

2° 167 centaines est appelé le premier dividende partiel. La 26ᵉ partie de 167 centaines (62) est 6 centaines, que j'écris au quotient, et le reste, 11 centaines. J'ai encore à partager ces 11 centaines et les 23 unités ; ou, en écrivant les 2 dizaines à côté des 11 centaines, 112 dizaines et 3 unités.

112 dizaines est le deuxième dividende partiel. La 26ᵉ partie de 112 dizaines est 4 dizaines (j'écris ce chiffre à droite des 6 centaines), et le reste est 8 dizaines. J'ai encore à partager ces 8 dizaines et les 3 unités, ou, en écrivant ces 3 unités à côté des 8 dizaines, 83 unités.

83 est le dernier dividende partiel. La 26ᵉ partie de 83 unités est 3 unités (j'écris ce chiffre à droite des 64 dizaines); et le reste est 5 unités.

J'ai ainsi partagé tout le dividende, sauf ces 5 unités, dont la 26ᵉ partie est moindre qu'une unité. Le quotient est donc 643 et le reste de la division est 5.

Remarque. Le premier dividende séparé fournit un chiffre du

quotient; chacun des autres chiffres du dividende en fournit aussi un. Le nombre des chiffres est donc égal à 1 plus le nombre des chiffres du dividende qui suivent le premier dividende partiel.

RÈGLE. *Pour trouver le quotient de deux nombres entiers quelconques, on sépare, sur la gauche du dividende, le plus petit nombre de chiffres qui fasse un nombre contenant le diviseur. Ce premier dividende partiel divisé par le diviseur donne le chiffre des plus hautes unités du quotient*

À la droite du reste, on abaisse le chiffre suivant du dividende; on forme ainsi le second dividende partiel, qui, divisé par le diviseur, donne le chiffre suivant du quotient. —

On continue de la même manière, jusqu'à ce qu'on ait abaissé le chiffre des unités du dividende. On forme ainsi le dernier dividende partiel, qui, divisé par le diviseur, donne le chiffre des unités du quotient, et le reste de la division.

Si l'un des dividendes partiels ne contient pas le diviseur, le chiffre correspondant du quotient est 0.

65. Exemples. — 1ᵉʳ Exemple. Diviser 4 875 895 par 6234. 4 875 895 par 6234.

J'écris le dividende; je trace à sa droite un trait vertical; à droite de ce trait, j'écris le diviseur; sous le diviseur je trace un trait horizontal, sous lequel j'écrirai le quotient.

$$\begin{array}{c|c} 4875895 & 6234 \\ \hline 51209 & 782 \\ 13375 & \\ 907 & \end{array}$$

1° Le plus petit nombre, séparé à la gauche du dividende, qui contienne le diviseur est 48758. — 48 divisé par 6 donne 8; 8 serait trop fort; 7 sera bon; j'écris 7 au quotient; je multiplie le diviseur 6234 par 7 et je retranche le produit de 48758; le reste est 5120. — J'abaisse le chiffre 9 et je divise le second dividende partiel 51209 par le diviseur : 51 divisé par 6 donne 8, pour 48; je l'essaye, 8 est bon; je multiplie le diviseur par 8 et je retranche de 51209; le reste est 1337. — J'abaisse le dernier chiffre 5, et je divise le dernier dividende partiel 13375 par le diviseur : 13 divisé par 6 donne 2 pour 12; je l'essaye, 2 est bon; je multiplie le diviseur par 2 et je retranche de 13375; il reste 907.

Le quotient entier est 782 et le reste 907.

2⁰ **Exemple.** La division se fait sans reste. Diviser 836448 par 24.

```
836448 | 24
116    | 34852
 204
 124
  48
   0
```

3⁰ **Exemple.** *Un dividende partiel est plus petit que le diviseur.* Diviser 1 648 529 par 327.

```
1648529 | 327
 1352   | 5041
  449
  122
```

4⁰ et 5⁰ **Exemples.** *Le diviseur n'a qu'un seul chiffre, ou ses multiples sont connus de mémoire.* 1⁰ Diviser 55 812 par 8; 2⁰ 3815 par 11.

```
Reste. . . .      4          Reste. . . .       7
              55812 : 8                      5815 : 11
Quotient. . .  6976          Quotient.  . .   528
```

66. Preuve de la division par la multiplication.
— *Le dividende doit être égal au produit du diviseur par le quotient, augmenté du reste, s'il y en a un.* On écrit donc le diviseur sous le quotient; on fait la multiplication, puis, après avoir obtenu les divers produits partiels et avant de les additionner, on écrit au-dessous le reste, de façon à ce que son dernier chiffre de droite soit sous le dernier chiffre de droite du premier produit partiel. On fait ensuite la somme des divers produits partiels et du reste : on doit retrouver le dividende.

```
4875895 | 6234
 51209  |
 13375  |  782
  907   | 6234
        ________
           3128
           2346
           1564
           4692
            907
        ________
         4875895
```

On choisit pour multiplicateur le diviseur, parce que dans la division on a multiplié déjà le diviseur par le quotient.

EXERCICES N° 7.

I. Un chef d'atelier a 12 ouvriers à payer également; leur paye totale est de 324^f; quelle est la paye d'un seul ouvrier?

II. Un méridien a une longueur de 7200 lieues marines ou 9000 lieues communes; sachant qu'il renferme 360 degrés, combien y a-t-il de lieues marines ou communes dans 1 degré?

III. Quels sont les quotients et les restes des divisions suivantes?
58 : 7; 587 : 7; 5876 : 7; 50 : 7; 500 : 7; 5400 : 7; 5000 : 2; 72000 : 1100; 312 : 58; 312 : 54; 312 : 52; 58476 : 9881; 58476 : 9519; 58476 : 9211; 15742 : 11; 87692 : 12; 18720581 : 36; 47530812 : 77328; 314159 : 431; 27182818 : 54812.

IV. Diviser les nombres 10, 100, 1000... 1° par 9; 2° par 11; 3° par 3; 4° par 6. Qu'y a-t-il de remarquable dans la suite des restes et dans celle des chiffres du quotient?

V. Avec 13 lingots de zinc pesant chacun 6350^{gr}, on a fabriqué 144 chandeliers; en rognures, bavures, etc., il a été perdu dans cette fabrication 1800^{gr} de zinc; quel est le poids d'un de ces chandeliers?

VI. La récolte de 17 hectares de navette a rapporté pour 9350^f de graines: quel est le prix de l'hectolitre de graines, sachant qu'un hectare produit 25 hectolitres?

VII. L'analyse mécanique d'une terre a fourni 2560^{gr} de pierres; 3680^{gr} de gravier; 290^{gr} de débris organiques; 15280^{gr} de sable; 10190^{gr} de terre fine : sur quelle quantité de terre a-t-on opéré? Dans une seconde expérience faite sur la même terre et donnant les mêmes proportions, on a trouvé 115^{gr} de gravier; sur quelle quantité de terre a-t-on opéré dans cette seconde expérience? quelles quantités de pierres, de débris organiques, de sable et de terre fine a-t-on dû trouver?

VIII. Une note de marchand de vins de Bordeaux montant à 384^f, 60, comprend : 1° 1 pièce de vin de 228 litres à raison de 85^f les 100 litres; 2° 1 pièce de même contenance à raison de 35^f les 100 litres; 3° 2 petits fûts d'eau-de-vie de 15 litres chacun; quel est le prix d'un de ces fûts; — d'un litre d'eau-de-vie (le tout en francs et centimes, en ne se servant que de la division des nombres entiers)?

IX. On a multiplié un nombre par 375; au produit on a ajouté 254 et on a trouvé pour produit 1478 504 : quel était le premier nombre?

X. La somme de deux nombres est de 24, leur différence est 6; quels sont ces deux nombres?

XI. Le diamètre de la terre entre les pôles est inférieur au diamètre de l'équateur de 42 636^m, et les deux ensemble ont pour somme 25 466 956^m; quelles sont les longueurs de ces deux diamètres?

II. NOMBRES DÉCIMAUX.

Premier cas. — Application de la règle. — Définition générale de la division. — Deuxième cas. — Application de la règle. — Preuve. — Multiplication ou division des deux termes par 10, 100, 1000. — Usages de la division; applications. — Exercices.

67. Premier cas. — *Division d'un nombre décimal par un nombre entier.* — Soit à diviser 537,72 par 39. C'est partager 537,72 en 39 parties égales.

$$
\begin{array}{r|l}
537,72 & 39 \\
\cline{2-2}
147 & 13,787 \\
30\ 7 & \\
3\ 42 & \\
300 & \\
27 &
\end{array}
$$

1° 537 divisé par 39 donne pour quotient entier 13, et pour reste 30.

2° Il reste donc à partager d'une part 30 unités, de l'autre 7 dixièmes et 2 centièmes. Aux 30 unités qui valent 300 dixièmes, je joins les 7 dixièmes, en abaissant le chiffre 7 à la droite du reste 30, ce qui fait 307 dixièmes; dont le 39° est 7 dixièmes; il reste 34 dixièmes; j'écris les 7 dixièmes à droite des 13 entiers, en les séparant par une virgule. Le quotient est 13,7.

3° Les 34 dixièmes valent 340 centièmes, j'y joins les 2 centièmes en abaissant le chiffre 2 du dividende, à droite du reste 30; le 39° de 342 centièmes est 8 centièmes, que j'écris à droite des dixièmes, et le reste est 30 centièmes. Le quotient est 13,78.

4° Les 30 centièmes valent 300 millièmes; comme il n'y a pas de millièmes au dividende, j'écris un zéro à la droite du reste 30, et je partage les 300 millièmes en 39 parties égales; le quotient est 7 millièmes, que j'écris à droite des centièmes déjà écrits, et le reste est 27 millièmes. Le quotient, à un millième près, est 13.787.

En continuant de même on obtient le quotient avec autant de chiffres décimaux que l'on veut.

REMARQUE I. Le même raisonnement appliqué au cas où le dividende serait entier, fournirait le moyen de compléter le quotient par des chiffres décimaux, après en avoir obtenu la partie entière.

Soit à diviser 1293 par 25. La partie entière du quotient est 51, et le reste est 18 entiers ou 180 dixièmes.

$$
\begin{array}{r|l}
1293 & 25 \\
43 & \overline{51,72} \\
180 & \\
50 & \\
0 & \\
\end{array}
$$

180 dixièmes divisés par 25 donnent pour quotient 7 dixièmes, et pour reste 5 dixièmes ou 50 centièmes ; 50 centièmes divisés par 25 donne pour quotient 2 centièmes, et pour reste zéro. Le quotient complété par des chiffres décimaux est donc 51,72.

RÈGLE. *Pour trouver le quotient d'un nombre entier ou décimal par un nombre entier, 1° on divise la partie entière du dividende par le diviseur ; le quotient obtenu est la partie entière du quotient : on écrit une virgule à sa droite*

2° On continue la division d'après la règle de la division des nombres entiers en supposant écrits à la droite du dividende autant de zéros qu'il est nécessaire.

Si l'on continue la division jusqu'à ce que le reste soit nul, le quotient obtenu est exact.

Si l'on s'arrête à un chiffre décimal, le quotient est *approché* ; il est approché à moins d'une unité de l'ordre du dernier chiffre écrit ; le reste exprime des unités du même ordre que ce dernier chiffre.

REMARQUE II. Il résulte de cette règle que le quotient devient 10, 100, 1000 *fois plus grand ou plus petit en même temps que le dividende*. Ex. : $(3,15 : 125) \times 10 = 31,5 : 125$.

68. Application de la règle. 1ᵉʳ et 2ᵉ EXEMPLES. Diviser 621 par 547, et 673,41 par 286.

$$
\begin{array}{r|l}
621 & 547 \\
740 & \overline{1,135} \\
1930 & \\
2890 & \\
155 & \\
\end{array}
\qquad
\begin{array}{r|l}
673,41 & 286 \\
101\ 4 & \overline{2,354} \\
16\ 61 & \\
1\ 310 & \\
166 & \\
\end{array}
$$

Quotient à 0,001 près : 1,135   Quotient à 0,001 près : 2,354
Reste 0,155.   Reste 0,166.

3ᵉ et 4ᵉ EXEMPLES. *Le diviseur n'a qu'un seul chiffre entier.*

Diviser 53 et 53,47 par 8.

Reste zéro.

Reste. 0,006

53 : 8

53,47 : 8

Quotient. 6,625   Quotient. 6,683

5ᵉ et 6ᵉ EXEMPLES. *Le dividende ne contient pas d'entiers ou en contient moins que le diviseur.*

1° Diviser 5,216 par 12 et 0,00341 par 7.

$$\begin{array}{c|c} 5,216 & 12 \\ 41 & \overline{0,4346} \\ 56 & \\ 80 & \\ 8 & \end{array}$$

Reste. 0,000001

0,00341 : 7

Quotient. . . . 0,000487

69. Définition générale de la division. — On a vu (67) que dans le cas où le diviseur est entier, le quotient est le nombre par lequel il faut multiplier le diviseur pour obtenir le dividende. De là résulte la définition générale suivante, qui conviendra également au cas où le diviseur est décimal.

Diviser un nombre par un autre c'est chercher par quel nombre il faut multiplier le second pour avoir le premier.

70. Deuxième cas. — *Le diviseur est un nombre décimal.*

Soit à diviser 3,15 par 12,5. Le quotient multiplié par 12,5 doit donner pour produit 3,15 ; or le quotient multiplié par 12,5 est la même chose que les 125 dixièmes du quotient (42).

Les 125 dixièmes du quotient étant. 3,15

1 dixième du quotient sera 125 fois moins ou 3,15 : 125

et le quotient tout entier sera dix fois plus

grand ou (67, Rem. II). . . . . 31,5 : 125

Nous sommes ainsi ramenés au premier cas.

$$\begin{array}{c|c} 31,5 & 125 \\ 6\ 50 & \overline{0,252} \\ 250 & \\ 0 & \end{array}$$

Le quotient est 0,252.

Le même raisonnement s'appliquerait à tout autre exemple et conduit à la règle suivante :

RÈGLE. *Pour diviser un nombre quelconque par un nombre décimal, on supprime la virgule au diviseur et on multiplie le dividende par l'unité suivie d'autant de zéros qu'il y avait de chiffres décimaux au diviseur; on est alors ramené au cas où le diviseur est entier.*

71. Application de la règle. 1ᵉʳ EXEMPLE. Diviser 7,913 par 0,86.

$$\begin{array}{r|l} 7,91.3 & 0,86 \\ 17\ 3 & \overline{9,201} \\ 100 & \\ 14 & \end{array}$$

D'après la règle, nous nous ramenons à diviser 791,3 par 86. Mais au lieu de déplacer réellement la virgule dans le dividende et de l'effacer dans le diviseur, marquons simplement un point dans le dividende à la place même où nous devrions écrire la virgule, entre 1 et 3, et faisons la division de 791, 3 par 86, suivant la règle du n° 67 : le quotient de 791 par 86 est 9, partie entière du quotient, et le reste est 17; etc.

Le quotient est 9,201, à 1 millième près. On continuerait l'opération si l'on voulait un quotient plus approché, en divisant 14 millièmes par 86.

2° Diviser 0,93 par 1,05 :

$$\begin{array}{r|l} 0,93.0 & 1,05 \\ 9\ 00 & \overline{0,8857} \\ 600 & \\ 750 & \\ 15 & \end{array}$$

Dans ce cas on se trouve ramené à la division d'un nombre entier 93, par un nombre entier 105.

3° Diviser 6,41 par 0,472 :

$$\begin{array}{r|l} 6,410 & 0,472 \\ 1\ 690 & \overline{13,5} \\ 2740 & \\ 380 & \end{array}$$

Dans ce troisième exemple, pour appliquer la règle, on écrit un zéro à la droite du dividende; on est encore ramené à la division de deux nombres entiers.

72. Preuve. — On suit exactement la même règle que pour la division des nombres entiers (66). Exemple :

$$
\begin{array}{r|l}
5,31.2 & 32,74 \\
2\,03\,80 & \overline{0,162} \\
7\,360 & 32,74 \\
812 & \overline{648} \\
& 1134 \\
& 324 \\
& 486 \\
& 812 \\
\hline
& 5,31200
\end{array}
$$

73. Multiplication ou division par 10,100,1000... des deux termes d'un quotient. — Il est facile de voir que si l'on déplace la virgule dans l'un des termes du quotient, c'est-à-dire si on multiplie ou si l'on divise l'un d'eux par une puissance de 10, l'opération reste la même, à cela près que la virgule se trouve déplacée dans le quotient. On reconnaît facilement que :

1° On rend le quotient 10, 100, 1000... fois plus grand en multipliant le dividende, ou en divisant le diviseur par 10, 100, 1000.

$$\text{Ex. :} \quad \frac{459}{1255} \times 10 = \frac{4590}{1255} = \frac{459}{125,5}$$

2° On rend le quotient 10, 100, 1000 fois plus petit en divisant le dividende, ou en multipliant le diviseur par 10, 100, 1000.

$$\text{Ex. :} \quad \frac{459}{1255} : 10 = \frac{45,9}{1255} = \frac{459}{12550}$$

3° On ne change pas le quotient en multipliant ou en divisant à la fois les deux termes par une même puissance de 10.

$$\text{Ex. :} \quad \frac{2854,5}{1500} = \frac{28,545}{15} = \frac{28545}{15000}$$

De là cette règle particulière :

RÈGLE. *Quand le diviseur est terminé par des zéros, on les supprime et on divise le dividende par l'unité suivie du même nombre de zéros; on fait ensuite la division comme à l'ordinaire.* Ex. : 1° $\dfrac{25}{370} = \dfrac{2,5}{37}$

2° $\dfrac{1800}{500} = \dfrac{18}{5} = 3,6$

74. Usages de la division; applications. — Les principaux problèmes usuels qui exigent l'emploi de la division sont les suivants :

I. Répartir une somme d'argent entre plusieurs personnes.

II. Trouver le prix, les dimensions, le volume, le poids d'un objet, connaissant le prix, les dimensions, le volume, le poids de plusieurs.

III. Connaissant le revenu d'une personne pendant un temps donné, trouver le revenu pendant une partie de ce temps.

IV. Connaissant le temps employé à un certain travail, trouver le temps employé à une partie de ce travail.

V. Entre combien de personnes a été partagée une somme connue, connaissant la valeur de chaque part ?

VI. Combien y a-t-il d'objets ayant un prix, des dimensions, un volume, un poids... déterminés, dans une quantité de ces objets qui a un prix, des dimensions, un volume, un poids... déterminés ?

VII. Connaissant le temps employé à un travail formé de plusieurs parties égales, et le temps employé à une de ces parties trouver le nombre de ces parties.

Toutes ces questions se résolvent par des raisonnements analogues. Il suffira de quelques exemples.

PROBLÈME I. 35 *litres d'acide chlorhydrique concentré pèsent* $42^{kg},30$; *combien pèse 1 litre ?*

Solution.

$$35^l \text{ pèsent} \ldots \ldots \ldots \ldots 42^{kg},3.$$
$$1^l \text{ pèse la } 35^e \text{ partie de } 42^{kg},3 \text{ ou } 42,3 : 35 = 1^{kg},208.$$

Réponse : $1^{kg},208$, à 1 gramme près.

PROBLÈME II. 459^{li} *de gaz d'éclairage ont été brûlés en 125 heures et demie par un seul bec ; combien ce bec a-t-il brûlé par heure ?*

Solution :

$$\text{En } 125^h,5 \text{ ce bec a brûlé} \ldots \ldots \ldots 459^{li} ;$$
$$\text{En } \quad 0^h,1 \text{ il a brûlé } 1255 \text{ fois moins ou } 459 : 1255 ;$$
$$\text{En } \quad 1^h \quad — \quad\quad 10 \text{ fois plus ou } 459 : 125,5$$
$$= 4590 : 1255 = 3^{li},657.$$

Réponse : $3^{li},657$, à 1 litre près.

PROBLÈME III. $25^{ha},55$ *cultivés en ivraie d'Italie ont produit en une année une quantité de fourrages qui s'est vendue 11 598ᶠ,70 en tout; quelle est la valeur de la production de 1 de ces hectares?*

Solution. Même genre de raisonnement qu'au problème II.

Réponse. 453ᶠ,96, à 1 centime près.

PROBLÈME IV. *De combien d'ouvriers se compose une équipe dont la paye totale est de 331ᶠ,50, sachant que chacun des ouvriers est payé 25ᶠ,50.*

Solution. D'autant d'ouvriers qu'il y a de fois 25ᶠ,50 dans 331ᶠ,50; c'est-à-dire d'un nombre d'ouvriers égal à $\dfrac{331,50}{25,50} = 13$ ouvriers.

Réponse : 13 ouvriers.

PROBLÈME V. *Pour 30ᶠ,75 on a un sac de blé; de combien de sacs pareils est formée une récolte qui s'est vendue 7695ᶠ,25?*

Réponse. 250 sacs, le 251ᵐᵉ n'est pas rempli.

PROBLÈME VI. *Une étoffe a 1ᵐ de largeur; pour doubler un tapis, il en faut 4ᵐ,25; combien faudra-t-il, pour le même usage, d'une autre étoffe ayant 75ᶜᵐ?*

Solution. A 100ᶜᵐ de large il faut. 4ᵐ,25
         1ᶜᵐ il en faut 100 fois plus :   425ᵐ
    75ᶜᵐ   —   75 fois moins : $\dfrac{425}{75} = 5^{\mathrm{m}},666$

Réponse. 5ᵐ, 67 à un centimètre près.

EXERCICES Nº 8.

I. Un train de voyageurs a transporté de Paris à Lyon 154 voyageurs de 3ᵉ classe; le prix total des places a été de 4812ᶠ,50 ; combien chaque voyageur a-t-il payé ? Combien aurait-il payé pour 1ᵏᵐ, sachant que la distance de Paris à Lyon est de 507 kilomètres ?

II. Pour monter un petit laboratoire de chimie, on a acheté:

1º Pour 2ᶠ,50 de teinture de tournesol à raison de 0ᶠ,50 les 100ᵍʳ.

2º Pour 8ᶠ,50 d'acide chlorhydrique pur à 2ᶠ le kilog. ;

3º Pour 17ᶠ,50 d'acide nitrique (ou azotique) pur, à 3ᶠ,50 le kilog.;

4º 7ᵏ⁵ d'acide sulfurique bouilli à 2ᶠ,15 le kilog. ;

5º Pour 18ᶠ d'acide sulfurique normal à 5ᶠ le kilog. ;

6º 500 ᵍʳ d'acide oxalique cristallisé à 12ᶠ le kilog. ;

7º 700ᵍʳ d'ammoniaque concentrée à 2ᶠ,75 le kilog. ;

8º 3 litres d'alcool rectifié ; en tout 6ᶠ,45 ;

9° [illegible] pour [illegible] en tout ;

10° Cyanure de potassium à [illegible] le kilog. [illegible] ;

11° Pour 1ⁱ de potasse caustique à 5ⁱ le kilog. ;

12° De la litharge en poudre à 1ⁱ le kilog., pour [illegible] ;

13° Chaux sodée à 5ⁱ le kilog., pour 24ⁱ,80 ;

14° Cristaux choisis de sulfate de fer pour 1ⁱ,90 ; les 100ᵍʳ coûtant 0ⁱ,75 ;

15° Dissolution d'azotate d'argent au centième à 0ⁱ,30 les 100ᵍʳ pour 2ⁱ,25 ;

16° Chlorure de baryum cristallisé à 1ⁱ les 100ᵍʳ, 150ᵍʳ ;

17° Nitrate de baryte pour 5ⁱ,25, à 1ⁱ les 100ᵍʳ ;

18° À 3ⁱ,50 les 100ᵍʳ, 250ᵍʳ de nitrate de bismuth ;

19° [illegible] 5 de tournure de cuivre à 3ⁱ,50 le kilog. ;

20° 200ᵍʳ de sulfure de carbone rectifié à 3ⁱ,50 le kilog. ;

21° Dissolution de chaux sucrée à 1ⁱ les 100ᵍʳ, 240ᵍʳ.

Le prix des flacons est de 10ⁱ,75 en tout.

Ce petit laboratoire est très-suffisant pour le [illegible]. Faites la facture de la dépense précédente en indiquant pour chacun des [illegible] la quantité en kilog. ou en litres, le prix de l'unité en francs et centimes. Quelle est la dépense totale faite ?

III. Un ouvrier gagne par an 2150ⁱ, combien gagne-t-il en moyenne par mois, — par jour, le mois étant compté de 30 jours ; — par semaine ? Il [illegible] par jour [illegible] en moyenne, combien peut-il mettre de côté par an ?

IV. L'argent et le plomb produits annuellement par les mines anglaises sont évalués à 2187ᵏ d'argent estimés en tout 481 250ⁱ, et 64 005 tonnes de plomb valant en tout 36 802 875ⁱ ; quel est le prix d'un kilog. d'argent, d'un kilog. de plomb ?

V. Combien y a-t-il d'argent pour 1ᵏ de plomb, ou de plomb pour 1ᵏ d'argent ? (L'argent dans ces mines se trouve généralement uni au plomb.)

VI. La production du charbon de terre dans le même pays étant estimée à 2 812 750 000ⁱ, à raison de 15ⁱ,00 les 100ᵏ, quel est, à 1000 tonnes près, le poids de cette production ?

VII. Une maison achetée 275 000ⁱ rapporte au propriétaire 18000ⁱ par an. Quel est son revenu par mois, par jour ? Dans combien de temps aura-t-il touché pour le revenu de cette maison une somme égale au prix d'achat ?

VIII. Pour faire une tranchée de 160ᵐ de long, destinée au passage d'une rue il a fallu 95 jours ; combien faudrait-il de temps pour allonger cette tranchée de 10ᵐ ?

IX. Entre combien de personnes a été partagé un héritage de [illegible] chaque héritier ayant reçu 5180475ⁱ ?

X. 10ᵏ de blanc de zinc coûtent 13ⁱ,25 ; on a employé dans un travail pour 220ⁱ,48 de blanc de zinc ; quel est le poids de blanc de zinc employé ?

XI. En analysant la graine de pavot on a trouvé : 1° eau 27ᵍʳ,25 ; 2° huile 78ᵍʳ,01 ; 3° matières organiques non azotées 25ᵍʳ,40 ; 4° matières organiques azotées 32ᵍʳ,[illegible] ; 5° ligneux 11ᵍʳ,31 ; 6° phosphates et autres sels 12ᵍʳ,08. Quel poids total de graines a-t-on soumis à l'analyse sachant les quantités des 6 substances composantes pour 100ᵍʳ de graines ?

III. DIVISION DES PRODUITS ET DES PUISSANCES.

Divisions successives par plusieurs nombres et division par leur produit. — Division d'un produit par un nombre. — Application. — Multiplication ou division des deux termes par un même nombre. — Division de deux puissances d'un même nombre. — Exercices.

75. Divisions successives par plusieurs nombres et division par leur produit. — *En divisant un nombre par un produit de plusieurs facteurs, on obtient le même résultat qu'en le divisant successivement par chacun d'eux.*

Ex. : $5 : (7, 2 \times 3, 25)$, ou $5 : 23, 4 = (5 : 7, 2) : 3, 25$.

En effet, si nous faisons les divisions successives, nous avons :

$$5 : 7, 2 = 0, 694... ; 0, 694... : 3, 25 = 0, 213.$$

ou $\qquad (5 : 7, 2) : 3, 25 = 0, 213...$

Mais alors (57) $\qquad 0, 694... = 0, 213... \times 3, 25$

$\qquad\qquad\qquad 5 \quad = 0, 694... \times 7, 2$

$\qquad\qquad\qquad\quad = 0, 213... \times 3, 25 \times 7, 2$

$\qquad\qquad\qquad\quad = 0, 213... \times 23, 4$

d'où il suit que $\qquad 5 : 23, 4 = 0, 213...$

$\qquad\qquad\qquad\quad = (5 : 7, 2) : 3, 25.$

REMARQUE. C'est surtout quand le dividende peut être exactement divisé par un des facteurs du diviseur que ce principe trouve son application. Ex. : diviser 48 par $18 = 6 \times 3$; $48 : 6 = 8$; $8 : 3 = 2,66...$

Il en résulte qu'ayant à diviser un nombre successivement par plusieurs autres, *on peut changer à volonté l'ordre des divisions successives.* Le résultat, en effet, sera toujours égal à celui qu'on obtiendrait en divisant le dividende donné par le produit de tous les diviseurs.

Ex. : $(72 : 5) : 12 = (72 : 12) : 5 = 6 : 5 = 1,2.$

76. Division d'un produit par un nombre. — *Pour diviser un produit par un nombre, il suffit de diviser par ce nombre un seul des facteurs de ce produit.*

Ex. : $3 \times 2 \times 7 = (3 \times 16 \times 7) : 8$, 2 étant égal à $16 : 8.$

En effet (52, 3°)

$\qquad\qquad (3 \times 2 \times 7) \times 8$ vaut $3 \times 16 \times 7$

donc (57) : $3 \times 2 \times 7$ vaut $(3 \times 16 \times 7) : 8.$

Remarques. I. Il s'ensuit qu'*on divise un produit par un de ses facteurs en supprimant ce facteur.*

Ex. : $(7 \times 5 \times 6) : 5 = 7 \times (5 : 5) \times 6 = 7 \times 1 \times 6 = 7 \times 6.$

II. Ces propositions et les remarques précédentes (75 et 76), ainsi que leurs démonstrations, s'appliquent aux cas où les nombres sont décimaux, comme à ceux où ils sont entiers.

77. Application. — Problème. *Un train de chemin de fer a parcouru* 204 300^m *en* 7 *heures ; combien a-t-il parcouru dans* 1 *seconde ?*

Solution. En 7^h il parcourt.. . . . . . .   204300^m
  — 1   — 7 fois moins ou   204300 : 7
  — 1 min.   — 60 fois moins ou   204300 : 7 : 60
  — 1 sec.   — 60 fois moins ou   204300 : 7 : 60 : 60
     $= [204300 : 9 (: 4) : 7 :] 100,$

parce que $60 = 2 \times 3 \times 10$ et $60 \times 60 = 4 \times 9 \times 100.$
 204 300 : 9 = 22700 ; 22700 : 4 = 5675 ; 5675 : 7 = 810,7…
    810,7… : 100 = 8,107.

Réponse. 8^m, 107…

En commençant par diviser par 7, divisant ensuite par 60 et par 60, on verrait que les opérations sont beaucoup moins commodes.

78. Multiplication ou division des deux termes par un même nombre. — *Quand on multiplie ou quand on divise les deux termes de la division par un même nombre, le quotient entier ne change pas ; mais le reste est multiplié ou divisé par ce même nombre.* Ex. : 38 divisé par 7 donne pour quotient 5, et pour reste 3 ; 38×4 ou 152 divisé par 7×4 ou 28 donnera pour quotient 5, et pour reste 3×4 ou 12.

En effet, d'après la division faite,
$$38 = 5 \times 7 + 3 ;$$
Or, en multipliant par 4, d'une part le nombre 38, d'autre part le nombre égal $5 \times 7 + 3$, les résultats sont égaux, et l'on a :
$$38 \times 4 = 5 \times 7 \times 4 + 3 \times 4$$
donc 38×4 étant divisé par 7×4 donnera pour quotient 5, et pour reste 3×4, car 3×4 est moindre que le diviseur 7×4, puisque le premier reste 3 est forcément moindre que le premier diviseur 7.

Cette propriété étant vraie dans le cas où l'on multiplie les deux nombres par un même nombre, l'est par suite dans le cas où on les divise tous deux par un même nombre. Ainsi de ce que 152 divisé par 28 donne pour quotient 5 et pour reste 12, il s'ensuit que 152 : 4 ou 38, divisé par 28 : 4 ou 7, donne pour quotient 5 et pour reste 12 : 4 ou 3.

79. Division de deux puissances d'un même nombre. — 1° Si l'exposant du dividende surpasse l'exposant du dividende, le quotient est une puissance du même nombre ayant pour exposant l'excès de l'exposant du dividende sur l'exposant du diviseur. Ex. : $7^5 : 7^2 = 7^3$.

En effet : $7^5 = 7^2 \times 7^3$; d'où $7^5 : 7^2 = 7^3$.

2° Si l'exposant du dividende est inférieur à l'exposant du diviseur, le quotient est égal à l'unité divisée par une puissance du même nombre qui a pour exposant l'excès de l'exposant du diviseur sur l'exposant du dividende. Ex. : $7^3 : 7^5 = 1 : 7^2$.

En effet :
$$7^3 : 7^5 = 7^3 : (7^3 \times 7^2)$$
$$= (7^3 : 7^3) : 7^2 \qquad (\text{n}° 75)$$
$$= 1 : 7^2$$

En appliquant ces règles aux puissances de 10, on retrouverait celles que l'on connaît déjà :
$$10000 : 100 = 10^4 : 10^2 = 10^2 = 100;$$
$$100 : 1000 = 10^2 : 10^3 = 1 : 10^1 = 1 : 10 = 0,1.$$

EXERCICES N° 9.

I. Effectuer de tête les opérations suivantes : 1° 75 : 8 : 25; 2° 99 : 4 : 75; 3° 24 : 42 ou 24 : (6×7) ; 4° 2,6 : 39 ou 2, 6 : (3×13); 5° 2000 : 16;

II. Effectuer de même 1° $5 \times 48 \times 2 : 6$; 2° $9 \times 16 : 12$; 3° $81 \times 2 : 24$; 4° $47 \times 22 : 77$.

III. Effectuer de tête, 1° $8^3 : 8^2$; 2° $17^5 : 17^4$; 3° $6^9 : 6^7$; 4° $36 \times 6^2 : 6^3$; 5° $48 : 6^2$; 6° $7^9 : 7^2 : 7^4$; 7° $25 \times 75 : 5^8$.

IV. Un point situé à l'équateur parcourt environ 40 000 000 de mètres dans la révolution diurne de la Terre, qui est de 24 heures; combien parcourt-il dans une seconde ?

V. Les 40 000 000 de mètres qui forment la longueur d'un méridien sont partagés en 360°; combien vaut la lieue de 25 au degré (il y en a 25 dans 1°); combien vaut la lieue de 20 au degré; combien vaut le mille marin, qui en est le tiers ?

VI. 1 mille vaut 120 nœuds; 12 nœuds valent 95 toises; la toise valait 6 pieds. Exprimer en milles et fractions décimales du mille la valeur du pied.

VII. 854358 gr. de minerai de plomb fournissent 180 000 gr. de plomb

64^{gr} de plomb contiennent 0^{gr},192 d'argent; combien 100 008^{gr} de minerai contiennent-ils d'argent ?

VIII. Relativement à la quantité de carbone que renferment les aliments suivants, 11^{ks} de fromage de gruyère équivalent à 36^{ks} de viande ; 7 de viande à 11 de lait ; 7 de pain blanc à 29,5 de lait ; à combien de kilog. de fromage de gruyère équivaut 1^{ks} de pain ?

DEUXIÈME PARTIE

DES DIVISEURS DES NOMBRES.

CHAPITRE PREMIER.

DIVISIBILITÉ·

I. PRINCIPES RELATIFS A LA DIVISIBILITÉ.

Divisible, diviseur. — Divisibilité d'une somme. — Conséquences I, II.
Divisibilité d'une différence. — Conséquences I, II.

80. Divisible, diviseur. — Quand la division d'un nombre par un autre se fait sans reste, on dit que le premier est *divisible* par le second, ou que le second est *diviseur* du premier; on dit encore que le second *divise* le premier. Il s'ensuit que le premier nombre est un multiple du second et que multiple d'un nombre est synonyme de divisible par ce nombre. Ex.: $18 = 3 \times 6$; 18 est divisible par 6 et par 3, ou multiple de 6 et de 3 ; 6 et 3 sont diviseurs, ou sous-multiples, ou parties aliquotes de 18.

81. Divisibilité d'une somme. — *Si un nombre divise plusieurs autres nombres, il divise leur somme.*

En effet, si par exemple

$$18 = 3 \text{ fois } 6,$$
$$24 = 4 \text{ fois } 6,$$
$$42 = 7 \text{ fois } 6,$$

il s'ensuit que la somme $\overline{84 = 14 \text{ fois } 6,}$

elle est donc divisible par 6.

82. Conséquences. — I. *Si un nombre divise un autre nombre, il en divise les multiples.* C'est un cas particulier du principe qui précède, puisqu'un multiple d'un nombre est la somme de plusieurs nombres égaux à ce dernier.

Ex. : $24 = 4$ fois 6 ; 24×7 ou $168 = 28$ fois 6.

II. *Si une somme est formée de deux parties, dont la première soit divisible par un nombre, sans que la seconde le soit, le reste de la division de la somme est le même que celui de la seconde partie.*

Ex. : $56 = 24 + 32$; $24 = 4$ fois 6 ; $32 = 5$ fois $6 + 2$,

par suite $\qquad 56 = 9$ fois $6 + 2$

ou 56 divisé par 6 donne 2 pour reste, comme 32 divisé par 6.

83. Divisibilité d'une différence. — *Si un nombre divise deux nombres donnés, il divise leur différence.*

En effet, si, par exemple $\qquad 42 = 7$ fois 6,
et $\qquad\qquad\qquad\qquad 24 = 4$ fois 6,
il s'ensuit que la différence $\quad 18 = 3$ fois 6.

84. Conséquences. — I. *Si un nombre divise le dividende et le diviseur d'une division, il divise le reste.*

En effet, soient, par exemple, 266 et 112 divisibles par 14 ; divisons 266 par 112 ; le quotient est 2 et le reste 42,

donc $\qquad\qquad 266 - 112 \times 2 = 42.$

14, divisant 112, divise son multiple 112×2 (82, I) ; Divisant 266 et 112×2, il divise leur différence 42 (83).

II. *Si un nombre divise le diviseur et le reste, il divise le dividende.*

En effet, soit 119 divisé par 35 ; le quotient est 3, le reste 14,

donc $\qquad\qquad 119 = 35 \times 3 + 14.$

Soient aussi 35 et 14 divisibles par 7 ; 7, divisant 35; divise 35×3 (82, I) ; divisant 35×3 et 14, il divise leur somme 119 (81).

II. CARACTÈRES DE DIVISIBILITÉ.

Pair, impair. — Divisibilité par 2 et par 5, — par 4 et par 25, — par 9, — par 3, — par 11. — Preuves par 9 de l'addition, — de la soustraction, — de la multiplication, — de la division. — Probabilité d'exactitude. — Exercices.

85. Pair, impair. — On appelle nombre *pair* tout nombre divisible par 2 ; *impair* tout nombre qui n'est pas divisible par 2. — 0, 2, 4, 6, 8 sont dits *chiffres pairs*, et 1, 3, 5, 7, 9, *chiffres impairs*.

86. Divisibilité par 2 et par 5. — 1° *Tout nombre exact de dizaines est divisible par 2 et par 5.* Car $10 = 2 \times 5$ est divisible par 2 et par 5 ; donc tout nombre de dizaines le sera aussi, comme multiple de 10 (82, I).

2° *Si dans un nombre le chiffre des unités est pair, ce nombre est divisible par 2* ; car s'il est terminé par un zéro, c'est un nombre exact de dizaines (1°), et s'il est terminé par 2, 4, 6, 8, il est formé de deux parties divisibles par 2 (81). Ex. : $356 = 350 + 6$.

Si dans un nombre le chiffre des unités est impair, ce nombre n'est pas divisible par 2 ; le reste de sa division par 2 est 1.

3° *Si dans un nombre le chiffre des unités est 0 ou 5, ce nombre est divisible par 5.* Car s'il est terminé par zéro, c'est un nombre exact de dizaines (1°) ; et s'il est terminé par 5, il est formé de deux parties divisibles par 5 (81). Ex. $245 = 240 + 5$.

Le reste de la division d'un nombre par 5 est le même que le reste de la division par 5 du chiffre de ses unités, car ses dizaines forment un nombre divisible par 5 (82, II). Ex. : $247 = 240 + 7$, ou $240 + 5 + 2$: 2 est le reste de la division de 7 ou de 247 par 5.

87. Divisibilité par 4 et par 25. — 1° *Tout nombre exact de centaines est divisible par 4 et par 25.* Car 100 est divisible par 4 et par 25 ; donc tout nombre de centaines le sera aussi comme multiple de 100 (82, I).

Il suit de là, par une démonstration tout à fait analogue à la précédente, que :

2° *Un nombre divisé par 4 ou par 25 donne le même reste que le nombre formé par l'ensemble de ses deux derniers chiffres à droite.* Ex. : $4727 = 4700 + 27$; ce nombre divisé par 4 donne pour reste 3 ; divisé par 25 il donne pour reste 2 ; — $4728 = 4700 + 28$ est divisible par 4, car 28 donne pour reste zéro ; — $4775 = 4700 + 75$ est divisible par 25, car 75 est divisible par 25.

REMARQUE. Pour la divisibilité par $2^3 = 8$, ou par $5^3 = 125$, comme le produit de 2^3 par 5^3 est égal à 1000, il faudra considérer l'ensemble des trois derniers chiffres à droite ; et ainsi de suite pour les autres puissances de 2 et de 5.

88. Divisibilité par 9. — I. *Un nombre divisé par 9 donne le même reste que la somme des valeurs absolues de ses chiffres.*

La démonstration se décompose en trois parties :

1° *Une unité d'un ordre quelconque donne pour reste 1.* Car $10 =$

$9 + 1$; $100 = 99 + 1$; $1000 = 999 + 1$. Et il est visible que 9, 99, 999 sont des multiples de 9 ($99 = 9 \times 11$, $999 = 9 \times 111$... etc.).

2° *Un nombre formé d'un chiffre significatif suivi d'un ou plusieurs zéros donne pour reste la valeur absolue de ce chiffre.* Car on a, par exemple, $400 = 100$ fois 4 ou 99 fois $4 + 1$ fois 4. Donc 400 donne pour reste 4 (82, II).

3° *Un nombre quelconque donne le même reste que la somme des valeurs absolues de ses chiffres.* En effet, le nombre 4875, par exemple, se décompose ainsi :

$$4000 = M\,9 + 4$$
$$800 = M\,9 + 8$$
$$70 = M\,9 + 7$$
$$5 = 5$$

d'où en ajoutant $\quad 4875 = M\,9 + (4 + 8 + 7 + 5)$
$$= M\,9 + 24.$$

Il donne donc (82, II) le même reste que 24, c'est-à-dire 6.

II. *Un nombre est divisible par 9 quand la somme des valeurs absolues de ses chiffres est divisible par 9.* Car alors le reste est nul. Ex. $4878 = M\,9 + 27$; et 27 donnant pour reste zéro, il en est de même de 4878.

REMARQUE. Dans la pratique, on dit pour 4875 : 4 et 8, 12, reste 3 ($1 + 2 = 3$); — 3 et 7, 10, reste 1; — 1 et 5, 6; — reste : 6. Pour 4878 : 4 et 8, 12, reste 3; — 3 et 7, 10, reste 1; — 1 et 8, 9; — 4878 est divisible par 9.

89. Divisibilité par 3. — I. *Un nombre divisé par 3 donne le même reste que la somme des valeurs absolues de ses chiffres.*

9 étant divisible par 3, tout multiple de 9 est multiple de 3 (82, I); donc on a, par exemple :

$$4874 = M\,9 + (4 + 8 + 7 + 4)$$
$$= M\,3 + (4 + 8 + 7 + 4)$$
$$= M\,3 + 23.$$

4874 donne donc le même reste que 23, c'est-à-dire 2.

II. *Un nombre est divisible par 3, quand la somme des valeurs absolues de ses chiffres est divisible par 3.* Car alors le reste est nul. Ex. : $4875 = M\,3 + 24 = M\,3 + 6$.

90. Divisibilité par 11. — I. *Le reste de la division d'un nombre par 11 s'obtient en le partageant par la pensée en tranches de* *deux chiffres, de droite à gauche, divisant chaque tranche par 11, ajoutant les restes et divisant cette somme par 11.*

La démonstration se décompose en trois parties :

1° *Une unité d'ordre impair donne pour reste 1.* $100 = 99 + 1 =$ 11 fois $9 + 1$; — $10000 = 9999 + 1 = 9900 + 99 + 1 = 11$ fois $900 + 11$ fois $9 + 1$.

2° *Un nombre quelconque d'unités d'ordre impair donne le même reste que sa partie significative.* Car on a, par exemple : $2800 = 100$ fois $28 = 99$ fois $28 + 28 = 11$ fois 9 fois $28 + 28$; il donne donc le même reste que 28, soit 6.

3° *Reste d'un nombre quelconque.* Soit 36854 ; on a :

$$30000 = M\ 11 + 3$$
$$6800 = M\ 11 + 2$$
$$54 = M\ 11 + 10$$

par suite la somme
$$36854 = M\ 11 + (3 + 2 + 10)$$
$$= M\ 11 + 15$$

Ce nombre donne le même reste que 15, c'est-à-dire 4.

II. *Un nombre est divisible par 11 quand le reste obtenu par la règle I est nul.* Ex. $36861 = M\ 11 + (3 + 2 + 6) = M\ 11 + 11$; de même, $542817 = M\ 11 + (10 + 6 + 6) = M\ 11 + 22$.

91. Preuve par 9 de l'addition. — *Le reste de la division d'une somme par 9 est égal au résultat qu'on obtient en ajoutant les restes des diverses parties et prenant le reste de la division de cette somme.*

Soient
$$6515 = M\ 9 + 8$$
$$726 = M\ 9 + 6$$

la somme
$$7241 = M\ 9 + (8 + 6)$$

$8 + 6$ ou 14 donne pour reste 5 ; il en doit être de même de 7241.

On fait la preuve en vérifiant si la somme donne le reste indiqué par la règle précédente. 7 et 2, 9 ; reste 0 ; 4 et 1, 5. — 7241 est exact.

92. Preuve par 9 de la soustraction. — *Le reste de la division d'une différence par 9 est égal au résultat qu'on obtient en retranchant le reste trouvé sur le plus petit nombre, du reste trouvé sur le plus grand (ce dernier reste étant augmenté de 9 s'il est nécessaire).*

I.

5

1er Exemple : $6515 = M\,9 + 8$
                         $726 = M\,9 + 6$

différence $5789 = M\,9 + (8 - 6)$
                       $= M\,9 + 2$

5789 doit donc donner pour reste 2.

2e Exemple : $6508 = M\,9 + 10$
                       $726 = M\,9 + 6$

différence $5782 = M\,9 + 4$

5782 doit donc donner pour reste 4.

On fait la preuve en vérifiant si la différence trouvée donne le reste indiqué par la règle. Dans le premier exemple, 5 et 7, 12 ; reste 3,—3 et 8, 11 ; reste 2 : la preuve réussit ; dans le deuxième, 5 et 7, 12 ; reste 3 ; — et 8, 11, reste 2 ; — 2 et 2, 4 : la preuve réussit.

93. Preuve par 9 de la multiplication. — *Le reste de la division d'un produit par 9 est égal au résultat qu'on obtient en multipliant les restes des divisions des deux facteurs par 9 et prenant le reste de la division de ce produit par 9.*

Soit, par exemple, la multiplication de 7412 par 322 ; 7412 étant égal à un multiple de 9, plus 5 ; et 322, à un multiple de **9**, plus 7.

$$
\begin{array}{rcl}
7\;4\;1\;2 & = \ldots \ldots & 7\;4\;0\;7 + 5 \\
3\;2\;2 & = \ldots \ldots & 3\;1\;5 + 7 \\
\hline
1\;4\;8\;2\;4 & & 7 \text{ fois } 5 \text{ ou } 35 \\
1\;4\;8\;2\;4 & & +\; 7 \text{ fois } 7407 \\
2\;2\;2\;3\;6 & & +\; 315 \text{ fois } (7407 + 5) \\
\hline
2\;3\;8\;6\;6\;6\;4 & = \ldots & M\quad 9\quad + \;35
\end{array}
$$

Pour multiplier 7407 + 5 par 315 + 7 il suffit de répéter 7 fois 5, 7 fois 7407, puis 315 fois 5 et 7407. Or, 7407 étant M. 9, 7 fois 7407 est aussi M. 9 ; 315 étant M. 9, 315 fois (7407 + 5) est aussi M. 9 ; le produit est donc égal à un M. 9 + 35.

35 donnant pour reste 8, le produit 2 386 664 doit donner le même reste.

On fait la preuve de l'opération en vérifiant si le produit

trouvé donne le reste indiqué par la règle ci-dessus. On dispose
la vérification ainsi :

$$
\begin{array}{rl}
7\ 412\ldots\ldots & 5 \\
322\ldots\ldots & 7 \\
\hline
14\ 824 & \overline{35}\ldots\ldots 8 \\
148\ 24 & \\
2\ 223\ 6 & \\
\hline
2\ 386\ 664\ldots\ldots\ldots\ldots 8 &
\end{array}
$$

94. Preuve par 9 de la division. — D'après les définitions de la division et du reste, et d'après les règles précédentes,
le dividende — le reste de la div. = le diviseur $\times$ le quotient ;
par suite :

$$
\left\{\begin{array}{c} \text{le reste} \\ \text{sur le} \\ \text{dividende} \end{array}\right\} - \left\{\begin{array}{c} \text{le reste} \\ \text{sur le reste} \\ \text{de la division.} \end{array}\right\} = \left\{\begin{array}{c} \text{le reste sur} \\ \text{le produit du diviseur par} \\ \text{le quotient.} \end{array}\right\}
$$

en ayant soin toutefois d'augmenter de 9 s'il est nécessaire
(comme au n° 92, 2° ex.) le reste du dividende.

On dispose les opérations ainsi :

$$
1^{er}\ \text{Exemple :}\quad
\begin{array}{rr|rr}
8\ldots & 2\ 386\ 664 & 7412\ldots\ldots & 5 \\
& 163\ 06 & \overline{322\ldots\ldots} & 7 \\
& 14\ 824 & & \overline{35} \\
0\ldots\ldots & 0 & & \\
\hline
8\ldots\ldots\ldots\ldots\ldots & & & 8
\end{array}
$$

$$
2^{e}\ \text{Exemple :}\quad
\begin{array}{rr|rr}
15\ldots & 2\ 386\ 797 & 7412\ldots\ldots & 5 \\
& 163\ 19 & \overline{322\ldots\ldots} & 7 \\
& 14\ 957 & & \overline{35} \\
7\ldots\ldots & 133 & & \\
\hline
8\ldots\ldots\ldots\ldots\ldots & & & 8
\end{array}
$$

95. Probabilité d'exactitude. — La preuve par 9
prouve seulement que l'erreur, s'il y en a une, n'est pas un multiple de 9 ; elle n'indique pas du tout si l'on a interverti ou dé-
placé des chiffres, ou omis ou écrit à tort des zéros, mis des 9 à
la place des zéros et réciproquement.

On peut faire d'une façon analogue la preuve d'une opération
par 11 ou par tout autre diviseur.

EXERCICES N° 10.

I. Dans la suite naturelle des nombres, sur deux nombres consécutifs il y en a toujours un qui est pair ; sur trois il y en a toujours un divisible par 3 ; sur quatre, un divisible par 4, etc. Pourquoi ?

II. Comment reconnaître, à vue d'œil, que 2639 est divisible par 13 ; que 7749 est divisible par 7 ; que 1734 l'est par 17 ?

III. Quel est le reste de la division de 634 par 7 ; de 1720 par 17 ; de 19384 par 19 ?

IV. Restes de la division par 2, par 5, par 4, par 25, des nombres suivants : 2024 ; 3075 ; 1743 ; 1859 ; 58915 ; 62, 3 ; 51, 44.

V. Restes de la division par 9 et par 3 des nombres suivants : 53892 ; 792815 ; 517841 ; 5123, 7 ; 327, 42 ; 51, 5073.

VI. Prendre le 11ᵉ des nombres 57, 75, 84, 85, 48, 58, et trouver les restes de ces divisions.

VII. Restes de la division par 11 des nombres 72841 ; 542728, 5412 ; 721, 34 ; 725900 ; et trouver les nombres les plus voisins, au-dessus et au-dessous, qui soient divisibles par 11.

VIII. Faire et vérifier, au moyen de la preuve par 9 et au moyen de la preuve par 11, les opérations suivantes : $7812 + 321 + 4725$; $731, 48 + 7, 515 + 11, 73$; $8435 - 723$; $118, 15 - 36, 42$; $5312 + 742 - 615$; 5481×701 ; $781, 2 \times 0,891$; 7305×95 ; 54895×74811 ; $34 \times 21 + 189$; $3721 \times 593 + 7815$; $5484 \times 7 - 515$; $512 : 21$; $7953 : 7$; $2631 : 76$; $52893 : 1782$; $2105855 : 56915$; $170745 : 37$.

IX. Trouver les facteurs 2, 3, 5, 11 qui divisent les nombres suivants : 5481 ; 78972 ; 53482.

X. Le produit de 2, 3, 4,... nombres entiers consécutifs quelconques est toujours divisible par 2, par 3, par 4.

CHAPITRE II.

NOMBRES PREMIERS.

I. DÉFINITION ET RECHERCHE DES NOMBRES PREMIERS.

Nombres premiers, nombres premiers entre eux. — Construction d'une table des nombres premiers. — Table des nombres premiers jusqu'à 100. — Reconnaître si un nombre est premier.

96. Nombres premiers, nombres premiers entre eux. — On appelle *nombre premier* tout nombre qui n'est divisible que par lui-même et par l'unité. Ainsi 7, qui n'est divisible que par lui-même et par l'unité, est un nombre premier.

On appelle *nombres premiers entre eux* ceux qui n'ont de diviseur commun que l'unité. — Ex. : 35 et 12 sont premiers entre eux, car on peut s'assurer que 35 n'admet pas d'autre diviseur que 5 et 7; or, ni 5 ni 7 ne divise 12.; 1, qui divise tous les nombres, est le seul diviseur commun de 35 et de 12.

Il résulte immédiatement de ces deux définitions que :

1° *Deux nombres premiers sont toujours premiers entre eux;*

2° *Un nombre premier qui ne divise pas un nombre donné est premier avec lui.* — Ex. : le nombre premier 7, qui ne divise pas 15, est premier avec lui, car 7 n'étant divisible que par 1 et par 7, et 7 ne divisant pas 15, 1 est le seul diviseur commun à 7 et à 15.

97. Tables des nombres premiers. — Proposons-nous de construire une table des nombres premiers jusqu'à 100. Pour cela écrivons la suite naturelle des nombres, depuis 1 jusqu'à cette limite :

1	2	3	4	5	6	7	8	9	10
11	12	13	14	15	16	17	18	19	20
21	22	23	24	25	26	27	28	29	30
31	32	33	34	35	36	37	38	39	40
41	42	43	44	45	46	47	48	49	50
51	52	53	54	55	56	57	58	59	60
61	62	63	64	65	66	67	68	69	70

71	72	73	74	75	76	77	78	79	80
81	82	83	84	85	86	87	88	89	90
91	92	93	94	95	96	97	98	99	100

2 n'est divisible que par lui-même et par l'unité, c'est un nombre premier. Les multiples de 2 ne sont pas premiers; nous les effacerons tous en comptant de 2 en 2 à partir de 2, et barrant chaque deuxième nombre [1].

3 n'étant pas effacé n'est pas multiple de 2; donc il est premier; les multiples de 3, qui sont les nombres de 3 en 3 à partir de 3, ne sont pas premiers : barrons-les ; mais 3×2 étant effacé comme multiple de 2, il suffit de commencer à 3×3 ou au carré de 3 ou à 9.

5 n'étant pas effacé, n'est multiple ni de 2 ni de 3; donc 5 est premier : barrons les multiples de 5, c'est-à-dire les nombres de 5 en 5 à partir de 5; mais $5 \times 2, 5 \times 3, 5 \times 4$ étant nécessairement effacés comme multiples de 2 ou de 3, il suffit de commencer à 5×5, ou à 5 au carré, ou à 25.

7 n'étant pas effacé n'est multiple ni de 2, ni de 3, ni de 5; donc 7 est premier : barrons les multiples de 7, c'est-à-dire les nombres de 7 en 7 à partir de 7; mais comme les multiples par les nombres plus petits sont effacés, il suffit de commencer à 7×7, ou à 7 au carré, ou à 49.

11 n'étant pas effacé, n'est multiple ni de 2, ni de 3, ni de 5, ni pe 7; donc 11 est premier : nous devrions barrer les multiples de 11, c'est-à-dire les nombres de 11 en 11 à partir de 11; mais comme ses multiples par des nombres plus petits que 11 sont effacés, il suffirait de commencer à 11×11, ou au carré de 11, 121. Ce nombre est supérieur à la limite de notre table, donc tous les multiples de 11 inférieurs à cette limite sont effacés. Il en est de même *à fortiori* des multiples des nombres premiers plus grands que 11; donc notre table ne contient plus que des nombres premiers.

En les réunissant on formerait une table des nombres premiers jusqu'à 100; il y en a 26. Ils forment la première colonne de la table qui suit.

Remarques. I. Il résulte de la construction de la première table que *tout nombre qui n'est pas premier est divisible par un nombre premier, au moins.*

II. Dans la construction de cette même table, nous avons dit

1 En raison des difficultés typographiques, on a mis un trait sous chaque nombre barré; tout nombre de cette table, ainsi souligné, doit être regardé comme barré ou effacé.

que 7, par exemple, était premier, parce qu'il n'était multiple ni de 2, ni de 3, ni de 5, nombres premiers inférieurs; il est clair, en effet, qu'il ne pouvait être multiple de 4 ou de 6, qui sont multiples de ces nombres premiers inférieurs, sans être lui-même multiple de ces derniers. D'une manière générale, *si un nombre n'est divisible par aucun des nombres premiers plus petits que lui, il ne l'est par aucun autre nombre, et il est premier.*

III. Il résulte encore de cette construction que tout nombre non divisible par 2, 3, 5, par exemple, et inférieur à 7^2, est premier. D'une manière générale *un nombre est premier quand il n'est divisible par aucun des nombres premiers dont les carrés sont plus petits que lui.*

TABLE DES NOMBRES PREMIERS JUSQU'A 1000.

1	101	211	307	401	503	601	701	809	907
2	103	223	311	409	509	607	709	811	911
3	107	227	313	419	521	613	719	821	919
5	109	229	317	421	523	617	727	823	929
7	113	233	331	431	541	619	733	827	937
11	127	239	337	433	547	631	739	829	941
13	131	241	347	439	557	641	743	839	947
17	137	251	349	443	563	643	751	853	953
19	139	257	353	449	569	647	757	857	967
23	149	263	359	457	571	653	761	859	971
29	151	269	367	461	577	659	769	863	977
31	157	271	373	463	587	661	773	877	983
37	163	277	379	467	593	673	787	881	991
41	167	281	383	479	599	677	797	883	997
43	173	283	389	487		683		887	
47	179	293	397	491		691			
53	181			499					
59	191								
61	193								
67	197								
71	199								
73									
79									
83									
89									
97									

98. **Reconnaître si un nombre est premier.** — 1° Si l'on a à sa disposition une table dans les limites de laquelle le

nombre proposé soit compris, la question se résout en cherchant s'il est inscrit ou non dans la table.

2° Si le nombre donné est inférieur au carré du nombre qui forme la limite de la table, on essayera de le diviser par tous ceux qui y sont contenus depuis 2 jusqu'au nombre premier dont le carré surpasserait le nombre donné. Ce dernier est premier si aucune de ces divisions ne se fait exactement.

Du reste, on ne sera obligé de faire le carré d'aucun des nombres essayés ; on sera sûr que le nombre proposé est premier, quand l'ayant divisé par les nombres premiers successifs, le dernier essayé donnera un quotient plus petit que le diviseur suivant. En effet, il est évident alors que le carré de ce diviseur surpasse le nombre proposé.

Ex. : Reconnaître si 1433 est premier. D'après les caractères de divisibilité, ou en faisant les divisions, suivant les cas, on reconnaît qu'il n'est divisible par aucun des facteurs premiers, 2, 3, 5, 7.... 31, 37 ; d'ailleurs la division par ce dernier diviseur donne pour quotient 38, inférieur au nombre premier suivant, 41 ; donc 1433 est inférieur à 37×39, et par suite à 41×41. Le nombre 1433 n'étant divisible par aucun des nombres premiers inférieurs à 41 et étant lui-même inférieur à 41×41, est un nombre premier (97, Rem. III).

Remarque. Au moyen de la table de 1 à 1000, on peut reconnaître si un nombre est premier tant que ce nombre est inférieur à 1000^2 ou 1 000 000.

II. PLUS GRAND COMMUN DIVISEUR.

Définition. — Plus grand commun diviseur de deux nombres, premier cas. — Deuxième cas. — Conséquences I, II, III, IV, V. — Exercices.

99. **Définition.** — On nomme *plus grand commun diviseur* de deux ou plusieurs membres, le plus grand nombre qui les divise tous exactement. Nous le désignerons en abrégé par *p. g. c. d.*

Il suit de cette définition que *si deux ou plusieurs nombres sont premiers entre eux, leur p. g. c. d. est l'unité.* 35 et 12 ont pour p. g. c. d. l'unité, car ces deux nombres étant premiers entre eux n'ont pas d'autre diviseur commun (96).

100. **Plus grand commun diviseur de deux nombres, premier cas.** — *Si l'un des deux nombres divise l'autre, il est le plus grand commun diviseur des deux.* Ex. : 18 et

36. 18 divise 36 et se divise lui-même; d'ailleurs aucun nombre plus grand que 18 ne peut diviser 18. Donc ce nombre est le p. g. c. d. de 18 et 36.

101. Deuxième cas. — Chercher le p. g. c. d. entre 630 et 196.

I. Divisons 630 par 196; le quotient est 3 et le reste 42; donc 196 n'est pas le plus grand commun diviseur.

$$\begin{array}{c|c} 630 & 196 \\ \hline 42 & 3 \end{array}$$

II. *Le plus grand commun diviseur entre le dividende et le diviseur d'une division est le même que le plus grand commun diviseur entre le diviseur et le reste.* Considérons la division précédente.

Tout nombre qui divise 630 et 196 divise 42 (84, 1); donc, 1° tout diviseur commun de 630 et 196 est diviseur commun de 196 et 42.

Tout nombre qui divise 196 et 42 divise 630 (84, II); donc, 2° tout diviseur commun de 196 et 42 est diviseur commun de 630 et 196.

Si donc on écrivait dans une première colonne tous les diviseurs communs de 630 et 196, et dans une seconde tous les diviseurs communs de 196 et 42, tout nombre de la première colonne (1°) devrait se trouver dans la seconde, tout nombre de la seconde colonne (2°) devrait se trouver dans la première; donc ces deux colonnes contiendraient les mêmes diviseurs; le plus grand de la première serait le même que le plus grand de la seconde; donc le p. g. c. d. de 630 et 196 est le même que le p. g. c. d. de 196 et 42.

III. Puisque la division de 630 par 196 donne pour reste 42, 196 n'est pas le p. g. c. d. de ces deux nombres; mais (II) ce p. g. c. d. est le même que celui de 196 et 42. Divisons donc 196 par 42; si 42 divise 196, il sera le p. g. c. d. cherché.

$$\begin{array}{c|c} 196 & 42 \\ \hline 28 & 4 \end{array}$$

Le quotient est 4, et il reste 28; 42 n'est pas le p. g. c. d. Mais (II) le p. g. c. d. de 196 et 42 est le même que celui de 42 et du reste 28. Divisons 42 par 28; si 28 divise 42, il sera le p. g. c. d. cherché.

$$\begin{array}{c|c} 42 & 28 \\ \hline 14 & 1 \end{array}$$

Le quotient est 1, et il reste 14; 28 n'est pas le p. g. c. d. Mais (II) le p. g. c. d. de 42 et de 28 est le même que celui de 28 et du reste 14. Divisons 28 par 14; si 14 divise 28, il sera le p. g. c. d. cherché.

$$\begin{array}{c|c} 28 & 14 \\ \hline 0 & 2 \end{array}$$

Le quotient est 2 exactement; donc 14 est le p. g. c. d. cherché.

Résumé : 14, p. g. c. d. de 28 et 14, est le p. g. c. d. de 42 et 28, par suite de 196 et 42, par suite de 630 et 196.

Disposition du calcul. On dispose les divisions à côté les unes des autres, en écrivant les quotients au-dessus des diviseurs, comme il suit :

	3	4	1	2
630	196	42	28	14
42	28	14	0	

Règle. *Pour trouver le plus grand commun diviseur de deux nombres, on divise le plus grand par le plus petit, celui-ci par le reste de la division, ce premier reste par le deuxième reste, et ainsi de suite jusqu'à ce qu'on trouve un reste nul ; le diviseur de cette dernière division est le plus grand commun diviseur cherché.*

Le p. g. c. d. est en même temps le reste de l'avant-dernière division.

Remarques. I. L'opération se terminera toujours, puisque les restes vont nécessairement en diminuant et sont entiers.

II. *Si l'on trouve 1 pour p. g. c. d., les nombres donnés sont premiers entre eux.* Ex. : 191 et 52.

	3	1	2
191	52	35	17
35	17	1	

III. Le plus grand commun diviseur trouvé d'après la règle divise tous les restes successifs et en est le plus grand commun diviseur. De là résulte la remarque suivante : *Si dans le cours de l'opération on s'aperçoit que deux restes sont premiers entre eux, le p. g. c. d. demandé est égal à 1.* Ex. : p. g. c. d. entre 137 et 56.

	2	2
137	56	25
25	6	

Les deux restes 25 et 6 sont évidemment premiers entre eux,

25 n'admettant d'autre diviseur que 5, et 6 d'autre diviseur que
2 et 3 ; leur p. g. c. d. est 1 ; il est donc le p. g. c. d. de 137 et 56.

102. Conséquences. — I. *Les diviseurs communs à deux nombres sont les diviseurs de leur plus grand commun diviseur.* En effet,
les diviseurs communs de 630 et 196 sont les mêmes (101,11)
que ceux de 196 et de 42, ou de 42 et 28, ou de 28 et 14, ou les
mêmes que les diviseurs de 14. Ces diviseurs sont 7 et 2.

II. *Si l'on divise les deux nombres donnés par un certain nombre,
le plus grand commun diviseur est divisé par ce même nombre.* Ex. :
ayant cherché le p. g. c. d. de 630 et 196, cherchons celui de
630 : 7 ou 90, et 196 : 7 ou 28.

		3	4	1	2
90		28	6	4	2
6		4	2	0	

630 et 196 donnant pour reste de leur division 42, 90 et 28, qui
sont 7 fois moindres, donneront pour reste (78) un nombre 7 fois
moindre ou 42 : 7 ou 6 ; tous les restes seront de même 7 fois
moindres ; au lieu des deux derniers, 28 et 14, nous aurons donc
4 et 2 ; comme 14 divise 28, 2 divisera nécessairement 4 et sera
le p. g. c. d. Le p. g. c. d. est donc bien 7 fois moindre.

III. De même, *si l'on multiplie les deux nombres par un certain
nombre, le plus grand commun diviseur est multiplié par ce même
nombre.* Cela résulte de l'énoncé précédent (II). Ex. : Si l'on
cherche le p. g. c. d. entre 3315 et 225, comme ces deux nombres
sont divisibles par 5 et par 3, on les divisera successivement par
ces deux nombres ; on trouvera 221 et 15. Le p. g. c. d. entre
ces deux nombres est 1 ; le p. g. c. d. entre les nombres donnés
sera $1 \times 3 \times 5 = 15$.

IV. *Si l'on divise deux nombres par leur plus grand commun diviseur, les quotients sont premiers entre eux.* Car le p. g. c. d. (II) se
trouve alors divisé par lui-même et par conséquent devient
égal à 1.

EXERCICES N° 11.

I. Reconnaître si 463, 6007, 929, 231, 1139, 102103, sont des nombres
premiers.

II. Trouver le p. g. c. d. : 1° entre 616 et 231 ; 2° entre 1656 et 2415 ;
3° entre 2873436 et 975300 ; 4° entre 7008 et 1141 ; 5° entre 507 et 95 ;
6° entre 466 et 203 ; 7° entre 5631 et 506.

III. Reconnaître si 261 et 55 sont premiers entre eux ; même question pour 211 et 46 ; pour 95 et 42 ; pour 436 et 105.

IV. Trouver le p. g. c. d. entre 223, 5 et 342, 9 (le p. g. c. d. sera un nombre de dixièmes).

V. Quelle est la plus grande longueur qui puisse être portée un nombre exact de fois sur 234^m et 132^m ? Même question pour 13915^m et 7084^m ; pour 3762^{dm} et 1995^{dm} ; pour 37^m, 62 et 19^m, 95 ; pour 175^m, 1 et 72^m, 42.

VI. D'après le tableau des opérations qui conduisent au p. g. c. d. de 630 et 196, trouver combien de fois ces deux nombres contiennent leur p. g. c. d. 14. Même question pour 315 et 98 ; pour 90 et 28.

VII. Le p. g. c. d. de deux nombres est 31 et ils sont compris tous les deux entre 120 et 160 ; quels sont ces deux nombres ?

VIII. Le p. g. c. d. de deux nombres est 72 et ils sont compris entre 1000 et 1100 ; quels sont ces deux nombres ?

IX. Une allée a 127^m, 80 et une autre 85^m, 20 ; on veut planter d'arbres ces deux allées de façon que dans l'une et dans l'autre ces arbres soient également espacés, et que le premier soit juste au commencement de l'allée, le dernier juste à la fin : 1° à quelle distance les uns des autres faudrait-il les placer pour qu'ils fussent le plus loin possible ; 2° à quelle distance pour que cette distance fût entre 7^m et 8^m ? 3° dans chacun des deux cas, combien y aura-t-il d'arbres dans les deux allées ensemble, chaque allée ayant deux rangs d'arbres ?

III. DECOMPOSITION DES NOMBRES EN FACTEURS PREMIERS [1].

Divisibilité d'un produit par un facteur ; — par plusieurs facteurs. — Décomposition d'un nombre en facteurs premiers. — Propriété fondamentale. — Quotient de deux nombres décomposés en facteurs. — Condition de divisibilité. — Trouver tous les diviseurs d'un nombre. — Plus grand commun diviseur. — Plus petit commun multiple. — Produit du p. g. c. d. et du p. p. c. m. de deux nombres. — Exercices.

103. Divisibilité d'un produit par un facteur.— I. *Si un nombre divise un produit de deux facteurs et s'il est premier avec l'un d'eux, il divise nécessairement l'autre.*

Soit le produit $5460 = 35 \times 156$, et soit 6, diviseur de ce produit, premier avec 35, je dis que 6 divise 156.

En effet 6 et 35, étant premiers entre eux, ont pour p. g. c. d. l'unité (99) ;

$$\text{nombres} \dots\dots\ 6\ \text{et}\ 35$$
$$\text{p. g. c. d.} \dots\ \ 1$$

1. On a marqué d'un astérisque quelques numéros qu'on peut laisser de côté dans une première étude.

multipliant les nombres 6 et 35 par 156, le p. g. c. d. deviendra
156 fois plus grand ou 156 (102, III).

$$\text{nombres.....} \quad 6 \times 156 \quad \text{et} \quad 35 \times 156$$
$$\text{p. g. c. d....} \qquad\qquad 156$$

6 divisant 6×156, dont il est un des facteurs, et divisant aussi,
par hypothèse, 35×156, divisera leur p. g. c. d. 156 (102, I),
ce que l'on voulait démontrer.

II. *Si un nombre premier divise un produit de plusieurs facteurs, il
divise nécessairement l'un d'eux.*

Soient $180 = 6 \times 3 \times 10$, et le nombre premier 5 diviseur
de 180; je dis que 5 divise nécessairement l'un des facteurs 6,
3, 10.

En effet ou 5 divise 6, et alors la proposition énoncée est
démontrée, ou 5 ne divise pas 6; mais alors (96) 5 est premier
avec 6. Comme $180 = 6 \times (3 \times 10)$, 5 premier avec le facteur 6 et
divisant le produit 180 doit (103, I) diviser le second facteur
3×10. Si 5 divisait 3, la proposition serait démontrée; sinon,
5 étant premier avec 3, et divisant 3×10, divisera l'autre facteur 10.

La démonstration se ferait de même quel que soit le nombre des
facteurs du produit considéré.

III. *Si un nombre premier divise un produit de plusieurs facteurs
premiers, il est égal à l'un d'eux.* Car (II) il doit diviser l'un d'eux,
ce qui ne peut arriver que s'il lui est égal. Ex. : tout diviseur premier de 180 ou $2 \times 2 \times 3 \times 3 \times 5$ doit diviser un des facteurs
2 ou 3, ou 5; il est donc égal à l'un d'eux.

104. Divisibilité d'un nombre par un produit de plusieurs facteurs.

I. *Si un nombre est divisible par plusieurs nombres premiers entre
eux deux à deux, il est divisible par leur produit.* Ex. : 1170, divisible par 26 et par 9, qui sont premiers entre eux, est divisible par
leur produit.

En effet, 1170 étant divisible par 26, soit 45 le quotient, on a

$$1170 = 26 \times 45$$

9 divisant le produit 1170 et étant, par hypothèse, premier avec

le facteur 26, divisera l'autre facteur 45 (103, II); soit 5 le quotient; on a :

$$45 = 9 \times 5$$

par suite
$$1170 = 26 \times (9 \times 5)$$
$$= (26 \times 9) \times 5$$

donc
$$\frac{1170}{26 \times 9} = 5$$

ou 1170 est divisible par le produit de 26 et de 9.

II. Il suit de là que *si un nombre est divisible par plusieurs nombres premiers, il est divisible par leur produit.* Car des nombres premiers sont toujours premiers entre eux (96). Ainsi pour qu'un nombre soit divisible par 6, il faut et il suffit qu'il le soit par 2 et par 3, c'est-à-dire que le chiffre de ses unités soit pair, et qu'en outre la somme des valeurs absolues de tous ses chiffres soit divisible par 3.

105. Décomposition d'un nombre en facteurs premiers. — Décomposer un nombre en facteurs premiers, c'est chercher les facteurs premiers dont le produit est égal à ce nombre.

Décomposer 4200 en facteurs premiers. 4200 est divisible par 2; le quotient est 2100; — 2100 est divisible par 2; le quotient est 1050; — 1050 est divisible par 2; le quotient est 525; — 525 n'est pas divisible par 2; essayons s'il le serait par 3 : il l'est, et le quotient est 175; — 175 n'est pas divisible par 3 (il n'y a pas lieu de chercher s'il l'est par 2; s'il l'était, 525 l'eût été aussi); 175 est divisible par 5; le quotient est 35; — 35 est divisible par 5, le quotient est 7; 7 n'est divisible que par lui-même, le quotient est 1. On peut ranger les opérations comme il suit :

4200	2
2100	2
1050	2
525	3
175	5
35	5
7	7
1	

A droite les diviseurs successifs; à gauche le nombre donné et les quotients successifs.

Il résulte des opérations faites que

$$35 = 5 \times 7$$
$$175 = 5 \times 35 = 5 \times 5 \times 7$$
$$525 = 3 \times 175 = 3 \times 5 \times 5 \times 7$$
$$1050 = 2 \times 525 = 2 \times 3 \times 5 \times 5 \times 7$$
$$2100 = 2 \times 1050 = 2 \times 2 \times 3 \times 5 \times 5 \times 7$$
$$4200 = 2 \times 2100 = 2 \times 2 \times 2 \times 3 \times 5 \times 5 \times 7$$

Ou en se servant de la notation des puissances :

$$4200 = 2^3 \times 3 \times 5^2 \times 7.$$

REMARQUES. I. Les quotients obtenus par les divisions successives diminuant toujours, et un nombre qui n'est pas premier étant toujours divisible par un facteur premier, on voit qu'on arrivera toujours à la fin à un quotient premier, puis au quotient 1. Ainsi *tout nombre qui n'est pas premier est décomposable en un système de facteurs premiers.*

II. Ayant essayé un facteur premier, il est inutile de l'essayer plus loin, car si un facteur divise l'un des quotients obtenus, il divise les précédents qui en sont des multiples.

RÈGLE. *Pour décomposer un nombre en ses facteurs premiers, il suffit de le diviser successivement par tous les nombres premiers par lesquels il est divisible, en commençant par les plus petits, jusqu'à ce qu'on ait pour quotient 1 : le produit de tous les diviseurs est le résultat de la décomposition.*

Ex. : Décomposition en facteurs premiers de 400, 360, 311675 :

400	2		360	2		311675	5
200	2		180	2		62335	5
100	2		90	2		12467	7
50	2		45	3		1781	13
25	5		15	3		137	137
5	5		5	5		1	
1			1				

$$400 = 2^4 \times 5^2$$
$$360 = 2^3 \times 3^2 \times 5$$
$$311675 = 5^2 \times 7 \times 13 \times 137$$

Quand on arrive, comme dans le dernier exemple, à des nombres tels que 1781 ou 137 dont on n'aperçoit pas les facteurs premiers, on suit, pour les trouver, la règle du n° 98.

106. Propriété fondamentale. — *Un nombre ne peut être décomposé qu'en un seul système de facteurs premiers.*

En décomposant 90 en facteurs premiers par le procédé précédent, on trouve $90 = 2 \times 3 \times 3 \times 5$. Supposons actuellement qu'on décompose 90 par un autre procédé en un second produit de facteurs premiers, en sorte que

$$2 \times 3 \times 3 \times 5 = \text{le second produit de facteurs premiers.}$$

Considérons l'un des facteurs de ce second produit; ce facteur premier devant diviser $2 \times 3 \times 3 \times 5$, produit de facteurs tous premiers, doit (103, III) être égal à l'un d'eux, soit à 3; 3 étant un des facteurs du second produit, en l'y supprimant, ce second produit devient égal au premier divisé par 3, ou à

$$2 \times 3 \times 5$$

Pour la même raison, considérant l'un des facteurs restant dans le second produit, il doit être égal à l'un des facteurs du produit $2 \times 3 \times 5$, soit à 5; 5 étant un des facteurs restant dans le second produit, en l'y supprimant, ce second produit devient égal au premier divisé par 5, ou à

$$2 \times 3$$

Un des facteurs qui restent encore dans le second produit, doit de même être égal à l'un des facteurs du produit 2×3, soit à 3; 3 étant un des facteurs restant dans le second produit, en l'y supprimant, ce second produit devient égal à

$$2,$$

il ne contient donc plus que le facteur premier 2. Donc le second produit était exactement composé des mêmes facteurs que le premier, chacun de ces facteurs, s'il est plusieurs fois dans l'un, étant le même nombre de fois dans l'autre.

REMARQUE. Il suit de là qu'on pourra faire la décomposition par tel procédé que l'on voudra, ce qui permet d'abréger souvent le calcul de la décomposition. Exemple : 1° $4200 = 42 \times 100$.

Or, $42 = 2 \times 3 \times 7$ et $100 = 2^2 \times 5^2$, donc $4200 = 2^3 \times 3^2 \times 5 \times 7$
2° $400 = 2^2 \times 100 = 2^4 \times 5^2$
3° $360 = 36 \times 10$; $36 = 6 \times 6 = 2^2 \times 3^2$; $10 = 2 \times 5$; donc $360 = 2^3 \times 3^2 \times 5^3$

107. Quotient de deux nombres décomposés en facteurs. — Quand deux nombres sont décomposés en facteurs, premiers ou non, on en obtient le quotient ou on en simplifie la division, en supprimant au dividende et au diviseur les facteurs communs. Soit à diviser 48 par 18.

$$48 = 8 \times 6 ; 18 = 3 \times 6 ; \frac{48}{18} = \frac{8 \times 6}{3 \times 6} = \frac{8}{3} = 2, 66\ldots$$

Car cela revient à diviser d'abord 8×6 par le premier facteur 6, ce qui donne pour quotient 8, et ensuite 8 par 3 (75).

EXEMPLES : 1° $360 = 2^3 \times 3^2 \times 5 ; 90 = 2 \times 3^2 \times 5 ;$

$$\frac{360}{90} = \frac{2^3 \times 3^2 \times 5}{2 \times 3^2 \times 5} = 2^2 \text{ ou } 4.$$

2° $400 = 2^4 \times 5^2 ; \dfrac{400}{360} = \dfrac{2^4 \times 5^2}{2^3 \times 3^2 \times 5} = \dfrac{2 \times 5}{3^2} = \dfrac{10}{9}$

108. Condition de divisibilité. — *Pour qu'un nombre soit divisible par un autre, il faut et il suffit que le dividende contienne, à des puissances au moins égales, tous les facteurs premiers du diviseur.*

1° Cette condition est *nécessaire*, parce que le dividende étant égal au produit du diviseur par le quotient, contient nécessairement tous les facteurs premiers du diviseur, et aussi tous ceux du quotient (n^es 52 et 54.)

2° Elle est *suffisante*, parce qu'alors, en supprimant au dividende tous les facteurs premiers du diviseur, on aura effectué la division (107).

$$\text{Ex. : } \frac{360}{90} = \frac{2^3 \times 3^2 \times 5}{2 \times 3^2 \times 5} = 2^2.$$

109. Trouver tous les diviseurs d'un nombre. — D'après ce qui précède, on aura tous les diviseurs d'un nombre en formant tous les produits possibles, de deux, de trois.... facteurs premiers différents ou égaux dans lesquels ce nombre peut se décomposer. — Soit à former tous les diviseurs de 360. Pour y arriver facilement, on décompose d'abord 360 en ses facteurs premiers, en y joignant l'unité qu'on écrit au-dessus.

		1	1
360	2	2
180	2	4
90	2	8
45	3	3, 6, 12, 24
15	3	9, 18, 36, 72
5	5	5, 10, 20, 40, 15, 30, 60, 120, 45, 90, 180, 360.
1		

Ensuite, à côté, on écrit 1° le diviseur 1 et les 3 premières puissances de 2; 2° le produit de la première puissance de 3 par chacun des diviseurs précédents; 3° le produit de la seconde puissance de 3 par les mêmes; 4° le produit de la première puissance de 5 par tous les diviseurs déjà écrits. Il est facile de voir qu'on a formé ainsi tous les diviseurs de 360 et qu'on n'a écrit qu'une fois chacun d'eux.

En voici un nouvel exemple :

	1	1
400	2	2
200	2	4
100	2	8
50	2	16
25	5	5, 10, 20, 40, 80
5	5	25, 50, 100, 200, 400.
1		

Quand les nombres sont petits ou quand leurs diviseurs sont faciles à reconnaître, on opère plus facilement de la manière suivante, appliquée au nombre 60.

On écrit au commencement de la ligne 1, à la fin le nombre lui-même, 60; on essaye 2; il est diviseur; on l'écrit à la droite

$$1, 2, 3, 4, 5, 6, - 10, 12, 15, 20, 30, 60$$

de 1, et on écrit aussi, à la gauche de 60, le quotient de 60 par 2, ou 30; on écrit de même 3 et 20; 4 et 15; 5 et 12; 6 et 10; 7 ne convient pas; 8 fois 8 feraient 64 qui est plus grand que 60. La décomposition est terminée. Les diviseurs sont rangés par ordre de grandeur.

110. Plus grand commun diviseur. — Ayant formé

tous les diviseurs de plusieurs nombres, le plus grand qui soit commun ou le p. g. c. d. s'obtiendrait immédiatement. Ainsi le p. g. c. d. entre 360, 400 et 60, décomposés ci-dessus, est 20.

Mais on peut se dispenser de former tous les diviseurs des nombres proposés; les ayant décomposés seulement en leurs facteurs premiers, on suivra la règle suivante :

RÈGLE. *Le plus grand commun diviseur de deux ou plusieurs nombres est le produit de leurs facteurs premiers communs, pris chacun avec son plus petit exposant.*

Ex. : Trouver le p. g. c. d. entre les trois nombres suivants :

$$4200 = 2^3 \times 3 \times 5^2 \times 7$$
$$400 = 2^4 \times 5^2$$
$$360 = 2^3 \times 3^2 \times 5.$$

Ce p. g. c. d. sera $2^3 \times 5 = 40$.

40 est bien un diviseur de chacun de ces nombres puisqu'il ne contient que des facteurs communs à ces nombres à des puissances au plus égales à celles qu'ils renferment (408). Il est le plus grand, car si un nombre contenait un facteur commun à une puissance plus élevée ou un facteur non commun, il ne diviserait pas les trois nombres.

REMARQUE. Si l'un des nombres donnés divisait tous les autres, il serait le p. g. c. d. demandé. Ex. : 48, 36, 12; 12 est le p. g. c. diviseur.

111. Plus petit commun multiple. — *Le plus petit commun multiple* (nous le désignerons en abrégé de cette façon *p. p. c. m.*) de deux ou plusieurs nombres est le plus petit nombre qui soit multiple des proposés.

Trouver le p. p. c. m. des nombres 8, 14, 16. Les multiples de ces trois nombres sont :

8, 16, 24, 32, 40, 48, 56, 64, 72, 80, 88, 96, 104, 112...
14, 28, 42, 56, 70, 84, 98, 112, 126, 140...
16, 32, 48, 64, 80, 96, 112, 128, 144...

Le plus petit nombre commun à ces trois séries indéfinies est 112; c'est donc le p. p. c. m. de 8, 14 et 16. Quand ce procédé peut être employé de tête, il est préférable à tout autre. Ainsi pour trouver le p. p. c. m. de 12 et 16, on voit facilement, en formant les multiples successifs du plus grand 16, que $16 \times 2 = 32$ n'est pas multiple de 12, mais que $16 \times 3 = 48$ est multiple de 12; 48 est donc le p. p. c. m. Quand ce procédé est trop long, on a recours à la règle suivante :

RÈGLE. *Le plus petit commun multiple de deux ou plusieurs nombres est le produit de tous leurs facteurs premiers, communs ou non communs, pris chacun avec son plus grand exposant.*

Ex. : Trouver le p. p. c. m. des trois nombres suivants :

$$21 = 3 \times 7$$
$$48 = 2^4 \times 3$$
$$56 = 2^3 \times 7$$

ce p. p. c. m. sera $2^4 \times 3 \times 7 = 336$.

Il est bien un multiple de chacun des trois nombres proposés, puisqu'il contient tous leurs facteurs premiers à des puissances au moins égales à celles qu'ils renferment (108). Il est le plus petit, car si un nombre ne contenait pas tous les facteurs premiers des nombres proposés, il ne serait pas divisible par eux; et s'il contenait un facteur à une puissance inférieure à la plus grande, il ne serait pas divisible par le nombre qui contient ce facteur à cette plus grande puissance.

Remarque. Si l'un des nombres donnés était multiple de tous les autres, il serait le p. p. c. m. demandé. Ex. : 48, 24, 16; 48 est le p. p. c. m.

112. Autre règle pour obtenir le p. p. c. m. de deux nombres. — Le p. g. c. d. de deux nombres contient tous les facteurs communs avec leur plus petit exposant, leur p. p. c. m. contient ces mêmes facteurs avec leur plus grand exposant, plus tous les facteurs non communs : à eux deux ils contiennent donc tous les facteurs communs et non communs des deux nombres proposés, donc leur produit contient tous ces facteurs; mais il en est de même du produit des deux nombres proposés; donc *le produit du p. g. c. d. et du p. p. c. m. de deux nombres donnés est égal au produit de ces deux nombres*.

$$
\begin{aligned}
\text{Ex. :} \quad & 360 = 2^3 \times 3^2 \times 5 \\
& 400 = 2^4 \times 5^2 \\
& \text{p. g. c. d.} = 2^3 \times 5 \\
& \text{p. p. c. m.} = 2^4 \times 3^2 \times 5^2.
\end{aligned}
$$

$$
\begin{aligned}
\text{p. g. c. d.} \times \text{p. p. c. m.} &= 2^3 \times 5 \times 2^4 \times 3^2 \times 5^2 \\
&= (2^3 \times 3^2 \times 5) \times (2^4 \times 5^2) \\
&= 360 \times 400.
\end{aligned}
$$

De là un moyen commode pour obtenir le p. g. c. d. ou le p. p. c. m., quand on connaît l'un d'eux et le produit des deux nombres donnés. Ainsi 8 et 12 ont pour p. g. c. d. 4; on le voit sans peine; donc leur p. p. c. m. est $\dfrac{8 \times 12}{4} = 8 \times 3 = 24$

Cette propriété vraie pour deux nombres ne le serait pas en général pour trois ou davantage, parce que le produit contiendrait en plus, outre les facteurs communs avec le plus petit exposant et avec le plus grand, les mêmes facteurs avec des exposants intermédiaires.

EXERCICES N° 12.

I. Le produit de *n* nombres consécutifs est toujours divisible par celui de *n* premiers nombres, quel que soit *n*. 1er exemple : le produit de deux nombres consécutifs est toujours divisible par 1×2 ou 2 ; car il y en a toujours un des deux qui est pair ; 2e exemple : $24 \times 25 \times 26 \times 27$ est divisible par $1 \times 2 \times 3 \times 4$. Expliquer pourquoi il en est toujours ainsi.

II. Si l'on fait le produit d'un nombre quelconque par ce même nombre augmenté de 1 et par le double de ce nombre augmenté de 1, le produit obtenu est divisible par 6. Expliquer pourquoi. — Exemples : $2 \times (2 + 1) \times (2 \times 2 + 1)$, ou $2 \times 3 \times 5$ est divisible par 6 ; $52 \times (52 + 1) \times (52 \times 2 + 1)$, ou $52 \times 53 \times 105$ est divisible par 6.

III. Si l'on fait le produit d'un nombre par son double diminué de 1, et par ce même double augmenté de 1, le produit obtenu est divisible par 3. Pourquoi ? — Exemples : $4 \times (4 \times 2 - 1) \times (4 \times 2 + 1)$, ou $4 \times 7 \times 9$ est divisible par 3 ; $62 \times (62 \times 2 - 1) \times (62 \times 2 + 1)$, ou $62 \times 123 \times 125$ est divisible par 3.

IV. Le produit de deux nombres multiplié par leur somme, multiplié par leur différence, est toujours divisible par 6. Pourquoi ? — Exemple : $10 \times 7 \times (10 + 7) \times (10 - 7)$ ou $70 \times 17 \times 3$ est divisible par 6.

V. En multipliant successivement un nombre par son carré augmenté de 4 et par son carré diminué de 1, le produit obtenu est toujours divisible par 24. Pourquoi ? — Exemple : $3 \times (3^2 + 4) \times (3^2 - 1)$ ou $3 \times 10 \times 8$ est divisible par 24.

VI. Décomposer en facteurs premiers tous les nombres non premiers, depuis 1 jusqu'à 200.

VII. Former tous les diviseurs de 10 et 12 ; quels sont leurs diviseurs communs ? Même question pour 100 et 90 ; pour 200 et 180.

VIII. Décomposer en facteurs premiers les nombres : 1° 76 ; 2° 6006 ; 3° 1428 ; 4° 14440, et former tous les diviseurs de ces nombres.

IX. Trouver le p. g. c. d. et le p. p. c. m. : 1° de 76 et 6006 ; de 76 et 1428 ; de 76 et 14440 ; de 6006 et 1428 ; de 6006 et 14440 ; de 1428 et 14440 ; 2° de 76, 6006 et 1428 ; de 76, 6006 et 14440 ; de 76, 1428 et 14440 ; de 6006, 1428 et 14440 ; 3° de 76, 6006, 1428 et 14440.

X. 1° Le produit de deux nombres est 444 068 625 ; leur p. p. c. m. est 975 975 ; quel est leur p. g. c. d. ? 2° le quotient de ces deux nombres serait $\dfrac{5 \times 11}{3 \times 13}$; quels sont ces deux nombres ?

XI. Deux nombres ont pour p. g. c. d. 14 ; pour p. p. c. m. 10780 ; l'un d'eux est 490 ; quel est le second ?

TROISIÈME PARTIE.

FRACTIONS ORDINAIRES.

CHAPITRE PREMIER.

PROPRIÉTÉS FONDAMENTALES DES FRACTIONS.

I. NOTIONS PRÉLIMINAIRES.

Définitions. — Comparaison d'une fraction avec l'unité. — Changement qu'éprouve une fraction quand un de ses termes varie. — Multiplication ou division d'un terme ou des deux par un entier. — Nombre fractionnaire, expression fractionnaire. — Une fraction représente le quotient de son numérateur par son dénominateur. — Usages de ce principe dans la division. — Extraction des entiers. — Application. — Exercices.

113. Définitions.—On appelle *nombre fractionnaire* ou *fraction* un nombre obtenu en partageant l'unité en plusieurs *parties égales* et prenant une ou plusieurs de ces parties (4). Ex. : on partage l'unité en 7 parties égales, et on prend 3 de ces parties; le nombre ainsi formé est une fraction.

Le nombre qui indique en combien de parties l'unité a été partagée s'appelle *dénominateur*; il exprime le *nom* et par suite l'*espèce* de chaque partie. L'une des parties de l'unité partagée en 5, 6, 7.... parties égales s'appelle le *cinquième*, le *sixième*, le *septième*.... de l'unité (56). Au lieu de deuxième, troisième, quatrième, on dit *demie*, *tiers*, *quart*. Le nombre qui indique combien on prend de ces parties égales de l'unité se nomme *numérateur* (ou *compteur*, du latin *numerare*, compter). Ayant partagé l'unité en 7 parties égales et pris 4 de ces parties, la fraction obtenue est les quatre septièmes de l'unité ou simplement quatre septièmes; sept en est le dénominateur et quatre le numérateur.

Le numérateur et le dénominateur sont appelés les *termes* de la fraction.

On représente une fraction en écrivant le numérateur, puis le dénominateur au-dessous et entre les deux un trait horizontal ou oblique. (Cette représentation est la même que celle des quotients, nous en verrons plus loin la raison.) Ex. : quatre septièmes s'écrit $\frac{4}{7}$ ou 4/7.

114. Comparaison d'une fraction avec l'unité. — Ayant partagé l'unité, par exemple, en 7 parties égales, elle contient 7 de ces parties : $\frac{7}{7} = 1$; si l'on prend moins de 7 septièmes, la fraction est plus petite que l'unité : $\frac{5}{7} < 1$. (Le signe $<$ ou $>$ signifie que le nombre écrit du côté de la pointe est le plus petit, et celui qui est du côté de l'ouverture, le plus grand.) Si l'on prend les 7 septièmes compris dans l'unité, et d'autres encore, le nombre formé est plus grand que $1 : \frac{10}{7} > 1$.

Une fraction est plus petite que l'unité, égale à l'unité ou plus grande que l'unité, suivant que son numérateur est inférieur, égal ou supérieur à son dénominateur.

115. Changement qu'éprouve une fraction quand un de ses termes varie. — *1º Si le numérateur seul augmente ou diminue, la fraction augmente ou diminue* Ex. : $\frac{3}{7} < \frac{5}{7}$.

En effet, les deux fractions représentent des parties de même grandeur, des septièmes ; la première en contient 3, la seconde un plus grand nombre 5, donc la seconde est plus grande que la première.

2º *Si le dénominateur seul augmente ou diminue, la fraction, en* sens contraire, *diminue ou augmente.* Ex. : $\frac{3}{4} > \frac{3}{7}$.

En effet, dans la seconde fraction l'unité est partagée en un plus grand nombre de parties égales ; ces parties sont donc plus petites, et comme on en prend le même nombre, la seconde fraction est plus petite que la première.

116. Multiplication et division d'un terme ou des deux par un entier. — *1º Le dénominateur restant le même et le numérateur devenant un certain nombre de fois plus grand ou plus petit, la fraction devient ce même nombre de fois plus grande ou plus petite.*

Comparons les deux fractions $\frac{5}{7}$ et $\frac{15}{7}$, 15 étant 3 fois 5.

Toutes deux représentent des septièmes ; mais la seconde en contient 3 fois plus que la première ; donc elle est 3 fois plus grande. — Il revient au même de dire que la première est 3 fois plus petite que la seconde.

2º *Le numérateur restant le même et le dénominateur devenant un certain nombre de fois plus grand ou plus petit, la fraction devient,* inversement, *ce même nombre de fois plus petite ou plus grande.*

Comparons les deux fractions $\frac{5}{7}$ et $\frac{5}{21}$, 21 étant 3 fois 7.

Dans la seconde l'unité est partagée en 3 fois plus de parties égales; ces parties sont donc 3 fois plus petites; et, comme on en prend le même nombre, la seconde fraction est 3 fois plus petite que la première. — Il revient au même de dire que la première est 3 fois plus grande que la seconde.

3° *Le numérateur et le dénominateur devenant en même temps un même nombre de fois plus grands, ou plus petits, la fraction ne change pas de valeur.*

Comparons les deux fractions $\frac{5}{7}$ et $\frac{15}{21}$ (15 et 21 étant les triples de 5 et de 7), chacune avec la fraction intermédiaire $\frac{5}{21}$.

$\frac{5}{7}$ et $\frac{15}{21}$, étant l'une et l'autre (1° et 2°) trois fois plus grandes que $\frac{5}{21}$, sont égales entre elles.

Résumé. On peut traduire par les égalités suivantes les résultats qui précèdent :

1° 3 fois $\quad \frac{5}{7} = \frac{5 \times 3}{7} = \frac{15}{7}$ ou le tiers de $\quad \frac{15}{7} = \frac{15 : 3}{7} = \frac{5}{7}$

2° le tiers de $\frac{5}{7} = \frac{5}{7 \times 3} = \frac{5}{21}$ ou 3 fois $\quad \frac{5}{21} = \frac{5}{21 : 3} = \frac{5}{7}$

3° $\quad\quad\quad \frac{5}{7} = \frac{5 \times 3}{7 \times 3} = \frac{15}{21}$ ou $\quad \frac{15}{21} = \frac{15 : 3}{21 : 3} = \frac{5}{7}$

117. Nombre fractionnaire, expression fractionnaire. — Les noms fraction, nombre fractionnaire, expression fractionnaire s'emploient indifféremment d'une manière générale pour désigner un nombre formé de plusieurs parties égales de l'unité, que ce nombre soit plus petit que 1, égal à 1, ou plus grand que 1. Mais quand on veut préciser davantage le sens de ces trois désignations, *fraction* (proprement dite) s'applique au cas où le nombre représenté est moindre que l'unité; *expression fractionnaire* à celui où le nombre est égal ou supérieur à l'unité, mais écrit sous la forme de fraction; *nombre fractionnaire* désigne spécialement un nombre formé d'une ou plusieurs unités et d'une fraction proprement dite : $\frac{5}{7}$ est une fraction proprement dite ; $\frac{7}{7}$ et $\frac{10}{7}$ sont des expressions fractionnaires; $3 + \frac{2}{7}$ ou $3\frac{2}{7}$ est un nombre fractionnaire.

118. Les fractions considérées comme des quotients. — Supposons qu'on ait à diviser 3 par 8; on pourra le faire en divisant par 8 chacune des unités de 3, et réunissant ensuite les quotients obtenus. Or, 1 : 8 est 1 huitième ; 3 fois 1 huitième font 3 huitièmes, ou la fraction $\frac{3}{8}$. Cette fraction est donc égale au quotient de 3 par 8. Donc, *une fraction représente le quotient de* son *numérateur par son dénominateur*. Il suit de là qu'on obtiendra en décimales la valeur aussi approchée qu'on voudra d'une fraction ordinaire en divisant son numérateur par son dénominateur.

EXEMPLES. $\frac{1}{2} = 0,5$; $\frac{1}{4} = 0,25$; $\frac{1}{8} = 0,125$; $\frac{3}{2} = 1,5$; $\frac{3}{4} = 0,75$, exactement.

$\frac{5}{7} = 0,714$; $\frac{42}{9} = 4,666$ à $0,001$ près.

119. Usages de ce principe dans la division. — Faisons la division de 301 par 27 ;

$$\begin{array}{c|c} 301 & 27 \\ 31 & \overline{11\frac{4}{27}} \\ 4 & \end{array}$$

La partie entière du quotient est 11, et il reste **4** unités à partager. 4 divisé par 27 donne la fraction $\frac{4}{27}$; le quotient complet est donc $11 + \frac{4}{27}$ ou $11\frac{4}{27}$.

Le quotient de la division de deux nombres entiers peut être complété en ajoutant à la partie entière une fraction ayant pour numérateur le reste et pour dénominateur le diviseur.

2° Le quotient de deux nombres entiers étant la valeur de la fraction qui a pour termes les deux termes de la division, toutes les propriétés des fractions s'appliquent aux quotients de deux nombres entiers :

I. *Un quotient varie dans le même sens que le dividende et en sens contraire du diviseur.*

II. *Quand on multiplie ou qu'on divise le dividende par un nombre entier, le quotient est multiplié ou divisé par ce même nombre.*

III. *Quand on multiplie ou qu'on divise le diviseur par un nombre entier, le quotient, inversement, est divisé ou multiplié par ce même nombre.*

IV. *Un quotient ne change pas quand on multiplie ou qu'on divise en même temps ses deux termes par un même nombre.*

Ces propriétés, toutefois, ne sont démontrées que dans le cas où les nombres sont entiers, et les divisions exactes. On étendra la démonstration à tous les cas par des remarques analogues à celles de l'exemple suivant : faire voir que les résultats des opérations

$$(1)\ \frac{1,82}{0,7} \times 2,235$$

et

$$(2)\ \frac{1,82 \times 2,235}{0,7}$$

sont égaux.

Considérons les expressions

$$(3)\ \tfrac{182}{7} \times 2235 \text{ et } (4)\ \tfrac{182 \times 2235}{7}.$$

En effectuant les quatre séries d'opérations ci-dessus, on voit que les résultats des opérations (1) et (2) se déduiraient respectivement de ceux des opérations (3) et (4), en y déplaçant la virgule de quatre rangs vers la gauche. Or les résultats des opérations (3) et (4) sont égaux (116); donc ceux des opérations (1) et (2) sont égaux aussi.

On en conclut que l'énoncé II est vrai dans tous les cas. On démontrerait de même l'énoncé III et on en déduirait l'énoncé IV. Ces énoncés étant vrais quand les nombres auxquels ils s'appliquent sont décimaux, le sont, par suite, quand ces nombres sont eux-mêmes des fractions, puisque ces fractions peuvent être remplacées par des nombres décimaux équivalents, au moins avec toute l'approximation que l'on veut (118). Les énoncés du reste ne conduisent évidemment qu'à des résultats approchés quand les opérations qu'ils comportent ne sont effectuées qu'approximativement.

120. Extraction des entiers. — RÈGLE. *Pour extraire les entiers contenus dans une expression fractionnaire, il suffit de chercher la partie entière du quotient du numérateur par le dénominateur et de la compléter par une fraction ordinaire.*

$$\text{EXEMPLE}: \tfrac{3}{2} = 1 + \tfrac{1}{2};\ \tfrac{42}{9} = 4 + \tfrac{6}{9} = 4 + \tfrac{2}{3}.$$

Cela résulte immédiatement des deux n°s 118 et 119.

121. Application des fractions. — La seule définition des fractions permet de résoudre toutes les questions analogues à la suivante :

Connaissant la valeur d'une grandeur entière et celle d'une partie de cette grandeur, trouver quelle fraction du tout représente cette partie. En voici un exemple :

PROBLÈME I. *La hauteur totale d'une maison est* $22^m,25$, *y compris les fondations ; l'élévation au-dessus du sol est* 16^m ; *quelle fraction de la hauteur totale représente l'élévation au-dessus du sol?*

Solution. La hauteur totale étant en mètres 22, 25, 1^{cm} en est la 2225me partie, et 16^m ou 1600^{cm}, 1600 fois la 2225me partie, ou les

$$\tfrac{1600}{2225} = \tfrac{320}{445} = \tfrac{64}{89}.$$

Réponse : $\tfrac{64}{89}$ de la hauteur totale.

PROBLÈME II. — *Sur 1286 enfants nés en France dans une même année*, 806 *parviennent à l'âge de 21 ans; dans quelle proportion cette population mineure diminue-t-elle depuis la naissance jusqu'à 21 ans?*

Solution. Sur 1286, 806 parviennent à 21 ans ; il en meurt donc $1286 - 806 = 480$, ou les $\frac{480}{1286} = \frac{240}{643}$.

Réponse: $\frac{240}{643}$.

EXERCICES N° 13.

I. Ranger par ordre de grandeur les fractions $\frac{1}{2}$, $\frac{2}{3}$, $\frac{5}{6}$, $\frac{3}{4}$, $\frac{4}{5}$, $\frac{3}{2}$.

II. Écrire 6 fractions égales à la fraction $\frac{3}{4}$ et ayant des termes plus grands.

III. Écrire 6 fractions égales à $\frac{13800}{16380}$ et ayant des termes plus petits.

IV. Ranger par ordre de grandeur les fractions suivantes : $\frac{5}{8}$, $\frac{1}{3}$, $\frac{5}{7}$, $\frac{1}{12}$, $\frac{6}{7}$, $\frac{4}{9}$, $\frac{1}{2}$, $\frac{1}{11}$, $\frac{3}{10}$, $\frac{2}{11}$, $\frac{2}{10}$, $\frac{6}{6}$.

V. Rendre chacune de ces fractions, par le procédé qui conduit au résultat le plus simple : 1° 2, 3, 5 fois plus grande ; 2° 2, 3, 5 fois plus petite.

VI. Compléter par une fraction ordinaire le quotient de chacune des divisions suivantes : 7 : 5 ; 36 : 15 ; 72 : 25 ; 2376 : 125 ; 7812 : 75 ; 37 : 9 ; 185 : 27 ; 18941 : 534.

VII. Simplifier et effectuer ensuite les divisions suivantes à 0,001 près : 315 : 645 ; 714 : 308 ; 78,12 : 6,36 ; 11 : 2,64 ; 0,09 : 0,741 ; 54,895 : 109,79.

VIII. Sur les $\frac{5}{8}$ d'un hectare on a dépensé pour engrais 240 fr. ; sur un champ 4 fois plus grand combien a-t-on dépensé ? quelle est en huitièmes d'hectare l'étendue de ce champ ? quelle est-elle en demi-hectares ? Déduire de cette dernière mesure la même mesure en hectares, dixièmes, etc., d'hectare.

IX. Les $\frac{7}{12}$ d'une propriété ont été vendus 34 000 francs ; combien ont été vendus les $\frac{7}{24}$ de cette propriété, les $\frac{14}{24}$, les $\frac{2}{24}$, le $\frac{1}{12}$, la propriété tout entière ?

X. Un ouvrier emploie 3 jours à faire un ouvrage entier, et 5 jours à faire le double d'un second ouvrage ; quelle fraction de chacun de ces ouvrages fait-il en un jour ?

XI. 16 ouvriers, en 1 jour, font 9 fois un certain ouvrage ; quelle fraction de cet ouvrage un ouvrier fait-il en un jour ?

XII. Un poteau télégraphique de 5 mètres de haut est enfoncé de 1ᵐ, 25 ; de quelle fraction de la hauteur totale est-il enfoncé en terre ?

II. SIMPLIFICATION DES FRACTIONS.

Définition. — Simplification. — Fractions irréductibles. — Réduction à la plus simple expression.

122. **Définition.** — *Simplifier* une fraction ou la *réduire à une expression plus simple*, c'est trouver une fraction équivalente, dont les termes soient plus petits. Quand les termes sont aussi petits

que possible, on dit qu'elle est réduite à *sa plus simple expression,* ou qu'elle est *irréductible.*

123. Simplification. — Simplifier la fraction $\frac{24}{36}$. Nous savons qu'une fraction ne change pas de valeur quand on divise ses deux termes par un même nombre; si donc nous divisons par un même nombre les deux termes de la fraction proposée, nous aurons une fraction équivalente ayant des termes plus petits. On obtiendra ainsi les fractions plus simples :

$$\frac{12}{18}, \quad \frac{6}{9}, \quad \frac{2}{3}$$

124. Fractions irréductibles. *Une fraction est irréductible quand ses deux termes sont premiers entre eux.* La démonstration se compose de deux parties :

1° *Si une fraction a ses deux termes premiers entre eux, toute fraction équivalente a pour termes des équimultiples de ceux de la première* (équimultiples veut dire que les deux termes de la fraction équivalente sont les produits par le même nombre des deux termes de la fraction donnée).

Soient : la fraction $\frac{7}{36}$ dont les deux termes sont premiers entre eux, et la fraction équivalente $\frac{105}{540}$; on a par hypothèse :

$$\frac{105}{540} = \frac{7}{36}.$$

C'est-à-dire que 105 divisé par 540 égale $\frac{7}{36}$; mais alors 105 vaut 540 fois $\frac{7}{36}$, ou (116)

$$105 = \frac{7 \times 540}{36}. \qquad\qquad (1)$$

Ainsi 7×540 divisé par 36 doit donner pour quotient 105, nombre entier ; c'est-à-dire que 36 doit diviser le produit 7×540 ; mais il est premier avec l'un des facteurs, 7 ; donc (103, II) il doit diviser l'autre, 540. On trouve en effet que

$$540 = 36 \times 15.$$

Remplaçant dans l'égalité (1) 540 par sa valeur ainsi exprimée, on trouve que

$$105 = \frac{7 \times 36 \times 15}{36}$$

ou $\qquad\qquad 105 = 7 \times 15 \text{ (76, Rem. I).}$

Donc 540 et 105 sont les produits de 36 et de 7 par un même nombre, 15.

2° Il suit de là que si une fraction a ses termes premiers entre eux, toute fraction équivalente a des termes plus grands, donc la première est irréductible, ce qui démontre l'énoncé.

125. Réduction à la plus simple expression. — Tout procédé de réduction reviendra à diviser les deux termes par un même nombre jusqu'à ce qu'ils deviennent premiers entre eux. De là les deux règles suivantes.

Première Règle. *Pour réduire une fraction à sa plus simple expression, on divise autant qu'il est possible ses deux termes par un même nombre; quand on a supprimé tous les facteurs faciles à distinguer, 2, 3, 5, 11, on essaye de diviser les deux termes par les facteurs premiers 7, 13, et suivants.*

Exemple : Réduire à sa plus simple expression $\frac{15600}{63240}$. On a d'abord :

$$\frac{15600}{63240} = \frac{1560}{6324} = \frac{520}{2107}.$$

520 est encore divisible par 2, par 3, par 5; mais 2107 ne l'est pas. D'ailleurs il est visible que $520 = 52 \times 2 \times 5 = 13 \times 2^3 \times 5$; donc, outre 2 et 5, 520 n'admet plus que le diviseur 13. Reste à savoir si 13 divise 2107 ou $2107 : 7 = 301$; il ne le divise pas. La fraction $\frac{520}{2107}$ est irréductible.

Deuxième Règle. *Pour réduire d'un seul coup une fraction à sa plus simple expression, on divise ses deux termes par leur plus grand commun diviseur* (102, IV). Le plus souvent on emploie d'abord la première règle ; mais quand on est arrivé à une fraction dans les deux termes de laquelle on n'aperçoit plus aucun diviseur commun, sans être sûr qu'il n'y en a pas, on a recours à la seconde. Exemple : Réduire à sa plus simple expression $\frac{2380}{4420}$. On a d'abord :

$$\frac{2380}{4420} = \frac{238}{442} = \frac{119}{221}.$$

Alors on cherche le p. g. c. d. entre 221 et 119; on trouve que ce p. g. c. d. est 17, que $119 = 17 \times 7$, et que $221 = 17 \times 13$; la fraction $\frac{119}{221}$ ou la proposée se réduit donc à la fraction irréductible $\frac{7}{13}$.

III. RÉDUCTION AU MÊME DÉNOMINATEUR.

Convertir un entier en une fraction dont le dénominateur est donné. — Réduire une fraction à un dénominateur donné. — Définition. — Réduire deux fractions au même dénominateur. — Réduire plusieurs fractions au même dénominateur. — Plus petit dénominateur commun. — Applications. — Exercices.

126. Convertir un entier en une fraction dont le dénominateur est donné. — Soit à réduire 5 unités en une fraction ayant pour dénominateur 9, ou à réduire 5 unités en neuvièmes. L'unité contient 9 neuvièmes, donc 5 unités en contiennent 5 fois plus ou 45 neuvièmes :

$$5 = \frac{9 \times 5}{9} = \frac{45}{9}.$$

RÈGLE. *Pour convertir un entier en une fraction dont le dénominateur est donné, on multiplie ce dénominateur par l'entier ; le produit est le numérateur de la fraction demandée.*

EXEMPLES : $25 = \frac{36 \times 25}{36} = \frac{900}{36} ; 15 = \frac{144 \times 15}{144} = \frac{2160}{144} ;$
$3 = \frac{2 \times 3}{2} = \frac{6}{2}.$

127. Réduire une fraction à un dénominateur donné. — Soit à réduire la fraction $\frac{5}{3}$ en une fraction équivalente dont le dénominateur soit 12. La fraction $\frac{5}{3}$ étant réduite à sa plus simple expression, on ne peut obtenir une fraction équivalente qu'en multipliant ses deux termes par un même nombre. Le dénominateur 3 multiplié par ce nombre doit donner pour produit 12. 12 : 3 ou 4 est donc le nombre par lequel il faut multiplier les deux termes de $\frac{5}{3}$; la fraction demandée sera $\frac{5 \times 4}{3 \times 4} = \frac{20}{12}.$

RÈGLE. *Pour réduire une fraction à un dénominateur donné, on divise ce dénominateur par celui de la fraction proposée, et on multiple par le quotient obtenu les deux termes de cette fraction.*

REMARQUE. Une telle réduction ne conduit à une fraction ayant un numérateur entier qu'autant que le dénominateur donné est un multiple du dénominateur de la fraction proposée.

EXEMPLES. Réduire $\frac{3}{8}$ 1° en seizièmes, 2° en quatorzièmes.

1° $16 : 8 = 2 ;$ $\frac{3}{8} = \frac{3 \times 2}{8 \times 2} = \frac{6}{16}.$
2° $14 : 8 = 1,75 ;$ $\frac{3}{8} = \frac{8 \times 1,75}{3 \times 1,75} = \frac{5,25}{14} = \frac{525}{1400}.$

128. Définition. — *Réduire deux ou plusieurs fractions au même dénominateur, c'est les remplacer par des fractions respectivement équivalentes aux premières, et dont les dénominateurs soient égaux entre eux.*

129. Cas où l'on n'a à réduire que deux fractions. — RÈGLE. *Pour réduire deux fractions au même dénominateur, on multiplie les deux termes de chacune d'elles par le dénominateur de l'autre.*

Soit à réduire au même dénominateur les deux fractions $\frac{3}{4}$ et $\frac{5}{7}$: je multiplie les deux termes, 3 et 4, de la première, par le dénominateur, 7, de la seconde ; et les deux termes, 5 et 7, de la seconde par le dénominateur, 4, de la première ; j'obtiens ainsi :

$$\frac{3 \times 7}{4 \times 7} \text{ et } \frac{5 \times 4}{7 \times 4}.$$

Elles n'ont pas changé de valeur, puisqu'on a multiplié les deux termes de chacune par un même nombre ; et les dénominateurs sont bien devenus égaux, puisque $4 \times 7 = 7 \times 4$. En effectuant, on a :

$$\frac{21}{28} \text{ et } \frac{20}{28}$$

130. Cas où l'on a à réduire plus de deux fractions. — RÈGLE. *Pour réduire plusieurs fractions au même dénominateur, on multiplie les deux termes de chacune d'elles par le produit des dénominateurs de toutes les autres.* Ex. : Réduire au même dénominateur les fractions

$$\frac{3}{4}, \ \frac{5}{7}, \ \frac{8}{11}, \ \frac{2}{3}.$$

Je multiplie les deux termes, 3 et 4, de la première par le produit $7 \times 11 \times 3$ des dénominateurs des trois autres ; puis les deux termes, 5 et 7, de la seconde par le produit $4 \times 11 \times 3$ des dénominateurs des trois autres ; ensuite les deux termes, 8 et 11, de la troisième par le produit $4 \times 7 \times 3$ des dénominateurs des trois autres ; enfin les deux termes, 2 et 3, de la dernière par le produit $4 \times 7 \times 11$ des dénominateurs des trois premières ; j'obtiens ainsi :

$$\text{à la place de } \ \frac{3}{4} \quad \cdots \quad \frac{3 \times 7 \times 11 \times 3}{4 \times 7 \times 11 \times 3} = \frac{693}{924}$$

$$\text{—} \quad \frac{5}{7} \quad \cdots \quad \frac{5 \times 4 \times 11 \times 3}{7 \times 4 \times 11 \times 3} = \frac{660}{924}$$

$$\text{—} \quad \frac{8}{11} \quad \cdots \quad \frac{8 \times 4 \times 7 \times 3}{11 \times 4 \times 7 \times 3} = \frac{672}{924}$$

$$\text{—} \quad \frac{2}{3} \quad \cdots \quad \frac{2 \times 4 \times 7 \times 11}{3 \times 4 \times 7 \times 11} = \frac{616}{924}$$

Chaque fraction a conservé sa valeur, puisque ses deux termes ont été multipliés par un même nombre, et les dénominateurs sont devenus tous égaux, puisqu'ils sont les produits des mêmes facteurs.

131. Plus petit dénominateur commun. La méthode précédente nécessite souvent de longs calculs et conduit à des fractions dont le dénominateur commun n'est pas le plus petit qu'on puisse obtenir. Reprenons donc la question et cherchons le plus petit dénominateur commun auquel il soit possible de réduire plusieurs fractions données.

Nous réduirons d'abord chaque fraction à sa plus simple expression ;

Soient les fractions $\frac{6}{16}, \frac{24}{18}, \frac{16}{60}, \frac{7}{140}$.

Je réduis ces fractions à leur plus simple expression ; elles deviennent :

$$\frac{3}{8}, \quad \frac{7}{6}, \quad \frac{4}{15}, \quad \frac{1}{20}$$

que nous nous proposons de réduire au plus petit dénominateur commun. La fraction $\frac{3}{8}$ étant réduite à sa plus simple expression, ne pourra être réduite à un dénominateur donné que si ce dénominateur est un multiple de 8 (n° 24) : de même, tout dénominateur commun devra être un multiple de 6, de 15, de 20. Devant être un multiple commun de tous les dénominateurs des fractions proposées et devant être en outre le plus petit possible, le dénominateur cherché en sera le plus petit commun multiple. De là la règle suivante :

RÈGLE. *Pour réduire plusieurs fractions au plus petit dénominateur commun, après avoir réduit chacune d'elles à sa plus simple expression, on cherche le plus petit commun multiple de tous les dénominateurs; on prend ce nombre pour dénominateur commun et on y réduit toutes les fractions proposées (n° 127).*

Il est facile de comprendre pourquoi on réduit d'abord chaque fraction à sa plus simple expression ; il peut arriver en effet que les facteurs qui disparaissent d'un dénominateur par suite de la simplification, ne se trouvent pas dans les dénominateurs des autres fractions rendues irréductibles ; si l'on ne fait pas avant tout calcul la réduction de chaque fraction à sa plus simple expression, les facteurs que cette réduction ferait disparaître font dès lors partie du p. p. m. c. et celui-ci en ce cas n'est pas le p. p. d. c. possible.

On peut disposer les calculs comme il suit :

$$\frac{3}{8} \qquad 2 \times 2 \times 2 \qquad 15 \qquad \frac{45}{120}$$
$$\frac{7}{6} \qquad 2 \times 3 \qquad\qquad 20 \qquad \frac{140}{120}$$
$$\frac{4}{15} \qquad 3 \times 5 \qquad\qquad 8 \qquad \frac{92}{120}$$
$$\frac{11}{20} \qquad 2 \times 2 \times 5 \qquad 6 \qquad \frac{66}{120}$$
$$\text{P. p. c. m.} = 2^3 \times 3 \times 5 = 120.$$

On écrit dans une première colonne les fractions données, dans une seconde les dénominateurs décomposés en facteurs premiers; au-dessous on forme le p. p. c. m. de ces dénominateurs ; dans une 3e colonne, on écrit en regard de chaque fraction le quotient du p. p. c. m. par le dénominateur de cette fraction ; enfin dans la 4e colonne les résultats obtenus en multipliant les deux termes de chaque fraction par le quotient qui est en regard.

REMARQUE. Pour obtenir les quotients de la troisième colonne, ou le p. p. c. m., on aura soin de recourir à toutes les simplifications possibles, par exemple à celles des n°ˢ 107 et 111.

EXEMPLES. Réductions au plus petit dénominateur commun :

I

$$\frac{5}{8} \qquad 3 \qquad \frac{15}{24}$$
$$\frac{7}{12} \qquad 2 \qquad \frac{14}{24}$$

p. p. c. m. $= 24$.

II

$$\frac{5}{21} \qquad 2 \qquad \frac{10}{42}$$
$$\frac{3}{14} \qquad 3 \qquad \frac{9}{42}$$
$$\frac{7}{6} \qquad 7 \qquad \frac{49}{42}$$

p. p. c. m. $= 42$.

III

$$\frac{3}{5} \qquad 6 \qquad \frac{18}{30}$$
$$\frac{1}{6} \qquad 5 \qquad \frac{5}{30}$$
$$\frac{4}{3} \qquad 10 \qquad \frac{40}{30}$$
$$\frac{7}{30} \qquad 1 \qquad \frac{7}{30}$$

p. p. c. m. $= 30$.

IV

$$\frac{3}{11} \qquad 12 \qquad \frac{36}{132}$$
$$\frac{7}{22} \qquad 6 \qquad \frac{42}{132}$$
$$\frac{5}{33} \qquad 4 \qquad \frac{20}{132}$$
$$\frac{1}{44} \qquad 3 \qquad \frac{3}{132}$$

p. p. c. m. $= 132$.

132. Applications. — La réduction au même dénominateur fournit directement la solution de la question suivante : ranger plusieurs fractions par ordre de grandeur ; d'où l'application à la comparaison entre les valeurs d'objets de même espèce mais de grandeurs différentes.

PROBLÈME I. *La houille étant achetée 5ᶠ,80 et le coke 5ᶠ,60 les 100 kilog.; les quantités de chaleur produites étant estimées à 7000 unités par kilogramme de houille et 6000 par kilogramme de coke, lequel de ces deux combustibles sera le plus économique ?*

Solution. Avec la houille, 7000 unités de chaleur produites par 1ᵏᵍ coûtent 0ᶠ,058 ; 1 unité de chaleur coûte donc $\frac{0,058}{7000}$. De même avec le coke 6000 unités de chaleur coûtent 0ᶠ,056 et 1 unité $\frac{0,056}{6000}$. Reste donc à comparer les deux quotients $\frac{0,058}{7000}$ et $\frac{0,056}{6000}$ ou $\frac{58}{7}$ et $\frac{56}{6}$.

Réduisant ces deux fractions au même dénominateur, les numérateurs seront : $58 \times 6 = 348$ et $56 \times 7 = 392$. La seconde fraction est plus grande que la première ; le coke revient plus cher que la houille.

Réponse : La houille.

On peut aussi comparer les deux fractions en effectuant les divisions qu'elles représentent. On a : $\frac{58}{7} = 8,28\ldots$ et $\frac{56}{6} = 9,33\ldots$ En voici un autre exemple :

PROBLÈME II. *Pour engraisser une terre qui a besoin d'azote, un cultivateur peut avoir au même prix* 9890^{kg} *de pulpe de betterave ou* 28785^{kg} *de paille de seigle. On sait d'ailleurs que* 15900^{kg} *de pulpe de betterave et* 35290^{kg} *de paille de seigle abandonnent au sol la même quantité d'azote. Lequel de ces deux engrais doit-il employer de préférence ?*

Solution. 15900^{kg} de pulpe de betterave coûtent les $\frac{15900}{9890}$ de ce que coûtent 9890^{kg} ; 35290^{kg} de paille de seigle coûtent les $\frac{35290}{28785}$ de ce que coûtent 28785^{kg}. Ainsi des quantités équivalentes 15900^{kg} de pulpe de betterave et 35290^{kg} de paille de seigle coûtent respectivement $\frac{15900}{9890}$ et $\frac{35290}{28785}$ du même prix : reste donc à savoir laquelle de ces deux fractions est la plus grande. Le procédé le plus rapide consistera à chercher les deux quotients, en s'arrêtant aux premiers chiffres qui différeront ; on trouve respectivement 1,6.... et 1,2.... Il est donc plus avantageux d'employer la seconde espèce d'engrais.

Réponse : La paille de seigle.

EXERCICES N° 14.

I. Réduire à leur plus simple expression les fractions : $\frac{525}{2525}$; $\frac{150}{350}$; $\frac{300}{400}$; $\frac{14400}{54840}$.

II. Réduire à sa plus simple expression la fraction $\frac{37}{111}$, et trouver les 37 fractions les plus simples équivalentes à celle-là.

III. Réduire au même dénominateur : 1° les deux fractions $\frac{5}{7}$ et $\frac{11}{12}$; 2° les trois fractions $\frac{2}{3}$, $\frac{3}{4}$, $\frac{4}{5}$; 3° les quatre fractions $\frac{1}{4}$, $\frac{1}{5}$, $\frac{1}{7}$, $\frac{1}{9}$; 4° les cinq fractions $\frac{1}{11}$, $\frac{3}{13}$, $\frac{15}{17}$, $\frac{32}{40}$, $\frac{20}{21}$.

IV. Réduire $\frac{5}{20}$ d'heure en minutes et en secondes, c'est-à-dire en 60mes et en 3600mes d'heure ; même question pour $\frac{3}{7}$ d'heure, $\frac{11}{42}$ d'heure.

V. Réduire 1° à la plus simple expression ; 2° au plus petit dénominateur les fractions $\frac{180}{72}$, $\frac{21}{63}$, $\frac{120}{100}$, $\frac{84}{144}$.

VI. Réduire au p. p. d. c. : 1° $\frac{1}{2}$, $\frac{1}{3}$, $\frac{1}{4}$, $\frac{1}{6}$, $\frac{1}{8}$, $\frac{1}{9}$, $\frac{1}{12}$, $\frac{1}{16}$, $\frac{1}{18}$, $\frac{1}{20}$; 2° $\frac{3}{5}$, $\frac{4}{15}$, $\frac{5}{3}$; 3° $\frac{3}{2}$, $\frac{2}{3}$, $\frac{4}{5}$, $\frac{3}{4}$, $\frac{5}{6}$, $\frac{3}{10}$; 4° $\frac{7}{16}$ et $\frac{5}{8}$; 5° $\frac{7}{16}$ et $\frac{5}{28}$; 6° $\frac{3}{25}$, $\frac{4}{15}$ et $\frac{11}{16}$; 7° $\frac{1}{32}$, $\frac{1}{40}$, $\frac{3}{50}$, $\frac{4}{28}$, $\frac{5}{35}$.

Ranger par ordre de grandeur les fractions comprises sous chaque numéro.

VII. Considérées comme plantes fourragères et comparées au foin sec, la pomme de terre (tubercules seuls) vaut à quantité égale les $\frac{210}{81}$ de ce que vaut le foin ; la betterave (racines seules) en vaut les $\frac{40}{10}$; la rave (racines et feuilles) en vaut les $\frac{4200}{924}$; la carotte (racines seules) en vaut les $\frac{28000}{9333}$; le chou-navet (racines) en vaut les $\frac{66}{22}$. Ranger les valeurs en foin de ces 5 produits par ordre de grandeur.

VIII. Réduire au même *numérateur* les fractions : 1° $\frac{2}{3}$ et $\frac{4}{7}$; 2° $\frac{3}{5}$ et $\frac{7}{8}$; 3° $\frac{25}{36}$ et $\frac{15}{11}$; 4° $\frac{7}{2}$, $\frac{14}{5}$, $\frac{28}{9}$, $\frac{21}{11}$.

CHAPITRE II.

LES QUATRE OPÉRATIONS SUR LES FRACTIONS.

I. ADDITION.

Additionner deux ou plusieurs fractions. — Additionner un entier et une fraction. — Additionner des nombres fractionnaires.

133. Additionner deux ou plusieurs fractions. — 1er Exemple. Additionner $\frac{3}{8}$, $\frac{1}{8}$, $\frac{5}{8}$. De même que 3 unités $+$ 1 unité $+$ 5 unités font 9 unités, de même 3 huitièmes $+$ 1 huitième $+$ 5 huitièmes font 9 huitièmes, ou, en extrayant les entiers, $1 + \frac{1}{8}$.

2° Exemple. Additionner $\frac{3}{5}$, $\frac{1}{6}$, $\frac{2}{3}$. Comme on ne peut évidemment additionner ensemble que des unités de même grandeur, nous réduirons d'abord les fractions proposées au même dénominateur, nous trouverons $\frac{18}{30}$, $\frac{5}{30}$. $\frac{20}{30}$; et, additionnant comme dans l'exemple précédent, nous aurons pour somme $\frac{43}{30} = 1 + \frac{13}{30}$.

Règle. *Pour additionner ensemble deux ou plusieurs fractions, on les réduit au même dénominateur, si elles n'y sont pas réduites ; on fait la somme des numérateurs, ce qui donne le numérateur de la fraction cherchée, qui a d'ailleurs pour dénominateur le dénominateur commun.* Généralement, en outre, on extrait les entiers et on simplifie la fraction obtenue, s'il y a lieu.

Exemples. Additions de fractions :

                    I   II
$\frac{5}{8}$ 3   15/24 $\frac{5}{21}$ 2   10/42
$\frac{7}{12}$ 2   14/24 $\frac{3}{14}$ 3   9/42
p. p. c. m. = 24   29|24 $\frac{7}{6}$ 7   49/42
                       5|$1 + \frac{5}{24}$ 68/42

                                         p. p. c. m. = 42   34|21
                                                              13|$1 + \frac{13}{21}$

                            III
$\frac{3}{8}$ $2 \times 2 \times 2$ 15   45/120
$\frac{7}{6}$ 2×3 20   140/120
$\frac{4}{15}$ 3×5 8   32/120
$\frac{11}{20}$ $2 \times 2 \times 5$ 6   66/120
p. p. c. m. $= 2^3 \times 3 \times 5 = 120$ 283|120
                                                    43|$2 + \frac{43}{120}$.

134. Additionner un entier et une fraction. — Pour cela on convertit l'entier en une fraction ayant pour dénominateur celui de la fraction proposée, et l'on est ramené à l'addition de deux fractions. Ex. : $3 + \frac{20}{35} = \frac{105}{35} + \frac{20}{35} = \frac{105 + 20}{35} = \frac{134}{35}$.

135. Additionner des nombres fractionnaires. — RÈGLE. *Pour additionner des nombres fractionnaires, 1° on additionne ensemble toutes les fractions ; 2° on extrait les entiers de leur somme et on conserve dans le total la fraction restante ; 3° on ajoute les entiers retenus et les entiers donnés ; cette somme forme la partie entière du total.*

Cette règle s'applique au cas où la somme contiendrait, avec des nombres fractionnaires, des entiers seuls, ou des fractions seules.

EXEMPLES. Additions de nombres fractionnaires.

I	II
5 3/4	1 3/7
2 1/4	5 2/7
3	3
—	2 5/7
11	12 3/7

I. $\frac{3}{4}$ et $\frac{1}{4}$ font $\frac{4}{4}$ ou 1, que je retiens ; et 5, 6 ; et 2, 8 ; et 3, 11.

II. 3 et 2, 5 ; et 5, 10 ; $\frac{10}{7} = 1 + \frac{3}{7}$; je pose $\frac{3}{7}$ et je retiens 1, que j'additionne avec les entiers.

III. Les fractions ne sont pas préalablement réduites au même dénominateur.

III

$$6 \ \frac{25}{28} \qquad 2 \times 2 \times 7 \qquad 40 \quad 1000/1120$$
$$41$$
$$2 \ \frac{33}{70} \qquad 2 \times 5 \times 7 \qquad 16 \quad 528/1120$$
$$1 \ \frac{11}{32} \qquad 2 \times 2 \times 2 \times 2 \times 2 \ 35 \quad 385/1120$$
$$51 \ \frac{793}{1120} \ \text{p. p. c. m.} = 2^5 \times 5 \times 7 = 1120 \quad \frac{1913|1120}{793|1 + \frac{793}{1120}\cdot}$$

II. SOUSTRACTION.

Soustraire une fraction d'une autre. — Soustraire un nombre fractionnaire d'un autre. — Application théorique. — Exercices.

136. Soustraire une fraction d'une autre. — RÈGLE.

Pour soustraire deux fractions l'une de l'autre, on les réduit au même dénominateur, si elles n'y sont pas réduites; on fait la différence des numérateurs, ce qui donne le numérateur de la fraction cherchée, qui a d'ailleurs pour dénominateur le dénominateur commun. Généralement on simplifie ensuite la fraction obtenue, s'il y a lieu.

EXEMPLES. Soustractions de fractions.

$$
\begin{array}{cc}
\text{I} & \\
5/8 & \\
3/8 & \\
\hline
2/8 = \tfrac{1}{4} &
\end{array}
$$

$$
\begin{array}{ll}
\text{II} & \\
\tfrac{8}{27} & \quad 4 \quad 32/108 \\
\tfrac{5}{36} & \quad 3 \quad 15/108 \\
\text{p. p. c. m.} = 108 & \hline 17/108.
\end{array}
$$

III

$$
\begin{array}{l}
\tfrac{311}{420} \quad 2 \times 2 \times 3 \times 5 \times 7 \qquad 55 \; 17105/23100 \\[4pt]
\tfrac{423}{1100} \quad 2 \times 2 \times 5 \times 5 \times 11 \qquad 21 \; 8883/23100 \\[4pt]
\text{p. p. c. m.} = 2^2 \times 3 \times 5^2 \times 7 \times 11 = 23100 \quad 8222/23100 = 4111/11550
\end{array}
$$

137. Soustraire un nombre fractionnaire d'un autre. — RÈGLE. *Pour retrancher un nombre fractionnaire d'un autre, 1° on écrit le plus petit sous le plus grand; 2° si la fraction du nombre inférieur est plus petite que la fraction du nombre supérieur, on fait séparément la différence des deux fractions et celle des deux entiers, et l'on unit ces deux différences par le signe +. — Dans le cas contraire, on ajoute à la fraction du nombre supérieur une unité convertie en fraction de même espèce, on retranche du résultat la fraction du nombre inférieur, on écrit la différence et on retient une unité; on retranche ensuite du nombre entier supérieur le nombre entier inférieur, augmenté de cette unité.*

Il est clair que si les fractions ne sont pas réduites au même dénominateur, il faut les y réduire, et que, s'il y a lieu, il faut simplifier la fraction obtenue. Cette règle s'applique d'ailleurs au cas où l'on aurait à retrancher une fraction d'un entier ou d'un nombre fractionnaire, ou un nombre fractionnaire d'un entier.

EXEMPLES. Soustractions de nombres fractionnaires :

$$
\begin{array}{cccc}
\text{I} & \text{II} & \text{III} & \text{IV} \\
48 & 48 \;\; 4/7 & 48 \;\; 4/7 & 48 \;\; 4/7 \\
\tfrac{3}{7} & \quad\; 3/7 & 16 \;\; 2/7 & 16 \;\; 5/7 \\
\hline
47 \tfrac{4}{7} & 48 \;\; \tfrac{1}{7} & 32 \;\; \tfrac{2}{7} & 31 \;\; {}^{6}
\end{array}
$$

$$\text{V} \qquad\qquad\qquad \text{VI}$$

$$7\tfrac{2}{9} - 4\tfrac{3}{35}\,; \qquad\qquad 2315\,\tfrac{311}{420} - 1876\,\tfrac{1023}{1100}\,;$$

						23100
7	$\tfrac{2}{9}$	35	70/315	$2315\ \tfrac{311}{420}$	55	1705 /23100
						40150
4	$\tfrac{3}{35}$	9	27/315	$1876\ \tfrac{1023}{1100}$	21	21483/23100
3	$\tfrac{43}{315}$		43/315	$438\ \tfrac{1697}{2100}$		18667/23100
						1697/2100

Dans l'exemple VI les nombres ne pouvant s'ajouter et se retrancher de tête, à cause de leur grandeur, on a écrit au-dessus du numérateur 17050, le numérateur 23100 de $\tfrac{23100}{23100} = 1$; on a fait l'addition, et écrit au-dessous le résultat 40150, et de ce nombre on a soustrait 21483.

138. Application théorique. — *Quel changement subit une fraction quand on augmente ou qu'on diminue les deux termes d'un même nombre ?*

1° *Fraction plus petite que 1.* Soit $\tfrac{5}{7}$; ajoutons 3 à chacun de ses termes, elle deviendra $\tfrac{5+3}{7+3} = \tfrac{8}{10}$; l'unité ou $\tfrac{7}{7}$ ou $\tfrac{10}{10}$ surpasse $\tfrac{5}{7}$ de $\tfrac{7-5}{7} = \tfrac{2}{7}$; et elle surpasse $\tfrac{8}{10}$ de $\tfrac{10-8}{10} = \tfrac{2}{10}$. Comme on a : $\tfrac{2}{10} < \tfrac{2}{7}$, la fraction $\tfrac{8}{10}$ est plus rapprochée de l'unité que la fraction $\tfrac{5}{7}$; donc aussi on a : $\tfrac{8}{10} > \tfrac{5}{7}$.

2° *Fraction plus grande que 1.* Soit $\tfrac{11}{7}$; augmentons de 3 ses deux termes, elle devient $\tfrac{11+3}{7+3} = \tfrac{14}{10}$; $\tfrac{11}{7}$ surpasse 1 ou $\tfrac{7}{7}$ de $\tfrac{11-7}{7} = \tfrac{4}{7}$; $\tfrac{14}{10}$ surpasse 1 ou $\tfrac{10}{10}$ de $\tfrac{14-10}{10} = \tfrac{4}{10}$. Comme on a : $\tfrac{4}{10} < \tfrac{4}{7}$, la fraction $\tfrac{14}{10}$ est plus rapprochée de l'unité que la fraction $\tfrac{11}{7}$; donc aussi on a : $\tfrac{14}{10} < \tfrac{11}{7}$.

Une fraction aux deux termes de laquelle on ajoute un même nombre se rapproche de l'unité, en augmentant de valeur si elle est plus petite que 1, en diminuant de valeur si elle est plus plus grande que 1.

Le contraire a lieu évidemment quand on diminue les deux termes du même nombre.

EXERCICES N° 15.

I. Faire la somme et la différence des fractions suivantes : 1° $\tfrac{7}{25}$ et $\tfrac{9}{25}$; 2° $\tfrac{16}{11}$ et $\tfrac{7}{11}$; 3° $\tfrac{13}{33}$ et $\tfrac{4}{33}$; 4° $\tfrac{5}{12}$ et $\tfrac{7}{36}$; 5° $\tfrac{3}{7}$ et $\tfrac{2}{9}$; 6° $\tfrac{7}{24}$ et $\tfrac{7}{30}$.

II. Additionner les fractions suivantes et retrancher leur somme de 1 : 1° $\frac{1}{2}$ et $\frac{1}{4}$; 2° $\frac{1}{2}$, $\frac{1}{4}$ et $\frac{1}{8}$; 3° $\frac{1}{2}$, $\frac{1}{4}$, $\frac{1}{8}$, $\frac{1}{16}$; 4° $\frac{1}{2}$, $\frac{1}{4}$, $\frac{1}{8}$, $\frac{1}{16}$, $\frac{1}{32}$; 5° $\frac{2}{3}$, $\frac{1}{8}$, $\frac{1}{12}$; 6° $\frac{5}{881}$, $\frac{3}{715}$, $\frac{4}{413}$; 7° $\frac{15}{325}$, $\frac{6}{708}$, $\frac{21}{217}$, $\frac{33}{352}$.

III. Faire la somme et la différence des fractions et nombres fractionnaires qui suivent : 1° 5 $\frac{3}{4}$, 1 $\frac{1}{2}$; 2° 141 $\frac{5}{7}$, 28 $\frac{3}{14}$; 3° 541, 2 $\frac{2}{3}$; 4° $\frac{5}{2}$, 1 $\frac{1}{12}$; 5° 700 $\frac{3}{48}$, 512 $\frac{71}{72}$; 6° 11 $\frac{234}{7937}$, 9 $\frac{512}{1001}$.

IV. Additionner les nombres suivants et retrancher leur somme de 134 $\frac{2}{7}$: 1° 5 $\frac{3}{7}$, 6 $\frac{1}{7}$, 38 $\frac{5}{7}$; 2° 100 $\frac{3}{14}$, 31 $\frac{4}{21}$, $\frac{54}{27}$; 3° 7, $\frac{34}{11}$, 58 $\frac{9}{13}$, 61 $\frac{3}{8}$.

V. Faire les opérations suivantes : 1° 58 $+$ $\frac{2}{3}$ $-$ 2 $\frac{1}{4}$ $-$ 14 ; 2° 485 $-$ 48 $\frac{5}{9}$ $+$ 6 $\frac{5}{12}$.

VI. 1° On a payé le $\frac{1}{8}$ d'une somme, quelle fraction de la somme reste-t-il à payer ? 2° On a payé sur une somme la $\frac{1}{2}$, les $\frac{2}{7}$, les $\frac{3}{10}$, quelle fraction totale de la somme a-t-on payée, quelle fraction de cette même somme reste-t-il à payer ? 3° Sur 324ᶠ on a payé 54ᶠ. Quelle fraction de la somme a-t-on payée ? quelle fraction de la somme reste-t-il à payer ?

VII. On a à livrer un certain poids de blanc de céruse ; on en livre d'abord la moitié, puis le tiers ; quelle fraction de ce poids reste-t-il à livrer ? Sachant que ce qui reste à livrer est de 419ᵍʳ, quelle était la quantité totale à livrer ? Combien a-t-on livré la première fois, combien la seconde fois ?

VIII. Un plâtre cuit destiné à servir d'amendement a été analysé. On a trouvé que les $\frac{25}{28}$ étaient du plâtre cuit pur ; les $\frac{7}{190}$ des matières siliceuses ; et que le reste était formé par des carbonates. 1° Quelle fraction du tout représentent les carbonates ? 2° Le poids des matières siliceuses étant 18ᵍʳ, quel est le poids du plâtre cuit pur ? 3° Quel est le poids des carbonates ? 4° Quel est le poids du tout ? 5° Convertir en 1000ᵐᵉˢ les fractions qui représentent les proportions des trois matières trouvées, et en conclure la composition de 1000ᵍʳ de ce plâtre.

IX. Un robinet remplirait un bassin en 2ʰ ; un autre le remplirait 2 fois en 3ʰ ; un troisième le remplirait 3 fois en 4ʰ ; quelle portion chacun d'eux remplirait-il en 1ʰ ; quelle quantité rempliraient-ils tous ensemble en 1ʰ ?

III. MULTIPLICATION.

Multiplier une fraction par un nombre entier. — Définition : cas où le multiplicateur est une fraction. — Multiplier un nombre entier par une fraction. — Multiplier une fraction par une fraction. — Fraction de fraction. — Produit de plusieurs fractions. — Ordre des facteurs. — Simplifications. — Multiplication des nombres fractionnaires. — Multiplication des quotients quelconques. — Usages de la multiplication des fractions. — Exercices.

139. Multiplier une fraction par un nombre entier.

— Règle. *Pour multiplier une fraction par un nombre entier, on multiplie par ce nombre le numérateur de la fraction, sans changer le dénominateur; — ou bien on divise, si la division peut se faire exactement, le dénominateur de la fraction par le nombre entier donné, sans changer le numérateur.* Cette règle est déduite directement des principes du n° 116.

$$\text{Ex. : } 1° \ \frac{2}{3} \times 5 = \frac{2 \times 5}{3} = \frac{10}{3}; \ 2° \ \frac{3}{8} \times 2 = \frac{3}{8:2} = \frac{3}{4}.$$

En effet, par définition, multiplier $\frac{2}{3}$ par 5, c'est répéter 5 fois $\frac{2}{3}$, c'est-à-dire rendre cette fraction 5 fois plus grande ; pour cela, il suffit de multiplier son numérateur par 5. De même, multiplier $\frac{3}{8}$ par 2, c'est répéter 2 fois $\frac{3}{8}$ ou rendre $\frac{3}{8}$ deux fois plus grande ; pour cela, je divise le dénominateur par 2.

140. Multiplication par une fraction ; définition.

PROBLÈME. *1 mètre d'étoffe coûte 4 fr.; combien coûteront : 1° 3^m; 2° 3^m,5 ; 3° $\frac{2}{5}$ de mètre de la même étoffe ?* (Voir n° 42.)

1° 3^m coûtent $4 \times 3 = 12$ fr.

2° 3 ,5 coûtent $4 \times 3,5 = 14$ fr.

3° 1^m coûtant 4 fr., $\frac{1}{5}$ de mètre coûte le 5me de 4 fr; et $\frac{2}{5}$ de mètre coûtent 2 fois plus ou 2 fois le 5me de 4 fr.

Le 5me de 4 fr. est 4^f : 5 = 0^f,8; 2 fois 0^f,8 est $0,8 \times 2 = 1^f,6$.

Dans les deux premiers cas on obtient le prix de 3^m ou de 3^m,5, en multipliant par 3, ou par 3,5 le prix d'un mètre.

Dans le troisième cas, on obtient le prix de $\frac{2}{5}$ de mètre en répétant 2 fois le 5me du prix d'un mètre. On dit encore qu'on multiplie le prix d'un mètre par $\frac{2}{5}$. De là résulte la définition suivante pour le cas où le multiplicateur est une fraction :

DÉFINITION. *Multiplier un nombre par un certain nombre de demies, de tiers, de quarts, de cinquièmes.... c'est répéter la demie, le tiers, le quart, le cinquième.... du multiplicande autant de fois que le multiplicateur contient de demies, de tiers, de quarts, de cinquièmes..... de l'unité.*

Ainsi multiplier 4 par $\frac{2}{5}$, c'est répéter 2 fois le 5me de 4; multiplier 7 par $\frac{3}{2}$, c'est répéter 3 fois la moitié de 7 ; multiplier 32,5 par $\frac{5}{11}$, c'est répéter 5 fois le 11me de 32,5.

141. Multiplier un nombre entier par une fraction.

— MÊME RÈGLE (n° 139). Soit à multiplier le nombre entier 5 par la fraction $\frac{2}{3}$. D'après la définition précédente, c'est répéter 2 fois le tiers de 5. Le tiers de 5 est de $\frac{5}{3}$ et 2 fois le tiers de 5 sont $\frac{5}{3} \times 2 = \frac{5 \times 2}{3} = \frac{2 \times 5}{3} = \frac{2}{3} \times 5$, on est ainsi ramené au cas du n° 139.

142. Multiplier une fraction par une fraction. —
Soit $\frac{5}{7}$ à multiplier par $\frac{2}{3}$. Par définition, c'est répéter 2 fois le $\frac{1}{3}$
de $\frac{5}{7}$. Le tiers de $\frac{5}{7}$ est $\frac{5}{7 \times 3}$ et les deux tiers de cette fraction sont
$\frac{5}{7 \times 3} \times 2 = \frac{5 \times 2}{7 \times 3} = \frac{10}{21}$. De là résulte la règle suivante :

RÈGLE. *Le produit de deux fractions est une fraction ayant pour*
numérateur le produit des numérateurs des fractions proposées et pour
dénominateur le produit de leurs dénominateurs; on exprime quelquefois d'une façon abrégée cette même règle en disant *qu'on*
multiplie les fractions terme à terme.

143. Fraction de fraction. — Multiplier $\frac{5}{7}$ par $\frac{2}{3}$, c'est
prendre les $\frac{2}{3}$ de $\frac{5}{7}$; le produit est donc une fraction de la fraction
$\frac{5}{7}$; de là l'expression *fraction de fraction* pour désigner un produit
de fractions.....

EXEMPLE. Prendre les $\frac{2}{3}$ des $\frac{5}{7}$ des $\frac{4}{11}$ de 43.

$$\text{Les } \frac{4}{11} \text{ de } 43 = 43 \times \frac{4}{11},$$
$$\text{les } \frac{5}{7} \text{ des } \frac{4}{11} \text{ de } 43 = 43 \times \frac{4}{11} \times \frac{5}{7} = 43 \times \frac{4 \times 5}{11 \times 7},$$
$$\text{les } \frac{2}{3} \text{ des } \frac{5}{7} \text{ des } \frac{4}{11} \text{ de } 43 = 43 \times \frac{4}{11} \times \frac{5}{7} \times \frac{2}{3} = 43 \times \frac{4 \times 5 \times 2}{11 \times 7 \times 3}.$$

On voit que prendre successivement plusieurs fractions de
fractions d'un nombre donné revient à multiplier ce nombre
successivement par chacune des fractions données, ou encore
par une seule fraction ayant pour numérateur le produit des
numérateurs de toutes les fractions données et pour dénominateur le produit de tous les dénominateurs.

144. Produit de plusieurs fractions. — Soit à effectuer $\frac{4}{11} \times \frac{5}{7} \times \frac{2}{3}$.
Multipliant $\frac{4}{11}$ par $\frac{5}{7}$, on a : $\frac{4 \times 5}{11 \times 7}$; multipliant maintenant cette
fraction par $\frac{2}{3}$, on a le produit demandé : $\frac{4 \times 5 \times 2}{11 \times 7 \times 3}$.

RÈGLE. *Le produit de plusieurs fractions est une fraction ayant*
pour numérateur le produit des numérateurs de toutes les fractions
proposées et pour dénominateur le produit de tous leurs dénomina-
teurs.

145. Ordre des facteurs. — D'après cette dernière règle, si
l'on changeait l'ordre des fractions proposées, il n'y aurait de
changé au résultat que l'ordre des facteurs entiers qui composent le numérateur ou le dénominateur; le numérateur ni le
dénominateur ne changeraient; donc aussi la fraction produit

ne changerait pas. Comme d'ailleurs, si l'un des facteurs était un nombre entier ou un nombre fractionnaire, on pourrait toujours les convertir en des fractions, cette remarque s'appliquera aussi au cas où les facteurs seraient les uns des fractions, d'autres des nombres entiers, les autres des nombres fractionnaires ; donc :

Dans un produit de facteurs entiers ou fractionnaires l'ordre des facteurs est indifférent.

146. **Simplifications.** — Les règles des nos 141, 142, 144, toujours applicables, ne sont pas toujours commodes. On remarquera que *multiplier par une fraction c'est multiplier par le numérateur et diviser par le dénominateur.* Ex. : $5 \times \frac{2}{3} = \frac{5 \times 2}{3}$; comme de plus $5 \times \frac{2}{3} = \frac{5}{3} \times 2$, on conclut de là qu'il est indifférent de commencer par la multiplication ou par la division. Ces remarques et celle du n° 145 simplifieront le plus souvent les calculs.

EXEMPLES :

$$1° \ \frac{2}{3} \times 9 = 9 \times \frac{2}{3} = \frac{9}{3} \times 2 = 3 \times 2 = 6 ;$$

$$2° \ 3 \times \frac{4}{9} = \frac{4}{9} \times 3 = \frac{4}{9 : 3} = \frac{4}{3} ;$$

$$3° \ 9 \times \frac{4}{3} = \frac{9}{3} \times 4 = 3 \times 4 = 12$$

$$4° \ \frac{4}{9} \times \frac{3}{7} = \left(\frac{4}{9} \times 3\right) : 7 = \frac{4}{3 \times 7} = \frac{4}{21} ;$$

$$5° \ \frac{4}{3} \times \frac{9}{7} = \left(\frac{9}{7} \times \frac{4}{3} = \frac{9}{7} :\right) 3 \times 4 = \frac{12}{7} ;$$

$$6° \ \frac{4}{7} \times \frac{3}{2} = \left(\frac{4}{7} : 2\right) \times 3 = \frac{2}{7} \times 3 = \frac{6}{7} ;$$

$$7° \ \frac{2}{7} \times \frac{3}{4} = \frac{3}{4} \times \frac{2}{7} = \left(\frac{3}{4} \times 2\right) : 7 = \frac{3}{2} : 7 = \frac{3}{2 \times 7} = \frac{3}{14} ;$$

$$8° \ \frac{8}{9} \times \frac{3}{2} = \left(\frac{8}{9} : 2\right) \times 3 = \frac{8 : 2}{9 : 3} = \frac{4}{3}.$$

On peut multiplier une fraction par une autre en *divisant terme à terme par la fraction multiplicateur renversée.*

$$9° \ \frac{3}{2} \times \frac{8}{9} = \frac{8}{9} \times \frac{3}{2} = \frac{8 : 2}{9 : 3} = \frac{4}{3} ;$$

$$10° \ \frac{8}{3} \times \frac{9}{2} = \left(\frac{8}{3} : 2\right) \times 9 = \frac{4}{3} \times 9 = 3 \times 4 = 12 ;$$

$$11° \ \frac{2}{9} \times \frac{3}{8} = \left(\frac{2}{9} \times 3\right) : 8 = \frac{2}{3} : 8 = \left(\frac{2}{3} : 2\right) : 4 = \frac{1}{3} : 4 = \frac{1}{12}.$$

147. **Multiplication des nombres fractionnaires.** — RÈGLE. *On convertit les nombres fractionnaires en expressions fractionnaires ; on est alors ramené aux cas précédents.*

EXEMPLES :

$$1° \ 5\tfrac{2}{9} \times 3\tfrac{4}{7} = \frac{47}{9} \times \frac{25}{7} = \frac{1175}{63} = 18\tfrac{41}{63} ;$$

$$2° \ 13\tfrac{18}{27} \times 41\tfrac{3}{10} = 13\tfrac{2}{3} \times 41\tfrac{3}{10} = \frac{41}{3} \times \frac{782}{19} = \frac{32062}{57} = 562 \ \tfrac{28}{57}.$$

RemARQUE. On pourrait aussi multiplier chaque partie du multiplicande par chaque partie du multiplicateur et ajouter les produits partiels obtenus ; mais ce procédé est généralement beaucoup plus long que le précédent ; il y a cependant un cas où on peut l'employer, c'est celui où l'un des facteurs est entier ; on le prend pour multiplicateur, on multiplie par ce nombre la partie fractionnaire du multiplicande, et on extrait les entiers, que l'on retient pour les ajouter au produit des entiers. En voici deux exemples :

$$
\begin{array}{cc}
\text{I} & \text{II} \\[4pt]
5\ \tfrac{2}{9} & 7\ \tfrac{3}{4} \\[4pt]
3 & 11 \\[2pt]
\hline
\tfrac{6}{9} & \tfrac{33}{4} \\[4pt]
15\ \tfrac{2}{3} & 85\ \tfrac{1}{4}
\end{array}
$$

148. Multiplication des quotients quelconques. — Par de simples déplacements de virgules comme au n° 119, on étendrait ces règles au cas des quotients quelconques, ou de fractions dont les termes seraient décimaux ou fractionnaires.

I. $\dfrac{5,4}{35} \times 2,5 = \dfrac{5,4 \times 2,5}{35} = \dfrac{13,5}{35} = \dfrac{2,7}{7}.$

II. $7 \times \dfrac{3,41}{5,2} = \dfrac{7 \times 3,41}{5,2} = \dfrac{23,87}{5,2} = \dfrac{238,7}{52} = 4\,\dfrac{30,7}{52}.$

III. $\dfrac{5}{1,3} \times \dfrac{0,07}{1,34} = \dfrac{5 \times 0,07}{1,3 \times 1,34} = \dfrac{0,35}{1,742}.$

IV. $\dfrac{8 + \tfrac{4}{3}}{5} \times 7 = \dfrac{\left(8 + \tfrac{4}{3}\right) \times 7}{5} = \dfrac{\tfrac{28}{3} \times 7}{5} = \dfrac{28 \times 7}{5 \times 3} = \dfrac{190}{15}.$

V. $\dfrac{\tfrac{3}{5}}{11} \times \dfrac{\tfrac{5}{6} + 1}{9} = \dfrac{\tfrac{3}{5} \times \left(\tfrac{5}{6} + 1\right)}{11 \times 9} = \dfrac{\tfrac{3}{5} \times \tfrac{11}{6}}{11 \times 9} = \dfrac{1}{5 \times 2 \times 9} = \dfrac{1}{90}.$

149. Usages de la multiplication des fractions. — Ces usages, qui sont de même nature que ceux de la multiplication des nombres entiers ou décimaux, peuvent se résumer dans les questions suivantes :

I. Connaissant la valeur d'une quantité entière (prix, dimensions, volumes, poids de la quantité, salaire payé, bénéfice produit, temps employé), trouver la valeur d'une fraction donnée de cette quantité.

II. Sachant de quelle fraction une quantité a été réduite ou augmentée et connaissant la valeur de cette quantité avant la diminution ou l'augmentation, trouver sa valeur après.

PROBLÈME I. *Les frais de culture d'une ferme s'élèvent à 15 000 fr.; sur ce chiffre l'achat des semences forme à peu près les $\frac{5}{16}$; quel est le prix de ces semences ?*

Solution. Les $\frac{5}{16}$ de 15 000 fr. sont : fr. $15\,000 \times \frac{5}{16} = \frac{15000 \times 5}{16} = 4687\frac{1}{2}$ ou 4687,5.

Réponse : 4687,5.

PROBLÈME II. *Un marchand a deux pièces de toile de même qualité : l'une est de 12^m,5 et vaut 28^f,15 ; l'autre est de 9^m,2 ; combien vaut-elle ?*

Solution. 12^m, 5 valent. fr.28,15
9^m, 2 ou les $\frac{92}{125}$ de 12^m,5 valent les $\frac{92}{125}$ de 28,15
ou 28^f,15 $\times \frac{92}{125} = \frac{225,20 \times 92}{1000} = 20, 7184$.

Réponse : 20^r, 70.

Remarque. Pour diviser par 125, nous avons multiplié d'abord par 8 et ensuite divisé le produit par 1000.

PROBLÈME III. *Un commerçant a acheté pour 5700 fr. de marchandises ; il les revend avec un bénéfice brut des $\frac{25}{228}$ du prix d'achat; combien les revend-il ?*

Solution. Les $\frac{25}{228}$ de 5700 sont $5700 \times \frac{25}{228} = \frac{5700}{228} \times 25 = 2^r \times 25 = 625$.
Son bénéfice brut est de 625 fr. ; donc il revend le tout 5700^f + 625^f = 6325^f.
On peut dire encore : l'augmentation étant les $\frac{25}{228}$ du **prix** d'achat, le prix de vente sera les $\frac{228}{228} + \frac{25}{228} = \frac{253}{228}$ du prix d'achat, ou $5700 \times \frac{253}{228} = 25 \times 253 = 100 \times \frac{253}{4} = 6325$ francs.

Réponse : 6325 francs.

PROBLÈME IV. *Une propriété estimée 85 800 fr. a perdu par le manque de soin du propriétaire les $\frac{89}{429}$ de sa valeur; à combien a été réduite sa valeur?*

Solution. Sa valeur était les $\frac{429}{429}$ de 85 800 fr.; elle a été réduite des $\frac{89}{429}$; elle est donc $\frac{429}{429} - \frac{89}{429} = \frac{340}{429}$ de 85 800 fr. ou : fr. 85 800 $\times \frac{340}{429} = 200 \times 340 = 68\,000$.

Réponse : 68 000 francs.

EXERCICES N° 16.

I. Effectuer les opérations suivantes : 1° $\frac{5}{9} \times 112$; 2° $\frac{5}{3} \times 3$; 3° $\frac{4}{3} \times 9$; 4° $\frac{5}{11} \times 44$; 5° $\frac{3}{7} \times 112$; 6° $\frac{7}{55} \times 132$; 7° $\frac{7}{132} \times 55$; 8° $\frac{7,3}{8} \times 3,2$; 9° $\frac{5}{7,2} \times 4$; 10° $\frac{4,31}{3,16} \times 5,2$; 11° $\frac{5 + \frac{3}{7}}{\frac{4}{3}} \times 7$.

II. Effectuer les opérations suivantes : 1° $17 \times \frac{3}{5}$; 2° $60 \times \frac{5}{12}$; 3° $125 \times \frac{4}{15}$; 4° $12 \times \frac{5}{36}$; 5° $15 \times \frac{4}{125}$; 6° $2,7 \times \frac{2}{0,9}$; 7° $3,25 \times \frac{0,04}{0,54}$; 8° $0,052 \times \frac{3,5}{7,2}$; 9° $5 \times \frac{\frac{3}{7} + 1}{4}$.

III. Effectuer les opérations suivantes : 1° $\frac{43}{58} \times \frac{64}{29}$; 2° $\frac{5}{12} \times \frac{3}{7}$; 3° $\frac{28}{9} \times \frac{4}{7}$; 4° $\frac{53}{41} \times \frac{82}{11}$; 5° $\frac{7}{16} \times \frac{3}{28}$; 6° $\frac{64}{81} \times \frac{9}{4}$; 7° $\frac{10}{7} \times \frac{35}{340}$; 8° $\frac{5}{8} \times \frac{0,3}{5,5}$; 9° $\frac{3,2}{0,8} \times \frac{0,73}{0,4}$; 10° $\frac{3}{\frac{7}{4}} \times \frac{3}{\frac{5}{2}}$.

IV. Effectuer les opérations suivantes : 1° $34\frac{2}{7} \times 3$; 2° $5\frac{8}{9} \times 31$; 3° $\left(3,2 + \frac{5}{7}\right) \times 2,3$; 4° $3\frac{2}{7} \times 2\frac{5}{11}$; 5° $\left(0,5 + \frac{0,2}{7}\right) \times \frac{0,05}{3,7}$; 6° $57\frac{42}{115} \times 31\frac{25}{40}$; 7° $\left(35,72 + \frac{237,4}{1436,2}\right) \times \frac{3,4}{7,22}$; 8° $\frac{\frac{5}{7} + 1}{\frac{3}{4}} \times \frac{5}{\frac{3}{7} + 2}$; 9° $\left(5 + \frac{\frac{7}{2} + 3}{\frac{5}{9} - 1}\right) \times \frac{3}{7}$.

V. Prendre : 1° les $\frac{2}{3}$ des $\frac{8}{7}$ des $\frac{4}{5}$ de 29 ; 2° la $\frac{1}{2}$ des $\frac{2}{3}$ des $\frac{3}{4}$ de $\frac{4}{5}$; 3° les $\frac{2}{5}$ des $\frac{25}{12}$ des $\frac{19}{27}$ de 9.

VI. Effectuer les opérations suivantes : 1° $7 \times \frac{2}{3} \times \frac{4}{7} \times \frac{21}{14}$; 2° $2,5 \times \frac{3,21}{5,7} \times \frac{4,14}{10,7}$; 3° $3512,34 \times \frac{5,315}{3,141} \times \frac{2,818}{0,434}$.

VII. Un bœuf à l'engrais mange la valeur de 7300ᵏ de foin annuellement. Combien a-t-on nourri de bœufs à l'engrais pendant un an, sachant qu'on leur a donné 300ᵏ de pommes de terre, 600 de betteraves, 610 de raves, 450 de carottes et 750 de chou-navet ; sachant d'ailleurs que ces aliments fourragers valent respectivement les $\frac{210}{81}$, les $\frac{40}{10}$, les $\frac{4200}{924}$, les $\frac{28000}{9333}$, les $\frac{62}{22}$ de ce que vaut le foin à poids égal ?

VIII. Dans la construction d'une chaudière tubulaire, il est entré : 1° 3275ᵏ de tôle de fer, valant 2575 fr. avec la main-d'œuvre ; 2° des rivets et rondelles dont le poids est les $\frac{35}{209}$ du poids de la tôle et le prix total les $\frac{2,5}{30}$ du prix total de la tôle ; 3° du cuivre rouge laminé dont le poids est les $\frac{14}{5}$ du poids des rivets et le prix total les $\frac{72}{25}$ du prix total des rivets ; 4° du cuivre jaune dont le poids est les $\frac{4}{7}$ de celui du cuivre rouge et qui revient, à quantité égale, au même prix que le cuivre rouge. On demande le poids et le prix des rivets et rondelles, du cuivre rouge, du cuivre jaune, enfin des 4 parties ensemble ?

IV. DIVISION.

Diviser une fraction par un nombre entier. — Diviser un nombre entier ou une fraction par une fraction. — Simplifications. — Division des nombres fractionnaires. — Division des quotients quelconques. — Nombres inverses. — Usage de la division des fractions. — Questions diverses. — Exercices.

150. Diviser une fraction par un entier. RÈGLE. *Pour diviser une fraction par un nombre entier, on multiplie par ce nombre le dénominateur de la fraction, sans changer le numérateur, — ou bien on divise, si cette division peut se faire exactement, le numérateur de la fraction par le nombre entier, sans changer le dénominateur.* Cette règle est déduite des principes du n° 116.

EXEMPLES. $1° \ \frac{2}{3} : 5 = \frac{2}{3\times5} = \frac{2}{15}$; $2° \ \frac{8}{3} : 2 = \frac{8:2}{3} = \frac{4}{3}$.

1° En effet, par définition, diviser $\frac{2}{3}$ par 5, c'est prendre le $\frac{1}{5}$ de $\frac{2}{3}$, c'est-à-dire trouver un nombre cinq fois plus petit que $\frac{2}{3}$; pour cela, je multiplie le dénominateur 3 par 5; j'obtiens $\frac{2}{3\times5}$ $= \frac{2}{15}$. Je raisonnerais de même dans le second cas.

151. Diviser un nombre entier ou une fraction par une fraction. — 1° *Nombre entier*: Diviser 7 par $\frac{5}{11}$. C'est chercher (70) le nombre qui, multiplié par $\frac{5}{11}$ reproduit 7. Le quotient $\times \frac{5}{11}$, ou, ce qui est la même chose (140),

les $\frac{5}{11}$ du quotient valent. 7

$\frac{1}{11}$ — vaut 5 fois moins ou. . . . . . $\frac{7}{5}$

et le quotient tout entier vaut 11 fois plus ou

$$\frac{7\times11}{5} = 7 \times \frac{11}{5} = \frac{77}{5}.$$

Le produit est donc 7 multiplié par $\frac{11}{5}$ ou par la fraction $\frac{5}{11}$ renversée.

2° *Fraction*: Diviser $\frac{7}{9}$ par $\frac{5}{11}$. C'est chercher (70) le nombre qui, multiplié par $\frac{5}{11}$, reproduit $\frac{7}{9}$. Le quotient $\times \frac{5}{11}$ ou ce qui est la même chose (140),

les $\frac{5}{11}$ du quotient valent. . . . . $\frac{7}{9}$

$\frac{1}{11}$ — vaut 5 fois moins ou.. . . . $\frac{7}{9\times5}$

et le quotient tout entier vaut 11 fois plus ou.. . . . . . $\frac{7\times11}{9\times5}$

$$= \frac{7}{9} \times \frac{11}{5} = \frac{77}{45}.$$

Le produit est donc $\frac{7}{9}$ multiplié par $\frac{11}{5}$ ou par la fraction $\frac{5}{11}$ renversée.

RÈGLE. *Pour diviser un nombre entier ou une fraction par une fraction, on multiplie le dividende par la fraction diviseur renversée.*

152. Simplifications. — Ces règles de division, toujours applicables, sont susceptibles des mêmes simplifications que celles de la multiplication. On remarquera que *diviser par une fraction c'est diviser par le numérateur et multiplier par le dénominateur,* l'ordre de ces deux opérations étant d'ailleurs indifférent. Ces remarques simplifieront le plus souvent les calculs.

EXEMPLES :

$$1^\circ\ \tfrac{3}{2} : 3 = \tfrac{1}{2} ;$$
$$2^\circ\ \tfrac{9}{2} : 3 = \tfrac{3}{2} ;$$
$$3^\circ\ \tfrac{3}{2} : 9 = \left(\tfrac{3}{2} : 3\right) : 3 = \tfrac{1}{6}$$
$$4^\circ\ 3 : \tfrac{3}{2} = (3 : 3) \times 2 = 1 \times 2 = 2 ;$$
$$5^\circ\ 9 : \tfrac{3}{4} = (9 : 3) \times 4 = 3 \times 4 = 12 ;$$
$$6^\circ\ 3 : \tfrac{9}{4} = 3 \times \tfrac{4}{9} = \tfrac{4}{3} ;$$
$$7^\circ\ \tfrac{4}{9} : \tfrac{7}{3} = \tfrac{4}{9} \times \tfrac{3}{7} = \tfrac{4}{21} ;$$
$$8^\circ\ \tfrac{4}{3} : \tfrac{7}{9} = \tfrac{4}{3} \times \tfrac{9}{7} = \tfrac{12}{7} ;$$
$$9^\circ\ \tfrac{4}{7} : \tfrac{2}{3} = \tfrac{4}{7} \times \tfrac{3}{2} = \tfrac{6}{7} ;$$
$$10^\circ\ \tfrac{2}{7} : \tfrac{4}{3} = \tfrac{2}{7} \times \tfrac{3}{4} = \tfrac{2}{14} ;$$
$$11^\circ\ \tfrac{8}{9} : \tfrac{2}{3} = \left(\tfrac{8}{9} : 2\right) \times 3 = \tfrac{8 : 4}{9 : 3}.$$

(Ainsi on peut diviser une fraction par une autre en *divisant terme à terme la fraction dividende par la fraction diviseur.*)

$$12^\circ\ \tfrac{3}{2} : \tfrac{9}{8} = \tfrac{3}{2} \times \tfrac{8}{9} = \tfrac{4}{3} ;$$
$$13^\circ\ \tfrac{8}{3} : \tfrac{2}{9} = \tfrac{8}{3} \times \tfrac{9}{2} = 12 ;$$
$$14^\circ\ \tfrac{2}{9} : \tfrac{8}{3} = \tfrac{2}{9} \times \tfrac{3}{8} = \tfrac{1}{12}.$$

153. Division des nombres fractionnaires. — RÈGLE. *On convertit les nombres fractionnaires en expressions fractionnaires : on est alors ramené aux cas précédents.*

EXEMPLES :

$$1^\circ\ 18\tfrac{41}{63} : 5\tfrac{2}{9} = \tfrac{1175}{63} : \tfrac{47}{9} = \tfrac{1175 : 47}{63 : 9} = \tfrac{25}{7} = 3\tfrac{4}{7} ;$$
$$2^\circ\ 35\tfrac{2}{3} : 15\tfrac{7}{11} = \tfrac{107}{3} : \tfrac{172}{11} = \tfrac{107 \times 11}{3 \times 172} = \tfrac{1177}{516} = 2\tfrac{145}{516}.$$

REMARQUE. Quand le diviseur est un nombre entier, on peut toujours diviser séparément les deux parties du dividende par le diviseur. Ce procédé est avantageux seulement dans le cas où l'entier du dividende est exactement divisible par le diviseur. Ex. : $35\frac{3}{7} : 5 = 35 : 5 + \frac{3}{7} : 5 = 7 + \frac{3}{35}$.

154. Division des quotients quelconques. Par de simples déplacements de virgules, comme au n° 119, on étendrait ces règles au cas des quotients quelconques ou de fractions dont les termes seraient décimaux ou fractionnaires.

EXEMPLES :

$$\text{I.}\quad \frac{5,4}{3,5} : 2,5 = \frac{5,4}{3,5 \times 2,5} = \frac{54}{3,5 \times 25} = \frac{54 \times 4}{3,5 \times 100} = \frac{2,16}{3,5}.$$

$$\text{II.}\quad 7 : \frac{5,2}{3,41} = \frac{7 \times 3,41}{5,2} = \frac{28,87}{5,2} = \frac{238,7}{52} = 4\,\frac{30,7}{52}.$$

$$\text{III.}\quad \frac{5}{1,3} : \frac{1,34}{0,07} = \frac{5 \times 0,07}{1,3 \times 1,34} = \frac{0,35}{1,742}.$$

$$\text{IV.}\quad \frac{5 + \frac{2}{3}}{8 - \frac{1}{2}} : \frac{3}{4} = \frac{\frac{17}{3}}{\frac{15}{2}} \times \frac{4}{3} = \frac{\frac{68}{3}}{\frac{45}{2}} = \frac{68}{3} \times \frac{2}{45} = \frac{136}{135} = 1\,\frac{1}{135}.$$

$$\text{V.}\quad \frac{5\frac{1}{4}}{\frac{3}{16}} : \frac{\frac{7}{9}}{\frac{13}{7} - 1} = \frac{\frac{21}{4}}{\frac{3}{16}} : \frac{\frac{7}{9}}{\frac{6}{7}} = \frac{\frac{21}{4} + \frac{6}{7}}{\frac{3}{16} \times \frac{7}{9}} = \frac{21}{4} \times \frac{6}{7} \times \frac{16}{3} \times \frac{9}{7}$$

$$= \frac{21 \times 6 \times 16 \times 9}{4 \times 7 \times 3 \times 7} = \frac{3 \times 8 \times 9}{7} = \frac{216}{7} = 30\,\frac{6}{7}.$$

155. Nombres inverses. — *Deux nombres sont appelés inverses quand leur produit est égal à* 1. Soit le quotient $\frac{5,2}{7}$. Le quotient inverse sera $1 : \frac{5,2}{7} = \frac{7}{5,2}$. D'où il suit que le quotient inverse d'un autre peut être obtenu en renversant le premier. De même l'inverse de $\frac{1}{4}$ est 4, l'inverse de 4 est $\frac{1}{4}$.

REMARQUE. *Multiplier ou diviser par un nombre revient à diviser ou à multiplier par le nombre inverse.* Ex. : Multiplier par 3, par $\frac{1}{4}$, par $\frac{2}{5}$, revient à diviser respectivement par $\frac{1}{3}$, 4, $\frac{5}{2}$.

156. Usages de la division des fractions. — Ces usages, analogues à ceux de la division des nombres entiers ou décimaux, peuvent se résumer dans les questions suivantes :

I. Connaissant la valeur d'une fraction d'une quantité (prix, dimensions, volumes, poids de la quantité, salaire payé, bénéfice produit, temps employé), trouver la valeur de la quantité entière ou d'une nouvelle fraction de la même quantité.

II. Sachant de quelle fraction une quantité a été augmentée, ou réduite, et connaissant la valeur de cette quantité après l'augmentation ou la réduction, trouver celle qu'elle avait auparavant.

PROBLÈME I. *Les fondations d'une maison ont* 6^m, 25 *de profondeur et forment les* $\frac{25}{80}$ *de la hauteur totale (depuis le point le plus bas des fondations jusqu'au-dessus des combles)* ; *quelle est la hauteur de cette maison depuis le sol jusqu'au-dessus des combles ?*

Solution. 1° Les $\frac{25}{89}$ de la hauteur totale

ou la hauteur totale $\times \frac{25}{89} = \ldots\ldots\ldots\ldots$ mètres 6,25

donc la hauteur totale $= 6,25 : \frac{25}{89} =$ — $6,25 \times \frac{89}{25}$

$= 0,25 \times 89 = 22^m,25$.

2° La hauteur totale étant $22^m,25$, et celle des fondations $6^m,25$, la hauteur à partir du sol sera l'excès de $22^m,25$ sur $6^m,25$ ou $22^m,25 - 6^m,25 = 16$ mètres.

Réponse : 16 mètres.

PROBLÈME II. *Le diamètre de la terre entre les deux pôles est de* $12\,712\,160^m$; *l'aplatissement est des* $\frac{10\,659}{3\,188\,699}$ [1] *du diamètre de l'équateur ; quelle est la longueur de ce dernier ?*

Solution. L'aplatissement étant les $\frac{10\,659}{3\,188\,699}$, les $12\,712\,160^m$ qui restent représentent l'excès du diamètre de l'équateur ou de ses $\frac{3\,188\,699}{3\,188\,699}$ sur ses $\frac{10\,659}{3\,188\,699}$, ou $\frac{3\,188\,699 - 10\,659}{3\,188\,699} = \frac{3\,178\,040}{3\,188\,699}$ de ce diamètre.

Les $\frac{3\,178\,040}{3\,188\,699}$ du diamètre de l'équateur étant $12\,712\,160^m$, le diamètre de l'équateur sera : m. $12\,712\,160 : \frac{3\,178\,040}{3\,188\,699} = 12\,712\,160 \times \frac{3\,188\,699}{3\,178\,040} = 4 \times 3\,188\,699 = 12\,754\,796$.

Réponse : $12\,754\,796^m$.

157. Questions diverses. — Les fractions combinées avec les entiers conduisent à la solution de tous les problèmes d'arithmétique. Les principaux s'appliquent aux questions d'intérêts, d'escompte, de partages proportionnels, etc., qui sont traitées à part dans la dernière partie de ce cours ; d'autres ne rentrent pas dans les groupes que nous étudierons séparément ; en voici quelques exemples :

PROBLÈME I. *Deux trains partent en même temps des deux extrémités d'une ligne de chemin de fer ; l'un parcourant toute la distance qui les sépare en 12^h ; l'autre, en 18^h ; au bout de combien de temps se rencontreront-ils, et quelle fraction de la distance totale chacun d'eux aura-t-il parcourue ?*

Solution. Le premier parcourant en 12^h la distance totale, parcourt en 1^h, $\frac{1}{12}$ de cette distance ; le second parcourt de même,

____

1. Environ $\frac{1}{299}$.

en 1^h, $\frac{1}{18}$ de cette distance; donc tous deux avançant à la rencontre l'un de l'autre, se rapprochent, en 1^h, de $\frac{1}{12} + \frac{1}{18} = \frac{5}{36}$ de la distance totale. Ils se rapprochent de $\frac{1}{36}$ de la distance totale en 5 fois moins de temps ou $\frac{1}{5}$ d'heure, et de la distance entière en 36 fois plus de temps ou $\frac{36}{5}$ d'heure, ou $7^h \frac{1}{5} = 7^h 12^m$.

Le premier parcourant, en 1^h, $\frac{1}{12}$ de la distance totale, a parcouru en $\frac{36}{5}$ d'heure les $\frac{36}{5}$ de $\frac{1}{12}$ de la distance totale, ou les $\frac{3}{5}$ de cette distance. On trouve de même que le second en a parcouru les $\frac{2}{5}$.

Réponse : 1° En $7^h 12^m$; 2° les $\frac{3}{5}$ de la distance ; 3° les $\frac{2}{5}$ de la distance.

PROBLÈME II. *Un ouvrier fait en 8^h le $\frac{1}{3}$ d'un ouvrage; un autre fait en 10^h la $\frac{1}{2}$ du même ouvrage ; combien les deux ensemble emploieraient-ils de temps à faire l'ouvrage entier ?*

Solution. Le premier en 1^h fait $\frac{1}{3 \times 8} = \frac{1}{24}$ de l'ouvrage ; le second en 1^h en fait $\frac{1}{2 \times 10} = \frac{1}{20}$; les deux ensemble en font en 1h : $\frac{1}{24} + \frac{1}{20} = \frac{11}{120}$. Les $\frac{11}{120}$ étant faits en 1^h, l'ouvrage entier sera fait en $\frac{120}{11}$ d'heure ou $10^h \frac{10}{11}$ d'heure.

Réponse : $10^h \frac{10}{11}$.

PROBLÈME III. *Un commerçant nouvellement établi doit encore une partie de son fonds de commerce ; il calcule que s'il fait chaque année un bénéfice déterminé, il lui faudra 6 années pour s'acquitter ; que s'il fait chaque année un autre bénéfice plus considérable, il s'acquittera en 2 années. Mais il fait un bénéfice qui n'est ni le premier qu'il a supposé, ni le second, mais la demi-somme des deux ; en combien d'années pourra-t-il s'acquitter ?*

Solution. Avec le premier bénéfice il s'acquitterait en 6 années, et par conséquent en 1 année il acquitterait le $\frac{1}{6}$ de ce qu'il doit. De même avec le second bénéfice seul il acquittera en 1 année la $\frac{1}{2}$ de ce qu'il doit. Faisant un bénéfice égal à la somme des deux, il acquitterait $\frac{1}{6} + \frac{1}{2} = \frac{4}{6} = \frac{2}{3}$ de ce qu'il doit ; faisant un bénéfice égal à la demi-somme des deux, il acquittera 2 fois moins ou $\frac{1}{3}$ de ce qu'il doit. Acquittant chaque année $\frac{1}{3}$ de ce qu'il doit, il acquittera le tout en 3 ans.

Réponse : 3 ans.

PROBLÈME IV. *Une affaire commerciale rapporte la première année les $\frac{3}{11}$ du capital engagé; la seconde, elle rapporte les $\frac{4}{5}$ de ce qu'elle a rapporté la première année ; la troisième et la quatrième année, les $\frac{5}{7}$ de ce qu'elle a rapporté la seconde ; en tout 35 880 fr. pour ces deux dernières années. Quel était le capital engagé ?*

Solution. La troisième et la quatrième année ensemble l'affaire commerciale a rapporté 35 880 fr.; donc la troisième ou la quatrième année seule le bénéfice a été de $\frac{35\,880}{2}$ fr. Cette somme étant les $\frac{5}{7}$ du bénéfice de la seconde année, ce dernier est les $\frac{7}{5}$ de $\frac{35\,880}{2}$ fr. ou $\frac{35\,880\times7}{2\times5}$ fr. Mais cette somme est les $\frac{4}{5}$ du bénéfice de la première année ; celui-ci est donc les $\frac{5}{4}$ de $\frac{35\,880\times7}{2\times5}$ fr., ou $\frac{35\,880\times7\times5}{2\times5\times4}$ fr. Enfin ce bénéfice de la première année étant les $\frac{3}{11}$ du capital engagé, ce dernier est les $\frac{11}{3}$ de $\frac{35\,880\times7\times5}{2\times5\times4}$ fr., ou $\frac{35\,880\times7\times5\times11}{2\times5\times4\times3} = 1495 \times 7 \times 11 = 115\,115$ fr.

Réponse : 115 115 fr.

PROBLÈME V. *Une bille qu'on a laissé tomber d'une hauteur de* 35cm *sur le marbre d'une cheminée, y rebondit aux* $\frac{4}{5}$ *de sa hauteur ; de là elle retombe sur le carreau au pied de la cheminée et y rebondit deux fois de suite, chaque fois à la moitié de la hauteur d'où elle tombe ; la seconde fois elle rebondit à* 35cm. *Quelle est la hauteur de la cheminée ?*

Solution. La dernière fois, elle rebondit à 35cm, moitié de la hauteur d'où elle tombe ; celle-ci est donc $35 \times 2 = 70$cm ; ces 70cm sont encore la moitié de la hauteur d'où elle est tombée (de la cheminée sur le sol) ; cette dernière est donc de $70 \times 2 = 140$cm. Ce nombre se compose de la hauteur de la cheminée et des $\frac{4}{5}$ de 35cm, soit $\frac{35\times4}{5} = 28$cm ; donc 140cm = la hauteur de la cheminée + 28cm. La hauteur est donc $140 - 28 = 112$cm = 1m,12

PROBLÈME VI. *On a engagé dans une entreprise* 360 000 fr. *La première année un incendie produit une perte qui réduit les bénéfices à* $\frac{1}{18}$ *du capital. La deuxième année, le bénéfice est de* $\frac{1}{3}$ *en plus de ce qu'il eût été la première, sans l'incendie. La troisième année le bénéfice est de* $\frac{1}{8}$ *en plus de ce qu'il a été la seconde et s'élève à* 90 000 fr. *Quelle est la perte occasionnée par l'incendie ?*

Solution analogue. Bénéfice 2e année $= \frac{8}{9}$ de 90,000f = 80 000f ; — bénéfice 1re année, s'il n'y avait pas eu d'incendie, $= \frac{3}{4}$ de 80 000f = 60 000f ; — 60 000f = $\frac{1}{18}$ de 360 000f + la perte occasionnée par l'incendie ; ou 60 000f = 20 000f + la perte ; donc cette perte est de 60 000f — 20 000f = 40 000 francs.

Réponse : 40 000 francs.

EXERCICES N° 17.

I. Effectuer les opérations suivantes : 1° $\frac{7}{8}$: 5 ; 2° $\frac{5}{27}$: 5 ; 3° $\frac{15}{11}$: 5 ;

$4^\circ\ \dfrac{7}{24} : 28$; $5^\circ\ \dfrac{11}{50} : 341$; $6^\circ\ \dfrac{21}{81} : 63$; $7^\circ\ \dfrac{63}{81} : 28$; $8^\circ\ \dfrac{7,7}{8} : 5,4$; $9^\circ\ \dfrac{11}{12,5} : 3,7$; $10^\circ\ \dfrac{0,05}{0,7} : 5,2$; $11^\circ\ \dfrac{7\frac{3}{4}}{9} : 8$.

II. Effectuer les opérations suivantes : $1^\circ\ 72 : \dfrac{5}{8}$; $2^\circ\ 50 : \dfrac{10}{7}$; $3^\circ\ 175 : \dfrac{10}{8}$; $4^\circ\ 7 : \dfrac{14}{5}$; $5^\circ\ 24 : \dfrac{30}{11}$; $6^\circ\ 2,7 : \dfrac{0,9}{2}$; $7^\circ\ 3,25 : \dfrac{0,51}{0,04}$; $8^\circ\ 0,052 : \dfrac{7,2}{26}$; $9^\circ\ 5 : \dfrac{4}{\frac{3}{7}\times 1}$.

III. Effectuer les opérations suivantes : $1^\circ\ \dfrac{52}{75} : \dfrac{71}{37}$; $2^\circ\ \dfrac{4}{27} : \dfrac{11}{3}$; $3^\circ\ \dfrac{36}{44} : \dfrac{4}{3}$; $4^\circ\ \dfrac{71}{26} : \dfrac{17}{30}$; $5^\circ\ \dfrac{3}{28} : \dfrac{49}{13}$; $6^\circ\ \dfrac{72}{55} : \dfrac{8}{11}$; $7^\circ\ \dfrac{95}{36} : \dfrac{125}{354}$; $8^\circ\ \dfrac{72}{37} : \dfrac{0,4}{5,1}$; $9^\circ\ \dfrac{12,342}{7,325} : \dfrac{9,63}{6,2}$; $10^\circ\ \dfrac{5\frac{3}{4}}{1-\frac{1}{9}} : \dfrac{7}{2\frac{3}{2}}$.

IV. $1^\circ\ 3\frac{4}{7} : 7$; $2^\circ\ 8\frac{3}{9} : 4$; $3^\circ\ 19 : 7\frac{3}{4}$; $4^\circ\ 11\frac{2}{9} : 1\frac{2}{3}$; $5^\circ\ \left(7,1 + \dfrac{2}{3,2}\right) : \dfrac{7}{2}$; $6^\circ\ 7\frac{2}{3} : \left(0,5 + \dfrac{0,7}{2}\right)$; $7^\circ\ \left(5 + \dfrac{\frac{5}{2}}{4\frac{1}{3}}\right) : \dfrac{3}{7}$; $8^\circ\ 9 : \left(3 + \dfrac{2\frac{5}{4}}{3\frac{1}{9}}\right)$.

V. Trouver 4 nombres sachant que les $\frac{24}{17}$ du premier sont 816 ; que les $\frac{2}{3}$ des $\frac{5}{7}$ du second sont $\frac{3}{4}$; que les $\frac{3}{7}$ de la moitié du troisième, augmentés des $\frac{5}{8}$ de ce même nombre, font 34 ; que les $\frac{3}{4}$ du quatrième, augmentés des $\frac{2}{3}$ de l'unité, font 65.

VI. Un chemin de fer mène de Paris à Corbeil, en passant par Villeneuve-Saint-Georges et Juvisy. La distance de Paris à Villeneuve-Saint-Georges est les $\frac{5}{14}$ de la distance totale ; la distance de Villeneuve-Saint-Georges à Juvisy est 8^{km} ; la distance de Juvisy à Corbeil est les $\frac{13}{33}$ de la distance totale. Quelle est la distance : 1° de Paris à Corbeil ; 2° de Paris à Villeneuve-Saint-Georges ; 3° de Juvisy à Corbeil ?

VII. Quand le bois est brûlé dans une cheminée, la chaleur produite se subdivise en deux parts, l'une rayonne dans l'appartement, l'autre est entraînée à travers la cheminée par le courant d'air ; la première est les $\frac{4}{5}$ de la seconde ; on l'estime, pour 1^k de bois, à environ 830 unités de chaleur ; quelle est en unités de chaleur la quantité de chaleur perdue ; quelle est la quantité totale de chaleur produite par 1^k de bois ?

VIII. Un commerçant estime que son loyer absorbe les $\frac{57}{500}$ du bénéfice brut de ses ventes, et que le traitement alloué à ses employés en absorbe les $\frac{389}{1250}$; la différence entre le traitement de ses employés et le prix de son loyer est de 5016 francs ; on demande : 1° quel est son bénéfice brut ; 2° quel est le prix de son loyer ; 3° quel est le traitement de ses employés.

IX. Sous le même volume l'air pèse, suivant les mesures les plus exactes, les $\frac{25}{19\,332}$ de ce que pèse l'eau, et les $\frac{625}{691}$ de ce que pèse l'oxygène ; celui-ci pèse les $\frac{2764}{173}$ de ce que pèse l'hydrogène ; sachant qu'un litre d'eau pèse 1^k, quel est le poids d'un litre d'hydrogène ?

X. Pour la culture d'un hectare de garance, on a dépensé 60 fr. de fumier, qui représentent les $\frac{8}{77}$ de la dépense totale, laquelle représente elle-même les $\frac{51}{91}$ de la valeur du produit; quels sont la dépense totale et le produit total?

XI. Deux voyageurs sont partis à la même heure, 7 heures du matin, l'un de Paris, l'autre de Versailles, à la rencontre l'un de l'autre. Le premier parcourrait la distance totale en 5 heures; le second en 4ʰ $\frac{1}{2}$; à quelle heure se rencontreront-ils? Quelle fraction de la distance totale chacun d'eux aura-t-il parcourue?

XII. Un robinet remplirait en 1 heure les $\frac{2}{5}$ d'un bassin; un autre robinet en viderait en 3 heures les $\frac{8}{9}$. Le bassin étant vide, on les ouvre tous deux en même temps. Dans combien de temps le bassin sera-t-il rempli?

XIII. En cinq années un commerçant a pu mettre de côté 54 000 fr. Sachant que la deuxième année il a mis de côté $\frac{2}{9}$ en plus de ce qu'il avait mis de côté la première; la troisième année 12 885 fr.; la quatrième année $\frac{4}{11}$ en moins de ce qu'il avait mis de côté la seconde; et enfin la cinquième autant que la seconde plus 115 fr.; combien a-t-il mis de côté chaque année?

XIV. On a engagé dans une entreprise 120 000 fr. La première année on gagne de quoi acheter une petite maison de campagne et encore une fois autant; la deuxième année 800 fr. de moins que la première; la troisième année les $\frac{125}{124}$ de ce qu'on a gagné la seconde; la quatrième, $\frac{3}{25}$ en plus de de ce qu'on a gagné la troisième; le bénéfice de ces quatre années ensemble étant les $\frac{517}{600}$ du capital engagé au commencement de l'entreprise, quel est le prix de la maison de campagne et quel est le bénéfice de chaque année?

CHAPITRE II.

CONVERSION DES FRACTIONS ORDINAIRES EN FRACTIONS DÉCIMALES, ET RÉCIPROQUEMENT

Conversion des fractions ordinaires en fractions décimales; règle. — Quotient limité. — Quotient illimité. — Quotient périodique. — Fraction génératrice. — Retour à la fraction génératrice. — Conséquences. — Applications. — Exercices.

158. Conversion des fractions ordinaires en fractions décimales. — Nous avons vu (118) qu'une fraction ordinaire représente le quotient de son numérateur par son dénominateur. De là résulte la règle suivante :

RÈGLE. *Pour convertir une fraction ordinaire en fraction décimale, on divise son numérateur par son dénominateur et on complète le quotient par des chiffres décimaux.*

EXEMPLES : $\frac{3}{4} = 0,75$; $\frac{12}{7} = 1,714\ldots$; $\frac{5}{13} = 0,384\ldots$

$$
\begin{array}{ll|l}
30 & & 4 \\
20 & & \overline{0,75}
\end{array}
\qquad
\begin{array}{ll|l}
12 & & 7 \\
50 & & \overline{1,714\ldots} \\
10 & & \\
30 & & \\
2 & &
\end{array}
\qquad
\begin{array}{ll|l}
50 & & 13 \\
110 & & \overline{0,384\ldots} \\
60 & & \\
8 & &
\end{array}
$$

REMARQUES. I. Quand on s'arrête dans la division après avoir obtenu le chiffre des dixièmes, des centièmes, des millièmes... sans que la division soit terminée, la valeur de la fraction donnée est obtenue à 0,1, à 0,01, à 0, 001 près.

II. Le nombre des dixièmes, des centièmes, des millièmes... est le quotient entier obtenu en divisant par le dénominateur le produit du numérateur par 10, 100, 1000... Ainsi, dans la réduction en décimales de la fraction $\frac{5}{13}$, le nombre 3 des dixièmes est le quotient entier de 50 par 13 ; le nombre 38 des centièmes est le quotient entier de 500 par 13 ; le nombre 384 des millièmes est celui de 5000 par 13, et ainsi de suite.

159. Quotient limité. — *Une fraction ordinaire irréductible, dont le dénominateur ne renferme que les facteurs 2 et 5, peut être exactement convertie en fraction décimale. Soit la fraction $\frac{37}{250}$ dont* le dénominateur 250, ou 2×5^3, n'est composé que de facteurs 2 et 5 : multiplions le numérateur par 1000 ou $2^3 \times 5^3$; le quotient

$$\frac{37000}{250}$$

donnera le nombre des millièmes (158, Rem. II). Or 37 000 ou $37 \times 2^3 \times 5^3$ est nécessairement divisible par 2×5^3 ; la fraction est donc égale à un nombre entier de millièmes.

Effectivement on a :

$$\frac{37000}{250} = \frac{37 \times 2^3 \times 5^3}{2 \times 5^3} = 37 \times 2^2 = 148$$

donc
$$\frac{37}{250} = 0,148.$$

Remarque. Le nombre des dixièmes $\frac{370}{250} = \frac{37 \times 2 \times 5}{2 \times 5^3}$ et celui des centièmes $\frac{3700}{250} = \frac{37 \times 2^2 \times 5^2}{2 \times 5^3}$ ne seraient pas des nombres entiers, les dividendes ne contenant pas le facteur 5^3 ; on ne pouvait donc obtenir le quotient exactement en prenant moins de 3 chiffres décimaux ; donc

Le nombre des chiffres décimaux dont se compose le quotient limité obtenu, est égal au plus fort exposant des facteurs 2 ou 5 du dénominateur de la fraction donnée.

Exemples :
$$\frac{7}{20} = \frac{7}{2^2 \times 5} = \frac{7 \times 5}{2^2 \times 5^2} = \frac{35}{100} = 0,35$$

$$\frac{9}{5} = \frac{9 \times 2}{5 \times 2} = \frac{18}{10} = 1,8$$

$$\frac{3}{32} = \frac{3}{2^5} = \frac{3 \times 5^5}{2^5 \times 5^5} = \frac{9375}{100000} = 0,09375.$$

160. Quotient illimité. — *Une fraction ordinaire irréductible dont le dénominateur renferme d'autres facteurs que 2 ou 5, ne peut être exactement convertie en fraction décimale et donne lieu à un quotient formé d'un nombre illimité de chiffres.*

Soit la fraction irréductible $\frac{23}{14}$, dont le dénominateur, $14 = 2 \times 7$ renferme un facteur différent de 2 ou 5, le facteur 7. Faisons la division :

$$
\begin{array}{r|l}
23 & 14 \\
90 & \overline{1,642\ldots} \\
60 & \\
40 & \\
12 &
\end{array}
$$

23 divisé par 14 fournit les entiers ; cette division donne un reste, puisque 23 ne renferme pas le facteur 7.

230 divisé par 14 fournit les dixièmes ; cette division donne un reste, puisque 230 ou $23 \times 2 \times 5$ ne renferme pas le facteur 7.

2300 divisé par 14 fournit les centièmes ; cette division donne un reste, puisque 2300 ou $23 \times 2^2 \times 5^2$ ne renferme pas le facteur 7.

Et ainsi de suite. Après chaque division partielle il y aura toujours un reste. En effet, en poursuivant la division, je convertis chaque reste en unités de l'ordre immédiatement inférieur, ce qui revient (158, Rem. II) à écrire des zéros sur la droite du numérateur. Par cette addition de zéros, on multiplie le numérateur par 10 ou une puissance de 10 ; on n'introduit donc au numérateur que les facteurs 2 et 5, et jamais 7 ; donc la division ne se terminera pas : le quotient est illimité.

161. Quotient périodique. — *Dans tout quotient illimité, à partir d'un certain rang, les mêmes chiffres se reproduisent successivement dans le même ordre.* Prenons pour exemple $\frac{22}{7}$. La conversion de $\frac{22}{7}$ en un nombre décimal donnera lieu à un quotient illimité. Faisons la division

$$
\begin{array}{r|l}
22 & 7 \\
10 & \overline{3{,}14285714} \\
30 & \\
20 & \\
60 & \\
40 & \\
50 & \\
10 & \\
30 & \\
2 & \\
\end{array}
$$

Chaque division partielle donne un reste inférieur au diviseur 7. Les seuls restes que l'on puisse obtenir sont donc 1, 2, 3, 4, 5, ou 6. D'où il suit que quand nous aurons obtenu ces six restes (sinon auparavant), nous obtiendrons de nouveau l'un des restes précédents. Effectivement, après avoir obtenu les 6 restes différents : 1, 3, 2, 6, 4, 5, qui, suivis chacun d'un zéro, ont donné au quotient les chiffres 1, 4, 2, 8, 5, 7, on obtient de nouveau le reste 1, qui, suivi d'un zéro et divisé par le diviseur, donnera lieu, comme le précédent reste 1, aux mêmes chiffres du quotient 1, 4, 2, 8, 5, 7, et aux mêmes restes 3, 2, 6, 4, 5, 1 ; et ainsi de suite. On obtiendra donc indéfiniment ces mêmes restes et ces même chiffres du quotient dans le même ordre : ce quotient sera

$$3,142857\ 142857\ 142857\ldots$$

où le groupe des six chiffres 142857 se reproduira indéfiniment.

Définitions. On appelle *quotient périodique* un quotient dans lequel, à partir d'un certain rang, les mêmes chiffres se reproduisent indéfiniment dans le même ordre. — On nomme *période* l'ensemble des chiffres qui se reproduisent ainsi, et *partie irrégulière* ou *non périodique*, l'ensemble des chiffres qui ne se reproduisent pas. Ex. : $\frac{2}{11} = 0,18\ 18\ 18\ldots$; $\frac{3}{22} = 0,136\ 36\ 36\ldots$

Quand la première période commence immédiatement après la virgule, la fraction est dite périodique *simple* ou *pure*; tel est le premier exemple, où la première période 18 commence aussitôt après la virgule. Quand la première période ne commence pas immédiatement après la virgule, la fraction est dite périodique *mixte*; tel est le second exemple, où la première période 36 est séparée de la virgule par le chiffre 1.

162. Fraction génératrice. — Etant donnée une fraction décimale périodique, on appelle *fraction génératrice* la fraction ordinaire qui, convertie en fraction décimale, fournit pour quotient la fraction périodique donnée. Ainsi $\frac{2}{11}$ est la fraction génératrice de la fraction décimale périodique $0,18\ 18\ 18\ldots$ Les fractions décimales $0,18$, — $0,18\ 18$, — $0,18\ 18\ 18$, formées d'une, deux, trois périodes de la précédente, sont égales à la fraction génératrice $\frac{2}{11}$, à 1 centième, à 1 dix-millième, à un millionième près. En considérant dans une fraction décimale périodique, produite par une fraction génératrice connue, un nombre de périodes de plus en plus grand, on obtient des valeurs de plus en plus grandes et de plus en plus approchées de la fraction génératrice ; en prenant un nombre de périodes aussi grand qu'on voudra, on aura une valeur aussi approchée qu'on voudra de la fraction génératrice ; or, en mathématiques, on appelle *limite* d'une grandeur *variable*, qui *croît* ou *décroît constamment*, la quantité *fixe* dont s'approche de plus en plus la grandeur *variable*, sans que celle-ci puisse jamais l'atteindre. On peut donc dire que la fraction périodique a pour limite sa fraction génératrice.

Un quotient périodique donné peut-il toujours être regardé comme ayant pour limite une fraction ordinaire génératrice, et être remplacé par cette fraction ? c'est la question que nous allons résoudre.

163. Retour à la fraction génératrice. — I. *Trouver une fraction ordinaire équivalente à une fraction décimale périodique simple.* Trouver une fraction ordinaire équivalente à la fraction décimale 0, 234 234..... Désignons par f_4 cette fraction décimale limitée aux quatre premières périodes; on a :

$$f_4 = 0{,}234\ 234\ 234\ 234$$

En prenant 1000 fois cette fraction, ce qui reportera la virgule dans le nombre décimal au delà de la première période, on trouve :

$$1000\ f_4 = 234{,}\ 234\ 234\ 234$$

Si de mille fois f_4 nous retranchons une fois f_4, nous aurons 999 fois f_4 :

$$
\begin{aligned}
1000\ f_4 &= 234{,}\ 234\ 234\ 234 \\
f_4 &= \phantom{234{,}}0{,}\ 234\ 234\ 234\ 234 \\
\hline
999\ f_4 &= 234 - 0{,}000\ 000\ 000\ 234 \\
&= 234 - 234 \text{ fois } 0{,}\ 000\ 000\ 000\ 001
\end{aligned}
$$

par suite f_4 vaudra 999 fois moins, ou

$$f_4 = \tfrac{234}{999} - \text{les } \tfrac{234}{999} \text{ de } 0{,}\ 000\ 000\ 000\ 001$$

On obtiendrait de même, en prenant 5, 6 périodes au lieu de 4 :

$$f_5 = \tfrac{234}{999} - \text{les } \tfrac{234}{999} \text{ de } 0{,}\ 000\ 000\ 000\ 000\ 001$$
$$f_6 = \tfrac{234}{999} - \text{les } \tfrac{234}{999} \text{ de } 0{,}\ 000\ 000\ 000\ 000\ 000\ 001$$

On peut donc regarder la fraction décimale limitée à un certain nombre de périodes comme égale à $\tfrac{234}{999}$, avec une erreur des $\tfrac{234}{999}$ d'une unité décimale de plus en plus petite; si l'on considère le nombre des périodes croissant indéfiniment, l'erreur commise deviendra aussi petite qu'on voudra; si enfin l'on considère la suite illimitée de toutes les périodes, l'erreur deviendra nulle; donc la fraction périodique donnée est rigoureusement égale à $\tfrac{234}{999}$; c'est ce qu'on exprime en écrivant :

$$\text{limite } 0{,}\ 234\ 234\ 234..... = \tfrac{234}{999}$$

En divisant 234 par 999 on retrouverait le quotient périodique 0, 234 234 234....

RÈGLE. *La fraction génératrice d'une fraction décimale périodique simple a pour numérateur la période et pour dénominateur un nombre formé d'autant de chiffres 9 qu'il y a de chiffres à la période.* La fraction obtenue peut souvent être simplifiée.

Exemples :

$$0,\ 32\ 32\ 32\ldots = \frac{32}{99}\,;\quad 0,523\ 523\ 523\ldots = \frac{523}{999}\,;$$

$$0,234\ 234\ldots = \frac{234}{999} = \frac{26}{111}\,:\ 0,\ 36\ 36\ldots = \frac{36}{99} = \frac{4}{11}$$

$$0,\ 285714\ 285714\ 285714\ldots = \frac{285714}{999999} = \frac{2}{7}$$

II. *Trouver une fraction ordinaire équivalente à une fraction décimale périodique mixte.* Soit la fraction 0, 15 234 234 234 234…. ; posons :

$$f_4 = 0,\ 15\ 234\ 234\ 234\ 234.$$

Multipliant f_4 par 100 000 d'une part, d'autre part par 100, de façon à reporter la virgule successivement à droite et à gauche de la première période, puis retranchant le second résultat du premier, on a :

$$100\ 000\ f_4 = 15234,\ 234\ 234\ 234$$
$$100\ f_4 = \qquad 15,\ 234\ 234\ 234\ 234$$

$$\overline{99900\ f_4 = 15234 - 15 - 0,\ 000\ 000\ 000\ 234}$$
$$= 15234 - 15 - 234\ \text{fois}\ 0,\ 000\ 000\ 000\ 001$$

par suite :

$$f_4 = \frac{15234 - 15}{99900} - \text{les}\ \frac{234}{99900}\ \text{de}\ 0,\ 000\ 000\ 000\ 001$$

de même, en prenant 5, 6 périodes, on aurait :

$$f_5 = \frac{15234 - 15}{99900} - \text{les}\ \frac{234}{99900}\ \text{de}\ 0,\ 000\ 000\ 000\ 000\ 001$$
$$f_6 = \frac{15234 - 15}{99900} - \text{les}\ \frac{234}{99900}\ \text{de}\ 0,\ 000\ 000\ 000\ 000\ 000\ 001$$

on peut donc regarder la fraction décimale limitée à un certain nombre de périodes comme égale à $\frac{15234 - 15}{99000}$, avec une erreur des $\frac{234}{99000}$ d'une unité décimale de plus en plus petite ; si l'on considère le nombre des périodes croissant indéfiniment, l'erreur commise deviendra aussi petite qu'on voudra ; si enfin l'on considère la suite illimitée de toutes les périodes, l'erreur deviendra nulle ; donc la fraction périodique donnée est rigoureusement égale à $\frac{15234 - 15}{99900} = \frac{15219}{99900}$.

En divisant 15219 par 99900, on retrouverait le quotient périodique : 0,15234 234….

Règle. *La fraction génératrice d'une fraction décimale périodique mixte a pour numérateur l'excès du nombre entier formé de la partie non périodique suivie de la période sur la partie non périodique, et pour dénominateur un nombre formé d'autant de chiffres 9 qu'il y a de chiffres dans la période, suivis d'autant de zéros qu'il y a de chiffres dans la partie non périodique.* Souvent la fraction obtenue peut être simplifiée.

EXEMPLES :

$$0,14444\ldots = \frac{14-1}{90} = \frac{13}{90}\,; \quad 0,2535353\ldots = \frac{253-2}{990} = \frac{251}{990}\,;$$

$$0,5123131\ldots = \frac{51231-512}{99000} = \frac{50719}{99000}\,; \quad 0,76666\ldots = \frac{76-7}{90} = \frac{69}{90}\,;$$

$$0,2142857142857142857\ldots = \frac{2142857-2}{9999990} = \frac{2142855}{9999990}\,;$$

$$0,15\,234\,234\,234\ldots = \frac{15219}{99900} = \frac{1691}{11100}\,;$$

$$0,76666\ldots = \frac{69}{90} = \frac{23}{30}\,;$$

$$0,2\,142857\,142857\ldots = \frac{2142855}{9999990} = \frac{3}{14}.$$

II. La partie non périodique et la période ne peuvent être terminées par le même chiffre, sans quoi le dernier chiffre de la partie non périodique appartiendrait à la période.

164. Conséquences. — I. Une fraction décimale étant périodique mixte, si l'on revient à la fraction génératrice, le dénominateur avant la réduction à la plus simple expression est terminé par des zéros dont le nombre est égal à celui des chiffres non périodiques. Le numérateur au contraire ne peut être terminé par un zéro ; il ne contient donc pas à la fois des facteurs 2 et des facteurs 5. Par suite, en faisant la réduction de la fraction, ou bien on supprimera seulement des facteurs 5 et il restera au dénominateur autant de facteurs 2 qu'il y avait de zéros, ou bien on supprimera seulement des facteurs 2 et il restera au dénominateur autant de facteurs 5 qu'il y avait de zéros, ou bien on ne supprimera ni facteurs 2 ni facteurs 5. Dans tous les cas, il reste au dénominateur autant de facteurs 2 ou autant de facteurs 5 qu'il y avait de zéros à sa droite, ou autant qu'il y avait de chiffres non périodiques. On en conclut que *la fraction ordinaire irréductible génératrice d'une fraction périodique mixte renferme à son dénominateur, outre des facteurs différents de 2 ou 5, autant de facteurs 2 ou autant de facteurs 5 qu'il y a de chiffres non périodiques.*

II. En second lieu, une fraction décimale étant périodique simple, si l'on revient à la fraction génératrice, le dénominateur, tout composé de chiffres 9, ne contient avant la réduction ni facteur 2 ni facteur 5 ; il en est évidemment de même après la réduction.

Donc : *La fraction ordinaire irréductible génératrice d'une fraction périodique simple ne renferme à son dénominateur ni facteur 2 ni facteur 5.*

Par suite : 1° *Toute fraction ordinaire irréductible qui ne renferme à son dénominateur que des facteurs autres que 2 et 5, donne lieu à une fraction périodique simple.*

En effet, dans ce 1er cas, si le quotient était périodique mixte, en remontant à la fraction génératrice, le dénominateur contiendrait, après toutes simplifications, des facteurs 2 et 5, ce qui est contraire à l'hypothèse.

2° *Toute fraction ordinaire irréductible qui, à son dénominateur, renferme des facteurs 2 ou 5, et d'autres facteurs, donne lieu à un quotient périodique mixte.*

En effet, si le quotient était périodique simple, en remontant à la fraction génératrice, celle-ci ne contiendrait à son dénominateur ni facteur 2 ni facteur 5, ce qui est contraire à l'hypothèse.

165. Applications. — I. Exprimer par un nombre fractionnaire le nombre décimal 3,414141....

$$3{,}414141.... = 3 + 0{,}414141....$$
$$= 3 + \tfrac{41}{99} \quad \text{ou} \quad \tfrac{338}{99}.$$

II. Exprimer par un nombre fractionnaire le nombre décimal 3,2414141....

$$3{,}2414141... = 3 + 0{,}2414141.$$
$$= 3 + \tfrac{241-2}{990} = 3 + \tfrac{239}{990} \quad \text{ou} \quad \tfrac{3200}{990}.$$

EXERCICES N° 18.

I. Les fractions suivantes, converties en fractions décimales, donneront-elles lieu à des fractions décimales limitées ou périodiques ?

1° $\frac{8}{25}$; $\frac{9}{8}$; $\frac{3}{250}$; $\frac{3}{75}$; 2° $\frac{7}{11}$; $\frac{8}{9}$; $\frac{1}{3}$; $\frac{12}{14}$; $\frac{6}{21}$.

Les convertir en fractions décimales.

II. Convertir en décimales $\frac{3}{20}$; $\frac{7}{4}$; $\frac{9}{64}$; $\frac{3}{125}$; $\frac{43}{150}$.

Dire d'avance combien il y aura de chiffres décimaux.

III. Les fractions suivantes donneront-elles lieu à des fractions décimales périodiques simples ou périodiques mixtes ; dans le dernier cas combien y aura-t-il de chiffres non périodiques; enfin effectuer la conversion en fractions décimales :

$$\frac{3}{7} ; \frac{8}{14} ; \frac{5}{14} ; \frac{2}{17} ; \frac{4}{26} ; \frac{7}{12} ; \frac{4}{34}.$$

IV. Etant données les fractions décimales suivantes, les convertir en fractions ordinaires :

1° 0,2 ; 0,5 ; 0,25 ; 0,8 ; 0,125 ; 0,75 ;

2° 0,125 125 125.... ; 0, 63 63 63.... ; 0,857 142857 142857 142....

3° 0,3444.... ; 0,4333.... ; 0,32777.... ; 0,7323232.....;0,891571428571428..

V. Convertir en nombres fractionnaires les nombres décimaux suivants : 3,4444.... ; 4,3333.... ; 35,424242.... ; 1,455455455.... ; 2899,99 99....; 3471,717171.... ; 13423,42342342.... ; 38285,714 285 714 285 714....

VI. Transformer en fractions décimales $\frac{1}{11}, \frac{2}{11}, \frac{3}{11}, \frac{4}{11}, \frac{5}{11}, \frac{6}{11}, \frac{7}{11}, \frac{8}{11}, \frac{9}{11}, \frac{10}{11}, \frac{11}{11}, \frac{12}{11}, \frac{13}{11}, \frac{25}{11}, \frac{1325}{11}$; les périodes sont toujours de 2 chiffres, dont la somme absolue est égale à 9 ; pourquoi en est-il ainsi ?

VII. Convertir en fractions décimales $\frac{1}{7}, \frac{4}{7}, \frac{20}{7}, \frac{3}{14}, \frac{5}{28}$; pourquoi toutes ces fractions ont-elles autant de chiffres à la période que la première $\frac{1}{7}$; pourquoi ces périodes sont-elles composées des mêmes chiffres dans le même ordre ?

Expliquer pourquoi il en sera toujours ainsi quand le nombre des chiffres de la période sera égal au dénominateur diminué de 1.

VIII. 1° Addit. 0,363636.... avec 0,22 22 22 ; 0,871 871 871.... avec 95, 3894 894 894 ..; 2° multiplier les 4 nombres précédents par 2, par 3, par 20 ; 3° les diviser par 3, par 11, par 435.

IX. Multiplier 1,27 27 27... par 0,142857 142857,...; multiplier leurs fractions génératrices, et comparer les produits obtenus.

CHAPITRE IV.

APPROXIMATIONS.

I. OPÉRATIONS ABRÉGÉES.

Approximations. — **Valeur** approchée d'un nombre. — Addition abrégée.
— Soustraction abrégée. — Multiplication abrégée. — Division abrégée.
— Exercices.

166. Approximations. — Dans la pratique, une grandeur n'est jamais mesurée avec une exactitude absolue. Supposons qu'on mesure la longueur d'un champ et qu'elle contienne 123 mètres, 7 décimètres, et un reste plus petit que le décimètre : $123^m,7$ serait la longueur approchée du champ à 1^{dm} *près* ou *à moins de* 1^{dm}. En remplaçant par ce nombre celui qui exprimerait la vraie longueur, l'erreur commise ne serait pas de 1^{dm}. De même, quand un nombre est connu ou peut être calculé avec un grand nombre de chiffres, il arrive souvent qu'on ne les emploie pas tous.

Quels chiffres doit-on conserver ou négliger pour obtenir le degré de précision exigible dans la question que l'on traite, ou inversement quel degré de précision obtiendra-t-on si l'on conserve un nombre de chiffres déterminé d'avance ? telles sont les deux questions qu'on se propose de résoudre par la théorie des approximations.

167. Valeur approchée d'un nombre à une unité ou une demi-unité d'un certain ordre. — 1° Soit le nombre 1,73205....; il est compris entre 1,73 et 1,74, nombres qui diffèrent entre eux d'un centième. Par suite 1,73 sera la valeur du nombre donné à moins de 1 centième *par défaut*, et 1,74 sera la valeur du même nombre à moins de 1 centième *par excès*. — Quand on augmente d'une unité le dernier chiffre conservé, on dit que l'on *force* ce chiffre.

RÈGLE. *On obtient la valeur d'un nombre à moins d'une unité d'un certain ordre, en supprimant à la droite de ce nombre tous les chiffres qui suivent celui de l'ordre désigné : elle est par excès ou par défaut suivant que l'on force ou non le dernier chiffre conservé.*

2° Le nombre 1,735 est supérieur à 1,73, et inférieur à 1,74 de 5 millièmes ou de un demi-centième.

En sorte que 1,73205.... compris entre 1,73 et 1,735, ne diffère pas du premier de ces deux nombres de un demi-centième : 1,73 est donc, à un demi-centième près par défaut, la valeur de 1,73205....

De même 1,73694.... compris entre 1,735 et 1,74 ne diffère pas de ce dernier nombre de un demi-centième : 1,74 est donc, à un demi-centième près par excès, la valeur de 1,73694....

RÈGLE. — *On obtient à une demi-unité près d'un certain ordre la valeur d'un nombre en supprimant à sa droite les chiffres qui suivent celui de l'ordre désigné, sans forcer ce dernier chiffre, si le suivant est plus petit que 5, et en le forçant dans le cas contraire.*

168. Addition abrégée. — RÈGLE. *Pour obtenir à moins d'une unité d'un certain ordre la somme de plusieurs nombres, on les prend avec un chiffre décimal de plus qu'on n'en veut dans le résultat ; on fait la somme, on y supprime le dernier chiffre en forçant le précédent, et on a la somme demandée par défaut ou par excès.*

EXEMPLE. *Trouver à 0,01 près la somme des nombres* : 1, 43526 ; 2,71828 ; 1,41421 ; 21,707070 ; 3,14159 ; 1,25990. D'après la règle, on fait l'addition suivante :

$$
\begin{array}{r}
1,435 \\
2,718 \\
1,414 \\
21,707 \\
3,141 \\
1,259 \\
\hline
31,674
\end{array}
$$

SOMME : 31,68 à 0,01 près.

Sur chaque nombre l'erreur, en moins, n'est pas de 0,001 ; ces erreurs s'ajoutent évidemment, et l'erreur sur la somme n'est pas de 10 millièmes ou 0,01, en moins, tant qu'il n'y a pas plus de 10 nombres additionnés, comme dans cet exemple.

Aussi la vraie somme est comprise entre 31,674 et 31,684, nombres qui diffèrent de 0,01. Donc 31,68, compris entre ces deux mêmes nombres, ne différera pas du nombre exact de 0,01, en plus ou en moins.

REMARQUES. I. Si l'on avait de 10 à 100 nombres à additionner, il faudrait y conserver 2 chiffres décimaux de plus qu'on n'en veut au résultat.

II. En prenant les nombres à additionner à moins d'une demi-unité, au lieu d'une unité, de l'ordre qui suit celui qu'on veut conserver, la limite de l'erreur serait deux fois moindre.

169. Soustraction abrégée. — RÈGLE. *Pour obtenir à moins d'une unité d'un certain ordre la différence de deux nombres, on les prend avec autant de chiffres décimaux qu'on en veut dans le résultat, on fait la différence, et on a le résultat demandé, par défaut ou par excès.*

EXEMPLE. *Trouver à moins de 0,001 la différence des nombres* 5,37281....et 0,43429.

D'après la règle, on fait la soustraction suivante :

$$5,372$$
$$0,434$$

DIFFÉRENCE : $\qquad$ 4,938 à 0,001 près.

Sur chaque nombre l'erreur en moins n'est pas de 0,001 ; or la première tend à diminuer le résultat ; la seconde tend à l'augmenter ; elles se détruisent donc en partie et l'erreur sur ce résultat est moindre que celle de chaque nombre ou inférieure à 0,001, soit en plus, soit en moins ; si les deux erreurs étaient de sens contraire, l'erreur du résultat serait égale à leur somme ; ainsi, prenons le plus grand nombre à moins de 0,001 par défaut, et le plus petit à moins de 0,001 par excès ; la différence d'une part est diminuée de moins de 0,001, de l'autre de moins de 0,001, en tout, de moins de 0,002.

170. Multiplication abrégée. — RÈGLE. *Pour obtenir le produit de deux nombres à moins d'une unité d'un certain ordre, on écrit sous le multiplicande le multiplicateur renversé, de telle sorte que le chiffre de ces unités simples soit sous le chiffre du multiplicande qui suit de deux rangs à droite celui qui exprime des unités de même ordre que celles que l'on veut avoir au produit. On multiplie comme à l'ordinaire le multiplicande par chaque chiffre du multiplicateur, en commençant cette multiplication au chiffre du multiplicande placé au-dessus du chiffre multiplicateur; on écrit tous les produits partiels ainsi obtenus de manière que leurs premiers chiffres à droite soient dans une même colonne; on en fait la somme. On supprime les deux derniers chiffres à droite de cette somme en forçant le précédent, on fait exprimer au nombre restant des unités de l'ordre demandé, et on a le produit cherché, par défaut ou par excès.*

EXEMPLE. Trouver à 0,001 près le produit des deux nombres

7,683598275..., et 32,0753429....

1° *Opération.* D'après la règle on dispose l'opération comme ci-dessous :

```
          7, 6 8 3 5 9 8 2 7 5.....
     .....9 2 4 3 5 7 0. 2 3
     ─────────────────────────────
          2 3 0 5 0 7 9 4
            1 5 3 6 7 1 8
                5 3 7 8 1
                  3 8 4 0
                    2 2 8
                      2 8
     ─────────────────────────────
          2 4 6, 4 5 3 8 9
PRODUIT :  2 4 6, 4 5 4      à 0,001 près.
```

Le chiffre 2 des unités du multiplicateur est placé sous le chiffre 9 qui suit de deux rangs à droite le chiffre des millièmes du multiplicande. Les produits partiels ont leurs premiers chiffres à droite les uns sous les autres. La somme des produits partiels est 24645389 ; en y supprimant les deux derniers chiffres, 8 et 9, forçant le dernier chiffre conservé, 3, et séparant ensuite trois chiffres décimaux, on a le produit demandé : 246,454.

2° *Ordre des unités de chaque produit partiel.* Tous les produits partiels expriment des cent millièmes. Car, en premier lieu, le produit de 768359 cent millièmes par 2 unités représente bien des cent millièmes ; et ensuite lorsqu'on passe d'un produit au suivant, l'un des facteurs représentant des unités dix fois plus faibles, l'autre des unités dix fois plus fortes, leur produit représente des unités de même ordre que le précédent. Tous les produits partiels exprimant des cent millièmes, le dernier chiffre conservé exprime donc des millièmes.

3° *Limite de l'erreur du produit total.* L'erreur du produit total provient évidemment : 1° de l'erreur dont chaque produit partiel est affecté ; 2° de l'altération que subit le multiplicateur en négligeant complétement les chiffres 2 et 9. Cherchons successivement la *limite* de ces deux sortes d'erreurs dans ce cas particulier et dans le cas le plus défavorable.

Limite de la première erreur. Et d'abord, déterminons la *limite* de l'erreur dont, dans ce cas, est affecté un produit partiel quelconque, le 3° par exemple. — Pour obtenir 53781 cent millièmes, j'emploie un multiplicateur exact 7; là, pas de cause d'erreur; mais, au multiplicande, je néglige 0,000598275; cette fraction ne vaut pas 0,001; le multiplicande employé ne diffère donc pas de 0,001 du multiplicande exact; le multiplicateur correspondant étant 0,07, le produit obtenu 53781 cent millièmes diffère du produit exact de moins des 0,07 de 0,001, ou de moins de 0,00007, c'est-à-dire d'*un nombre de cent millièmes marqué par le chiffre multiplicateur.*

Je démontrerais de même que les erreurs dont sont affectés le 1er, le 2e, le 4e, le 5e, le 6e produit partiel, sont respectivement inférieures à 3, à 2, à 5, à 3, à 4 cent millièmes.

Donc, *dans ce cas,* l'erreur totale provenant des produits partiels est inférieure à

$$3 + 2 + 7 + 5 + 3 + 4 = 24 \text{ cent millièmes.}$$

Passons maintenant au cas le plus défavorable, celui où tous les chiffres du multiplicande et ceux du multiplicateur seraient des 9. Ici encore la fraction négligée au multiplicande pour l'obtention du 3e produit partiel, égale à 0,000999999, serait plus petite que 0,001; le multiplicateur correspondant étant 0, 09, l'erreur du 3e produit partiel serait inférieure à $0,001 \times 0,09 = 9$ cent millièmes. Il en serait d'ailleurs de même pour chaque produit partiel, c'est évident. Donc d'abord, *s'il n'y a pas plus de 10 produits partiels, l'erreur totale provenant de ces produits est toujours inférieure à* 10 *fois* 9 = 90 *cent millièmes.*

Limite de la deuxième erreur. En second lieu, quand je néglige au multiplicateur les chiffres 2 et 9, je diminue le produit total du produit du multiplicande 7,683598275..... tout entier par 0,0000029; or, le multiplicande est inférieur à 10, et 0,0000029 inférieur à 0,000003; donc le produit négligé est inférieur à

$$10 \times 0, 000003 = 0,00003$$

c'est-à-dire à (2+1) cent millièmes. Dans le cas le plus défavorable, il est clair que cette erreur serait inférieure à $9 + 1 = 10$ cent millièmes.

Erreur totale. En somme, dans l'exemple particulier qui nous occupe, l'erreur totale est inférieure à

$$(3 + 2 + 7 + 5 + 3 + 4) + (2 + 1) = 27 \text{ cent millièmes,}$$

c'est-à-dire au nombre de cent millièmes marqué par *la somme des chiffres du multiplicateur qui sont employés, plus le premier chiffre à gauche non employé, augmenté de 1.*

Et dans le cas le plus défavorable, la limite de l'erreur serait, avec 10 produits partiels :

$$90 + 10 = 100 \text{ cent millièmes.}$$

Donc, dans tous les cas, avec cette restriction qu'il n'y a pas plus de 10 produits partiels, *l'erreur totale est certainement inférieure à* 0,001.

Cette erreur est en moins. Ainsi 246,45389 est trop petit ; 246,45489, qui a 1 millième de plus, est trop grand ; donc 246,454 compris entre les deux est exact à une unité près du dernier chiffre, en plus ou en moins.

REMARQUES. I. Cette règle suppose, avons-nous dit, qu'on n'emploie que dix chiffres au plus au multiplicateur. Il est très-rare qu'un plus grand nombre soit utile ; si toutefois cela arrivait, on suivrait la même règle, mais en ayant soin de forcer le dernier chiffre de chaque multiplicande partiel quand le suivant égalerait ou dépasserait 5 ; et aussi, de forcer de même quand le suivant égalerait ou dépasserait 5, le dernier multiplicateur employé. De cette façon les erreurs devenant d'une demi-unité, là où elles étaient d'une unité, la limite de l'erreur finale serait aussi devenue moitié moindre, et l'on pourrait prendre jusqu'à 20 chiffres au multiplicateur.

Enfin, si le nombre des produits partiels surpassait 20, il faudrait écrire le multiplicateur de manière que le chiffre de ses unités fût écrit sous le chiffre qui, au multiplicande, représente des unités mille fois plus petites que celle qui indique l'approximation. La raison de cette disposition est facile à saisir d'après ce qui précède.

II. Si l'un des deux facteurs était exactemement connu, on le prendrait pour multiplicateur et on appliquerait la règle. Ex. : multiplier le nombre exact 534,7 par 3,1415926.... de façon à obtenir le produit à moins de 0,01 ; on fera l'opération comme il suit :

$$
\begin{array}{r}
3,1\ 4\ 1\ 5\ 9\ 2\ 6..... \\
7.4\ 3\ 5 \\
\hline
1\ 5\ 7\ 0\ 7\ 9\ 6\ 0 \\
9\ 4\ 2\ 4\ 7\ 7 \\
1\ 2\ 5\ 6\ 6\ 0 \\
2\ 1\ 9\ 8\ 7 \\
\hline
1\ 6\ 7\ 9,8\ 0\ 8\ 4
\end{array}
$$

PRODUIT :   1 6 7 9,8 1   à moins de 0,01.

III. Si les deux facteurs, exactement connus, avaient trop peu de chiffres, on écrirait des zéros à la droite de celui qu'on prendrait pour multiplicande, et on appliquerait la règle. Ex. : produit des deux facteurs exacts : 53,42 et 7,321 à 0,01 près :

```
          5 3,4 2 0 0
              1 2 3.7
          ───────────────
          3 7 3 9 4 0 0
          1 6 0 2 6 0
            1 0 6 8 4
                5 3 4
          ───────────────
          3 9 1 0 8 7 8
```

PRODUIT :   3 9 1,0 9   à 0,01 près.

IV. Si l'un des deux facteurs n'avait pas assez de chiffres *exacts* pour que la règle pût s'appliquer, on ne serait pas sûr, en l'appliquant, d'obtenir l'approximation demandée. Ex. : multiplier 0,0963 connu à une unité près du dernier ordre par 9,2578 et obtenir le produit à 0,001 près. Pour appliquer la règle, on ferait l'opération ainsi :

```
          0,0 9 6 3 0
          ....8 7 5 2.9
          ───────────────
            8 6 6 7 0
            1 9 2 6
              4 8 0
                6 3
          ───────────────
          0,8 9 1 3 9
```

PRODUIT :   0,8 9 2   d'après la règle.

Mais le nombre exact au lieu de 0,0963 pourrait être 0,0962 ou 0,0964. Or $0,0962 \times 9,2578 = 0,89060036$, lequel diffère d'un millième et demi du produit trouvé.

V. Le plus souvent l'approximation demandée est de 1 unité d'un ordre décimal ; il pourrait en être autrement. Ex. : trouver à 1000 près le produit de 234812,7.... par 2,718281.... On ap-.

pliquera la règle, et le calcul se présentera comme ci-dessous :

```
        2 3 4 8 1 2,7....
   ....8 2 8 1 7.2
        ―――――――――
          4 6 9 6.2
          1 6 4 3 6
              2 3 4
              1 8 4
                  4
        ―――――――――
          6 3 8 2 0
```

PRODUIT :   6 3 9   mille, à un mille près.

171. Division abrégée. — RÈGLE. *Pour obtenir le quotient de deux nombres à moins d'une unité d'un certain ordre, on commence par déterminer le nombre total des chiffres que devra avoir le quotient. Sur la gauche du diviseur on en sépare 2 de plus et on barre les suivants. On divise ensuite le dividende par ce diviseur abrégé, sans tenir compte des virgules au dividende, ni au diviseur, ni au quotient que l'on obtient. On fait la division comme à l'ordinaire, avec cette seule différence, qu'au lieu d'abaisser un chiffre du dividende à la droite de chaque reste, on prend ce reste même pour dividende partiel, et on supprime au diviseur précédent un chiffre à droite, pour former le nouveau diviseur abrégé. Quand on a obtenu au quotient le nombre de chiffres voulu, on fait exprimer à ce quotient des unités de l'ordre demandé. Le résultat peut être obtenu par défaut ou par excès.*

1er EXEMPLE. Trouver à 0,01 près le quotient de 1543,58123... par 78,532049...

1° *Opération.* Le diviseur multiplié par 10 donne un produit inférieur au dividende ; mais multiplié par 100 il donne un produit supérieur au dividende ; donc le quotient, compris entre 10 et 100, a 2 chiffres entiers. Le quotient à 0,01 près, ou avec deux chiffres décimaux, a donc 4 chiffres. Sur la gauche du diviseur on en conserve 6, et on sépare les autres ; 785326 est le premier diviseur ou diviseur d'entrée ; par suite 1543581 est le premier dividende, on en sépare les chiffres qui le suivent à droite.

DIVISION ABRÉGÉE :

```
1 5 4 3,5 8 1·2 3....| 7 8,5 3̄ 2̄ 6̄·4 9
  7 5 8 2 5 5        |―――――――――――――
    5 1 4 6 7        |   1 9 6 5
      4 3 4 9
      4 2 4
```

QUOTIENT : 19,65 à 0,01 près.

1543581 divisé par 785326 donne pour quotient 1 et **pour reste**

758255. Barrant au diviseur le dernier chiffre 6, on divise le second dividende partiel 758255 par le second diviseur abrégé 78532; et ainsi de suite. On trouve ainsi pour les 4 premiers chiffres 1965 et pour reste 424. Faisant exprimer au quotient trouvé des centièmes, on a le quotient demandé : 19,65. Tout d'abord, faisons remarquer que cette règle est basée sur celle de la multiplication abrégée : il est facile de voir, en effet, que le dividende employé 1543, 581 est égal au produit du diviseur d'entrée 78,5326 et du quotient 19,65 multipliés selon la règle d'Oughtred $+$ le reste 424 millièmes ; les produits partiels, représentant d'ailleurs tous des millièmes, ont été successivement retranchés du dividende employé, et finalement on a obtenu le reste 424 millièmes. Voici le tableau de cette multiplication et de la preuve de la division :

MULTIPLICATION :

Diviseur d'entrée :	7 8,5 3 2 6
Quotient renversé :	5 6,9 1

7 8 5 3 2 6
7 0 6 7 8 8
4 7 1 1 8
3 9 2 5

Produit :	1 5 4 3,1 5 7

PREUVE :

1re partie $=$	1 5 4 3,1 5 7
2e — $=$	0,4 2 4
Somme $=$	1 5 4 3,5 8 1 $=$ Dividende.

Maintenant pour la commodité de la démonstration nous supposerons qu'on a reculé la virgule à droite du premier dividende et du premier diviseur; il est évident qu'on ne fait ainsi que la déplacer dans le quotient. De cette façon chacun des dividendes partiels et chacun des produits retranchés représentent des unités simples.

2° *Nombre des chiffres au dernier diviseur abrégé.* Si l'on avait barré successivement au diviseur 785326 autant de chiffres qu'il y en a au quotient, il en resterait 2 au dernier diviseur. Comme on a effectué la première division avec tous les chiffres de ce diviseur abrégé on en a barré un de moins et il en reste, au dernier diviseur abrégé, un de plus ou 3. Ce raisonnement est général ; il restera toujours 3 chiffres au dernier diviseur abrégé, qui sera par conséquent plus grand que 100.

3° *Évaluation de l'erreur.* Si les produits du diviseur par les divers chiffres du quotient avaient été calculés exactement, les dividendes partiels et le reste seraient exacts, et la seule erreur faite proviendrait de ce qu'on omet de diviser, à la fin de l'opération, le reste 424 par le diviseur qui fournit les dernières unités du quotient, c'est-à-dire par 785, ou, pour ne rien négliger, par 785,32649....

Mais les produits du diviseur par les chiffres du quotient sont tous trop petits; dans chaque diviseur abrégé, on néglige les chiffres barrés à droite, ce qui produit une erreur plus petite qu'une unité du dernier chiffre conservé à ce diviseur; le produit de ce nombre par le chiffre correspondant du quotient, chiffre au plus égal à 9, n'est donc pas trop petit de 9 unités de son dernier ordre; d'ailleurs ce produit représente toujours des unités simples. Pour chaque produit partiel que l'on forme, ou pour chaque chiffre du quotient, on commet la même erreur; si donc on n'a pas plus de onze chiffres au quotient, la somme de ces erreurs est moindre que 99 unités. Ce sont autant d'unités que l'on retranche de moins des divers dividendes partiels, et qui, par conséquent, restent en trop dans ces dividendes; à la fin de l'opération, on peut donc avoir divisé de trop, par le dernier diviseur 785,32649..., 99 unités du dernier ordre du reste.

Les erreurs sont donc sur le dernier chiffre du quotient :

Par défaut $\dfrac{424}{785,326...}$, erreur moindre que 1, puisque le reste 424 est nécessairement plus petit que le diviseur correspondant 785 ;

Par excès moins de $\dfrac{99}{786,326...}$, erreur moindre que 1 dans tous les cas, puisque le dernier diviseur, ici 785,526..., est toujours plus grand que 100.

L'erreur sur le quotient sera par défaut ou par excès, suivant que l'une ou l'autre de ces deux erreurs l'emportera.

Dans tous les cas, comme elles sont l'une et l'autre plus petites que 1 et qu'elles se détruisent en partie, l'erreur finale sur le dernier chiffre du quotient sera toujours inférieure à 1 unité, en plus ou en moins.

2° EXEMPLE. Trouver à 0,00001 le quotient de 0,027182818 par 3,1415926.

Le diviseur multiplié par 0,1, par 0,01 donne un produit supérieur au dividende ; multiplié par 0,001, il donne un produit inférieur au dividende ; donc le quotient est compris entre 0,01 et 0,001 ; son premier chiffre significatif est donc précédé de 2 zéros ; comme on veut au quotient 5 chiffres décimaux, il y en a 3 à obtenir. Au diviseur on en conserve 2 de plus, ou 5. Le premier diviseur abrégé est alors 31415 et le premier dividende 271848.

$$0,0\ 2\ 7\ 1\ 8\ 2\ 8{\cdot}1\ 8\dots\ \Big|\ 3,1\ 4\ \overline{1\ 5}{\cdot}9\ 2\ 6\dots$$
$$2\ 0\ 5\ 0\ 8\ \qquad\qquad \overline{8\ 6\ 5}$$
$$1\ 6\ 6\ 2$$
$$9\ 2 \qquad\qquad \text{Quotient : } 0,00865 \text{ à } 0,00001 \text{ près.}$$

En suivant la règle on trouve 865 pour les chiffres du quotient, on fait exprimer au dernier des cent millièmes et on a le quotient demandé : 0,00865.

Remarques. 1. Cette règle suppose que l'on n'emploie que 11 chiffres au quotient. Il est extrêmement rare qu'un plus grand nombre soit utile ; si toutefois cela arrivait, on ferait l'opération de la même manière, mais en ayant soin, dans la multiplication d'un diviseur abrégé par le chiffre correspondant du quotient, de forcer le dernier chiffre de ce diviseur si le suivant égale ou surpasse 5. Les erreurs sur les produits partiels devenant moitié moindres, on pourra prendre jusqu'à 22 chiffres au quotient, sans que l'erreur surpasse une unité du dernier ordre demandé.

II. Si le dividende est exact et n'a pas assez de chiffres, on applique la règle en écrivant des zéros à sa droite.

II. Si le diviseur est exact et n'a pas assez de chiffres, on écrit des zéros à sa droite, et on applique la règle ; mais la division abrégée ne commence réellement que quand on a barré tous les zéros écrits à la droite du diviseur. C'est à partir de ce moment qu'on peut prendre jusqu'à 11 chiffres significatifs au quotient. Soit, par exemple, à trouver le quotient de 718,573416 par 0,27123 à 0,1 près.

$$7\ 1\ 8,5\ 7\ 3\ 4{\cdot}1\ 6\dots\ \Big|\ 0,2\ 7\ 1\ \overline{2\ 3}\ 0\ 0{\cdot}$$
$$1\ 7\ 6\ 1\ 1\ 3 \qquad\qquad \overline{2\ 6\ 4\ 9\ 3}$$
$$1\ 3\ 3\ 7\ 5\ 4$$
$$2\ 5\ 2\ 6\ 2 \qquad\qquad \text{Quotient : } 2649,3 \text{ à } 0,1 \text{ près.}$$
$$8\ 5\ 4$$
$$4\ 1$$

La partie entière du quotient a 4 chiffres ; il faut donc en obtenir 5 ; pour cela il en faut 7 au diviseur : on écrit 2 zéros à sa droite, et on applique la règle. Les 3 premiers chiffres s'obtiennent comme si l'on divisait 7185734 par 27123.

III. On opérerait encore de même en écrivant des zéros à droite des deux termes si ces deux termes étant exacts manquaient du nombre de chiffres nécessaire.

IV. Si l'un des nombres donnés n'avait pas assez de chiffres *exacts* pour que la règle pût s'appliquer sans qu'on eût besoin d'écrire des zéros à leur droite, on ne serait pas sûr d'avance de l'exactitude du résultat, et il faudrait recourir au procédé ordinaire. C'est ainsi que, dans la dernière opération, si le diviseur, au lieu de 0,27123, pouvait être 0,27122, il faudrait recourir au procédé ordinaire ; le quotient serait, en effet, en prenant pour diviseur 0,27122, non pas 2649,3, mais 2649,41.

V. Enfin on obtiendrait aussi bien par la règle le quotient de deux nombres à moins d'une dizaine, d'une centaine, d'un mille, etc., qu'à moins d'une unité décimale. Exemple : trouver à 1000 près le quotient de 27,3296721... par 0,000156278... Voici le calcul :

$$
\begin{array}{l|l}
2\,7{,}3\,2\,9{\cdot}\,6\,7\,2\,1.... & 0{,}0\,0\,0\,1\,5\,6\,\overline{2}\,\overline{7}{\cdot}8.... \\
\,1\,1\,7\,0\,2 & 1\,7\,4 \\
\;\;\,7\,6\,8 & \\
\;\;\;\;1\,4\,4 & \text{Quotient} : 174000 \text{ à } 1000 \text{ près.}
\end{array}
$$

Le quotient renferme 6 chiffres à la partie entière ; à 1000 près il en faut connaître 3 ; le premier diviseur en contient donc 5.

EXERCICES Nº 19.

I. 1º Exprimer à 1 cent. près en moins, à 1 cent. près en plus, à $\frac{1}{2}$ centime près en moins le nombre 324 fr. 35321.... 2º Exprimer à 0ᶠ,1 près en moins, à 0ᶠ,1 près en plus, à $\frac{1}{2}$ décime près en plus, le nombre 7248 fr. 2583.

II. 1º Trouver à 1ᵏᵍ près la somme des poids : 283456 gr., 32841 gr., 75720 gr. ; peut-on la regarder comme exacte à $\frac{1}{2}$ kg. près ?

III. 1º Trouver à 0,001 près la différence des nombres, 1, 10563 ; 0,06926... ; peut-on la regarder comme exacte à 0,0005 près ?

IV. A combien de milliers de francs (à 1 mille près) s'est élevée la dépense pour l'administration d'un chemin de fer dans une année, sachant qu'elle se composait des articles suivants. 1º Jetons de présence, 100556 fr. ;

2° Traitements du personnel, 220 723 fr.; 8° Assurances, loyers, contributions, 232994 fr. 4° Frais de bureau, impression, etc., 197 829 fr.; 5° In-
demnités, pensions et dépenses diverses, 63 660 fr.; 6° Abonnement au
timbre, 117 545 fr.; 7° Frais de police et de surveillance, 121 738 fr.?

V. Au 1er janvier 1864 la marine marchande anglaise comptait 28 637
navires jaugeant 5 328 073 tonneaux; à la fin de l'année elle comptait
31 384 navires jaugeant 6 290 435 tonneaux; 1° de combien de navires
s'était accrue cette marine; 2° de combien de tonneaux à 10 tonneaux près
en plus ou à 10 tonneaux près en moins?

VI. 1° Le poids d'un litre d'air dans les conditions normales étant de
1 ^{gr}, 292743...; quel est à 0^{gr},01 le poids de l'air contenu dans un ballon
dont la capacité est de 12^{lit},73542.... 2° Sachant que le ballon vide pèse
735 ^{gr}, 27.... quel est à 0 ^{gr}, 1 le poids du ballon plein d'air?

VII. Une pile de boulets étant composée de 72 boulets dont le poids
moyen est de 17 ^{kg}, 576, quel est à 1^{kg} près le poids de toute la pile?

VII. Il y a en France 2 088 050^{ha} de vignes; la production du vin de
France a été en 1850 de 44 717 550 hectol.; quelle a été, à 1 décalitre près,
la production d'un seul hectare de vigne? Les nombres donnés sont connus
à 1 dizaine près.

IX. L'air pèse les $\dfrac{100}{77328}$ de ce que pèse l'eau sous le même volume;
1 litre d'eau pèse 1 ^{kg}; combien pèsent 35 lit. d'air, à 1 gr. près? le dénominateur 77328 étant exact à 1 unité près et le nombre 35 étant rigoureusement exact.

X. D'après les données du problème V pour le 1er janvier 1864, combien
jaugeait en moyenne chaque navire à 0,01 de tonneau près? Peut-on par
la division ordinaire obtenir ce poids à 0,0001 de tonneau près? On suppose
que le nombre des tonneaux donné est exact à 1 tonneau près.

II. ERREURS RELATIVES.

Erreur absolue, erreur relative. — Comparaison des erreurs absolue et relative. — Erreur relative sur une somme. — Applications. — Erreur relative sur une différence; application. — Erreur relative sur un produit.
— Applications. — Erreur relative sur un quotient. Applications. —
Nombre des chiffres exacts dans la multiplication ou la division. — Applications. — Valeur approchée d'une fraction. — Exercices.

172. Erreur absolue, erreur relative. — Si l'on se
trompait de 1^{km} sur la distance de Paris à Marseille, laquelle est
en réalité de 863^{km}, on ferait une erreur généralement peu im-
portante, tandis qu'on en commettrait une inadmissible en se
trompant de 1^m sur la hauteur d'un appartement qui aurait 4^m de
haut. Ainsi l'erreur de 1^{km} peut avoir moins d'importance que
celle de 1^m; cela tient à ce que dans le premier cas on se trompe

seulement d'un 863e de la vraie longueur, ce qui est peu, et dans le second d'un quart, ce qui est beaucoup. L'erreur ne peut donc être exprimée complétement par la *seule différence* entre le nombre exact et le nombre approché, ce qu'on nomme *erreur absolue* ; il faut encore comparer cette erreur absolue avec le nombre exact, et voir si elle en est *une fraction négligeable* ou *non*. On appelle *erreur relative* d'un nombre *la fraction de sa valeur que représente l'erreur absolue*.

Dans l'exemple précédent, en prenant 862^{km} au lieu de 863^{km}, on commet une erreur absolue de 1^{km}, et on se trompe d'un 863e de la grandeur exacte ; l'erreur relative est $\dfrac{1}{863}$. On voit que *l'erreur relative s'obtient en divisant l'erreur absolue par le nombre exact.*

Remarque. *On ne change pas l'erreur relative d'un nombre en y changeant la grandeur des unités, et en particulier en y déplaçant la virgule.* En effet, soit le nombre exact 1407 et soit 1412 le nombre approché, en sorte que l'erreur absolue est de 5 unités du dernier ordre. Si ce nombre représente, par exemple, une longueur exprimée en pieds, on se trompe de 5 pieds sur 1407 pieds, erreur relative de $\dfrac{5}{1407}$; s'il représente des mètres, on se trompe de 5 mètres sur 1407 mètres, erreur relative de $\dfrac{5}{1407}$; s'il représente des centimètres (ce qui revient à supposer qu'on y déplace la virgule de 2 rangs), on se trompe de 5 centimètres sur 1407 centimètres, erreur relative de $\dfrac{0,05}{14,07} = \dfrac{5}{1407}$

173. Comparaison des erreurs absolue et relative. — Trois questions principales se présentent fréquemment dans le calcul des erreurs :

1° Connaissant le nombre des chiffres exacts (le dernier à 1 unité près), trouver l'erreur relative commise ;

2° Connaissant l'erreur relative commise, trouver le nombre des chiffres exacts (le dernier à 1 unité près), sur lesquels on peut compter :

3° Connaissant l'erreur relative qu'on ne doit pas dépasser dans un nombre cherché, combien de chiffres de ce nombre faut-il calculer ?

1re Question. I. Le nombre 23,572... étant connu avec 4 chiffres exacts, quelle est l'erreur relative ? On peut se tromper de 1 sur le chiffre 7 ; le nombre exact est au moins égal à 23,56. L'erreur relative est donc tout au plus de 1 sur 2356, ou $\dfrac{1}{2356}$; à fortiori elle est inférieure à $\dfrac{1}{2000}$ ou à $\dfrac{1}{1000}$.

II. *L'erreur relative est moindre qu'une fraction ayant pour numérateur l'unité et pour dénominateur l'unité suivie d'autant de zéros, moins un, qu'il y a de chiffres connus dans le nombre donné.*

2e Question. I. Ayant calculé le nombre 23,572.. et sachant que l'erreur commise n'est pas de $\dfrac{1}{1000}$, sur combien de chiffres peut-on compter? L'erreur étant inférieure à $\dfrac{1}{1000}$ l'est à plus forte raison à $\dfrac{1}{236}$, quantité inférieure elle-même à l'erreur que l'on commettrait en supposant dans le nombre 3 chiffres exacts; donc on peut compter sur 3 chiffres.

II. *L'erreur relative commise sur un nombre étant exprimée par une fraction dont le numérateur est l'unité et le dénominateur l'unité suivie de plusieurs zéros, on peut compter dans le nombre sur autant de chiffres qu'il y a de zéros à la droite de l'unité au dénominateur.*

3e Question. I. Calculant les chiffres du nombre 23,... et voulant connaître sa valeur à moins de $\dfrac{1}{1000}$ d'erreur relative, combien faut-il calculer de chiffres de ce nombre ? Si l'on ne calculait que 3 chiffres, l'erreur relative pourrait atteindre $\dfrac{1}{230}$, ce qui est trop; il faut donc y calculer plus de 3 chiffres; mais si l'on en calculait 4, l'erreur relative ne pourrait dépasser $\dfrac{1}{2300}$, ce qui est moindre que $\dfrac{1}{1000}$ et par conséquent suffisant. Il suffira donc de calculer 4 chiffres.

II. *Pour ne pas dépasser une erreur relative, donnée comme précédemment, il faut calculer autant de chiffres plus un qu'il y a de zéros au dénominateur de l'erreur.*

174. Erreur relative sur une somme. — Soient

4 nombres à additionner, et soient respectivement $\frac{1}{100}$, $\frac{1}{200}$, $\frac{1}{250}$, $\frac{1}{300}$, les erreurs relatives de ces 4 nombres.

Si toutes les erreurs étaient exactement égales à $\frac{1}{100}$, qui est la plus grande, négligeant sur chaque nombre la centième partie de sa valeur, on se trouverait avoir négligé sur la somme la centième partie de cette somme. L'erreur relative de la somme serait donc aussi de $\frac{1}{100}$. Mais comme les trois autres erreurs sont moindres, l'erreur sur la somme sera moindre aussi ; elle ne sera donc pas de $\frac{1}{100}$.

Si toutes les erreurs étaient exactement égales à $\frac{1}{300}$, qui est la plus petite, négligeant sur chaque nombre la trois-centième partie de sa valeur, on se trouverait avoir négligé sur la somme la trois-centième partie de cette somme. L'erreur relative de la somme serait donc aussi de $\frac{1}{300}$. Mais comme les trois autres erreurs sont plus grandes, l'erreur sur la somme sera plus grande aussi ; elle sera donc plus grande que $\frac{1}{300}$.

L'erreur sur la somme est donc comprise entre la plus grande $\frac{1}{100}$ et la plus petite $\frac{1}{300}$.

Le même raisonnement appliqué à tout autre cas prouverait *que l'erreur relative commise sur une somme est toujours comprise entre la plus petite et la plus grande des erreurs relatives commises sur les parties qui la composent.*

175. Applications. I. *Les circonférences de 3 roues étant respectivement* 3$^\mathrm{m}$, 141..., 4$^\mathrm{m}$, 712..., 9$^\mathrm{m}$, 424.... *quelle est la longueur totale qu'on obtiendrait en déroulant les 3 jantes et les mettant bout à bout ? Les nombres donnés étant connus à* 0$^\mathrm{m}$,001 *près par défaut, quelle sera l'erreur faite sur le résultat ? Sur combien de chiffres du résultat pourra-t-on compter ?* 1° La longueur obtenue sera la somme des 3 longueurs données : 3$^\mathrm{m}$, 141.... $+$ 4$^\mathrm{m}$, 712.... $+$ 9$^\mathrm{m}$, 424.... $=$ 17$^\mathrm{m}$, 277.... L'erreur relative de ce résultat sera inférieure à la plus grande erreur relative des données ou plus petite que $\frac{1}{3140}$; 2° elle sera *à fortiori* plus petite que $\frac{1}{1727}$, erreur commise en prenant comme exacts les 4 premiers chiffres du nombre ; on pourra donc compter sur les 4 premiers chiffres ; comme le résultat est par défaut, on forcera le dernier chiffre conservé.

Réponse. 17ᵐ, 28.

II. *Calculer avec une erreur plus petite que* $\frac{1}{1000}$ *la somme :*

$$\frac{1}{9} + \frac{3}{11} + \frac{5}{13} + \frac{7}{15} + \frac{9}{17}$$

Pour obtenir cette somme à $\frac{1}{1000}$ près de sa valeur, il suffit que l'erreur relative de chacun des termes de la somme soit moindre que $\frac{1}{1000}$. En s'arrêtant au chiffre convenable pour qu'il en soit ainsi, on a :

$$\frac{1}{9} = 0{,}1111\ldots \text{ err.} < \frac{1}{1111} < \frac{1}{1000}$$

$$\frac{3}{11} = 0{,}2727\ldots \text{ err.} < \frac{1}{2727} < \frac{1}{1000}$$

$$\frac{5}{13} = 0{,}3846\ldots \text{ err.} < \frac{1}{3846} < \frac{1}{1000}$$

$$\frac{7}{15} = 0{,}4666\ldots \text{ err.} < \frac{1}{4666} < \frac{1}{1000}$$

$$\frac{9}{17} = 0{,}5294\ldots \text{ err.} < \frac{1}{5294} < \frac{1}{1000}$$

Somme $= 1{,}7645$ err. $< \frac{1}{1111}$ la plus grande des cinq, et *à fortiori* $< \frac{1}{1000}$

Nous reportant à la règle de l'addition abrégée, nous voyons que le 4ᵉ chiffre est exact à moins de 1 unité ; en le forçant, le résultat demandé sera donc : 1,765.

Réponse : 1,765.

176. Erreur relative sur une différence. Application. — Dans le cas de la soustraction, le raisonnement fait au n° 174 pour l'addition n'est plus applicable, et on ne peut donner de règle commode qui fasse prévoir d'avance l'erreur relative à commettre sur chaque nombre.

I. *Le poids d'un corps dans l'air étant* 3^{gr}, 272; *celui du même corps dans le vide étant* 2^{gr},719; *ces deux nombres étant connus à* 0^{gr},001 *près, par excès, quelle est la perte de poids qu'éprouve le corps dans l'air? Quelle est l'erreur relative du résultat?*

La perte de poids est la différence des deux nombres : 3^{gr},272 — 2^{gr},719 = 0^{gr},553. L'erreur absolue de chacun des deux nombres donnés est moindre de 0^{gr},001 ; les erreurs se détruisant en partie, l'erreur absolue de la différence est tout au plus de 0^{gr},001.

L'erreur relative est donc tout au plus de $\dfrac{1}{552}$.

Réponse : 0^{gr}, 553 à moins de $\dfrac{1}{552}$ d'erreur relative; ou à moins de 1 milligr. d'erreur absolue.

II. *Trouver à* $\dfrac{1}{10000}$ *près de sa valeur la différence des nombres* 32,7293416.... *et* 27,867162....

On voit facilement que cette différence aura 1 chiffre entier ; de plus, pour que le résultat soit exact à $\dfrac{1}{10000}$ près de sa valeur, il faudra en connaître 5 chiffres; il faut donc le calculer avec 4 chiffres décimaux exacts : on en prendra 4 dans chacun des nombres donnés, et on fera la soustraction :

$$\begin{array}{r} 32{,}7293 \\ 27{,}8671 \\ \hline 4{,}8622 \end{array}$$

Le résultat est approché par excès, (parce qu'on a négligé plus sur le nombre soustrait que sur l'autre), et à moins de 1 unité du dernier ordre; en sorte que l'erreur relative est moindre encore que la question ne l'exigeait : elle est inférieure à

$$\frac{1}{48622} < \frac{1}{10\,000}.$$

Réponse : 4,8622 à moins de $\dfrac{1}{10000}$, par excès.

177. Erreur relative sur un produit. — 1° *L'erreur re-*

lative d'un produit, quand l'un seulement des facteurs est inexact, est la même que celle de ce facteur. Soit le produit du facteur approché 3, 1415 par 2, 7. Remplaçons ce produit par celui de 3,1415 par 27 ; le produit étant simplement rendu 10 fois plus grand, l'erreur relative du produit n'aura pas changé. Reste donc à faire voir que l'erreur relative de 3,1415 $\times$ 27 est la même que celle du facteur approché 3,1415. Or le produit de 3,1415 par 27 est la somme de 27 nombres égaux à 3,1415 ; l'erreur relative de cette somme sera donc égale à celle de chacune des parties (174).

2° *L'erreur relative d'un produit, quand les deux facteurs sont inexacts, est sensiblement égale à la somme ou à la différence des erreurs relatives des deux facteurs.*

Supposons les deux facteurs approchés, le premier à $\dfrac{2}{721}$, le second à $\dfrac{1}{524}$ de leurs valeurs respectives.

Comparons ensemble le produit des valeurs exactes des deux facteurs, le produit du facteur inexact 38,75 par la valeur exacte de second facteur, et le produit des deux facteurs inexacts 38,75 par 6,13.

Le premier produit est le produit exact ; le second est égal au premier altéré des $\dfrac{2}{721}$ de sa valeur ; le troisième est égal au second altéré, dans le même sens ou en sens contraire, de $\dfrac{1}{524}$ de la valeur de ce second produit, ou de $\dfrac{1}{524}$ de la valeur du premier, plus de $\dfrac{1}{524}$ des $\dfrac{2}{721}$ de ce même produit. L'erreur totale, en négligeant cette dernière partie de l'erreur, sera donc sensiblement les $\dfrac{2}{721}$ plus ou moins $\dfrac{1}{524}$ du premier produit (1).

---

(1) La démonstration précédente pouvant présenter quelque chose d'obscur, nous croyons devoir donner la démonstration suivante :

Représentons *conventionnellement* le multiplicande et le multiplicateur donnés *respectivement* par M et M' ; et leurs erreurs absolues respectives, par c et c' ; supposons ces erreurs toutes deux en moins ; le multiplicande et le multiplicateur exacts sont : M $+$ c et M' $+$ c' ; dès lors le produit exact est (M $+$ c)(M' $+$ c'). Pour l'effectuer, je multiplie tout le multiplicande d'abord par m', ensuite par c', et j'ajoute les produits partiels obtenus ; j'ai :

Les erreurs s'ajouteront si elles sont dans le même sens ; et elles se détruiront en partie si elles sont de sens contraires ; dans l'incertitude on se placera dans le cas le plus défavorable et on regardera l'erreur relative du produit comme étant la *somme* de celles des deux facteurs.

REMARQUE. La portion d'erreur que nous avons négligée est égale à $\dfrac{1}{524}$ des $\dfrac{2}{721}$ du produit exact ou à la fraction $\dfrac{2}{524 \times 721}$ de ce produit. Il est visible que cette erreur n'est pas sensible, car étant la 524^{ieme} partie de $\dfrac{2}{721}$, elle n'est pas la 524^{ieme} partie de la somme $\dfrac{1}{524} + \dfrac{2}{721}$. Si cette somme forme une erreur de 1 unité d'un certain ordre, la portion d'erreur dont la règle ne tient pas compte ne sera pas, dans cet exemple, de 1 unité 100 fois moindre, et n'aura aucune influence sur le dernier chiffre conservé.

3° Il résulte de là que *l'erreur relative d'un produit de plusieurs*

$$(M + e)(M' + e') = M \cdot M' + e \cdot M' + M \cdot e' + e \cdot e'.$$

Or le produit des facteurs approchés est $M \cdot M'$; il diffère du produit exact de

$$e \cdot M' + M \cdot e' + e \cdot e' ;$$

e et e' étant généralement des nombres très-petits relativement à M et à M', leur produit est *à fortiori* négligeable dans l'erreur absolue $e M' + M \cdot e' + e \cdot e'$; celle-ci est donc à très-peu près :

$$e \cdot M' + M \cdot e'$$

Divisant maintenant cette erreur absolue par le produit obtenu $M \cdot M'$, j'obtiens pour valeur approchée de l'erreur relative :

$$\dfrac{e \cdot M' + M e'}{M M'} = \dfrac{e \cdot M'}{M \cdot M'} + \dfrac{M \cdot e'}{M \cdot M'}$$

Et en simplifiant :

$$\dfrac{e}{M} + \dfrac{e'}{M'}$$

c'est-à-dire *la somme des erreurs relatives de chacun des facteurs.*

En appliquant ce mode de démonstration dans le cas où e et e' sont par *excès* et dans celui où elles sont de *sens contraires*, on trouve : 1° que si les erreurs relatives des facteurs sont de *même sens*, l'erreur relative du produit est à très-peu près égale à leur *somme* et de *même sens* qu'elles ; 2° que si les erreurs relatives des facteurs sont *de sens contraires*, l'erreur relative du produit est sensiblement égale à leur *différence* et de *même sens* que la plus grande.

facteurs est égale à la somme des erreurs relatives de tous les facteurs.

4° Par suite *l'erreur relative d'une puissance d'un nombre est égale à celle de ce nombre multipliée par l'exposant de la puissance*

178. Applications. — I. 1 *litre d'air pèse* 1^{gr}, 2927 ; *calculer à* $\frac{1}{1000}$ *près de sa valeur le poids de* 125 *litres d'air, ce dernier nombre étant exact.*

L'opération à effectuer est 1,2927.... $\times$ 125. On prendra 4 chiffres au nombre approché ; on multipliera donc 1,292 par 125. Le produit est 161,500, à $\frac{1}{1000}$ près de sa valeur, c'est-à-dire à moins de 0,1615 d'erreur absolue. L'erreur est en moins. Le vrai produit est compris entre 161,5 et 161,6615. En prenant 161,6 on sera sûr de ne pas se tromper non-seulement de $\frac{1}{1000}$ du produit, mais de moins de 1 unité du dernier chiffre conservé.

Réponse : 161,6, à moins de $\frac{1}{1000}$ de sa valeur.

II. *Faire le produit de* 3,141592.... *par le carré de* 5,36. (*Surface du cercle dont le rayon est* 5,36) ; *le nombre* 5,36 *étant connu à moins d'une unité de son dernier chiffre.*

L'erreur relative du facteur 5,36 est inférieure à $\frac{1}{500}$; *à fortiori* à $\frac{1}{400}$; celle de $(5,36)^2$ est inférieure à $\frac{1}{400} \times 2 = \frac{2}{400} = \frac{1}{200}$.

Quelle que soit l'approximation du facteur 3,141592,... il est impossible d'avoir le produit avec une erreur relative inférieure à $\frac{1}{200}$. Nous ne pourrons guère obtenir le produit demandé qu'à moins de $\frac{1}{100}$; proposons-nous cette approximation : il suffit alors de prendre le carré de 5,36 à $\frac{1}{100}$, et 3,141592.... à $\frac{1}{100}$.

5,36 $\times$ 5,36 $=$ 28,7296, ou à $\frac{1}{100}$: 28, 7 ; l'autre facteur, à $\frac{1}{100}$ est 3,14. Le produit à effectuer est donc 28,7 $\times$ 3,14.

Ce produit obtenu aura deux chiffres entiers ; on ne pourra y compter que sur deux chiffres.

On peut opérer autrement, et trouver par la multiplication

abrégée, de façon à avoir les entiers exactement, le produit de 28,7296 par 3,141592.... Voici les deux opérations en regard :

```
   2 8,7           2 8,7 2 9 6....
   3,1 4          ....1 4 1 3
  ────────        ────────────
   1 1 4 8         8 6 1 6
   2 8 7             2 8 7
 8 6 1               1 1 2
 ────────              2
 9 0,1 1 8         ────────────
                   9 0,1 7
```

Comme le produit, obtenu par l'une ou par l'autre, est par défaut, on forcera l'unité, et on l'aura par excès :

Réponse : 91.

179. Erreur relative sur un quotient. — 1° Le dividende étant le produit du diviseur par le quotient, il s'ensuit que l'erreur relative du dividende est sensiblement égale à la somme ou à la différence des erreurs relatives du quotient et du diviseur ; par suite *l'erreur relative du quotient est sensiblement égale à la somme ou à la différence des erreurs relatives du dividende et du diviseur.* Dans l'incertitude on se placera dans le cas le plus défavorable et on regardera l'erreur relative du quotient comme égale à la *somme* des erreurs relatives du dividende et du diviseur.

2° *Si l'un des termes de la division est exact, l'erreur relative du quotient est sensiblement égale à l'erreur relative du terme inexact.*

180. Applications. — 1. *Trouver le quotient de 1 divisé par 2,30258509.... avec 6 chiffres exacts.*

L'erreur relative devra être inférieure à $\dfrac{1}{1000000}$; il suffit que celle du diviseur soit inférieure à cette fraction ; pour cela on prendra pour diviseur 2,302585, et on fera la division ordinaire.

On peut encore faire la division abrégée en prenant au diviseur 8 chiffres. Voici les deux opérations :

```
1000000.0  | 2,302585          100000000 | 2,3025850
 78966 00   ─────────           7896600  ─────────
 9888 450   ,0,434294            988845   0,434294
  678 1100                        67843
  217 59300                       21763
   10 360350                       1045
    1 150010                        125
```

Réponse : 0,434294 à moins d'une unité du dernier ordre. Dans la division abrégée l'erreur en plus ne peut pas dépasser $\dfrac{9 \times 6}{230}$ $= \dfrac{54}{230}$, et l'erreur en moins est $\dfrac{125}{230}$; le résultat est donc approché par défaut ; si on le voulait par excès, on forcerait le dernier chiffre.

II. *Un corps dont le volume est* 4^{cc}, 235 *pèse* 6^{gr}, 412; *quel est, aussi exactement que possible, le poids de* 1 *de ce corps ?*

Le poids demandé est en centimètres cubes : $\dfrac{2}{4,235}$.

Les erreurs relatives des deux termes sont inférieures à $\dfrac{1}{6412}$ et $\dfrac{1}{4235}$, et *à fortiori* chacune est inférieure à $\dfrac{1}{4000}$; donc leur somme est inférieure à $\dfrac{1}{2000}$. On pourra donc calculer le quotient à $\dfrac{1}{2000}$; on fera la division jusqu'à ce que les chiffres obtenus fassent un nombre au moins égal à 2000 unités du dernier ordre.

$$
\begin{array}{r|l}
6412 & 4235 \\
21770 & \overline{1,5140} \\
5950 & \\
17150 & \\
2100 &
\end{array}
$$

Le quotient est 1,5140 à $\dfrac{1}{2000}$ près de sa valeur ; l'erreur absolue peut être de $\dfrac{1}{2000}$ de 1,5140, ou de 0,0007570, ou de près de 8 unités du dernier chiffre obtenu ; dans tous les cas, en conservant seulement les quatre premiers chiffres, le nombre 1,514 sera approché à 1 unité de l'ordre du dernier chiffre, 4.

Réponse : 1^{gr},514, à moins de 1 unité du dernier ordre.

181. Nombre des chiffres exacts dans la multiplication ou la division. — *Dans une multiplication ou une division, pour avoir un certain nombre de chiffres exacts au résultat, il suffit d'en avoir un de plus dans les deux nombres donnés, en prenant le dernier chiffre conservé dans chaque nombre à une unité près ou à une demi-unité près, suivant que le premier chiffre à gauche est plus grand que 1 ou égal à 1.*

Soient, en effet, deux nombres où l'on connaisse 5 chiffres; si le premier est plus grand que 1 et le dernier exact à 1 unité près, l'erreur relative est inférieure à $\frac{1}{20000}$; si le premier est 1 et le dernier exact à $\frac{1}{2}$ unité près, l'erreur relative est inférieure à $\frac{1}{2}$ de $\frac{1}{10000}$ ou à $\frac{1}{20000}$. Que les deux nombres donnés soient dans l'un ou dans l'autre cas, les erreurs relatives de chacun d'eux sont toujours inférieures à $\frac{1}{20000}$; celle de leur produit ou de leur quotient sera donc inférieure à la somme $\frac{1}{20000} + \frac{1}{20000} = \frac{1}{10000}$; on pourra donc compter sur 4 chiffres exacts, c'est-à-dire sur un de moins que dans les nombres donnés.

182. Applications. — I. *Trouver à* $\frac{1}{1000}$ *près de leur valeur le produit et le quotient des nombres :* 3,141592... *et* 28,7296.

Le résultat doit avoir 4 chiffres exacts; il faut donc en prendre 5, à 1 unité près du dernier, sur chaque nombre donné. 1° La multiplication ordinaire donnera 90,252.... par défaut; on conservera les 4 premiers chiffres; en forçant le 4ᵉ on aura : 90,26 par excès. 2° La division ordinaire donne 0,1093.. par défaut.

Réponse : 1° 90,26; 2° 0, 1093.

II. *Trouver à* 0,001 *près (erreur absolue) le résultat des opérations suivantes :*

$$\frac{1,1056312..... \times 372,157646....}{773,28.....}$$

On observera que le résultat demandé est moindre que 1 et supérieur à 0,1; on devra donc obtenir 3 chiffres exacts. Dans la dernière opération, il faudra en connaître 4 aux deux termes: par suite, dans la première il faudra en connaître 5 ; dans le nombre

1,10563 on prendra 5 chiffres, le dernier à $\frac{1}{2}$ unité près. Voici les deux opérations :

```
    3 72.15              411, 4490...  | 7 73,2
    1,10 56                2 4848      |-----------
   ----------              1 6530        0,532... par défaut.
   22 32 90                1066
  1 86 07 5
  37 21 5
 372 15
 -----------
 411,44 90 40 par défaut.
```

Réponse : 0,532 par défaut, à 0,001 près.

On peut remplacer les opérations ordinaires par les opérations abrégées. Le dernier résultat devant avoir 3 chiffres, le diviseur devra être employé avec 5 chiffres; par suite le dividende dont le premier chiffre sera inférieur au premier chiffre du diviseur devra être calculé avec 6 chiffres; pour y arriver, il faut connaître au dividende les millièmes; il faudra donc placer les unités du multiplicateur sous les cent millièmes du multiplicande; voici les deux opérations :

```
   372, 1576 46....        411, 469  | 773,28
   ....213 6501, 1          24 829   |------------
   ----------------          1 633     0,532 par défaut.
   372 1576 4                  187
    37 2157 6
     1 8607 5
       2232 6
        111 6
         63 7
   ----------------
    411, 4690 0   par défaut.
```

En comparant les deux systèmes d'opération, on voit que les deux divisions sont à peu près de même longueur; mais la multiplication dans le premier système est plus courte que dans le second.

183. Valeur abrégée d'une fraction. — On peut trouver généralement des valeurs approximatives abrégées et par suite plus commodes d'une fraction donnée.

Premier procédé. — On réduit le numérateur à l'unité en divisant les deux termes par le numérateur et ne conservant que la partie entière du nouveau dénominateur. Ex. : $\frac{7}{293}$; valeur abrégée et approchée $\frac{1}{42}$, en forçant le dénominateur. En faisant la division de 293 par 7, on voit que $293 = 7 \times 42 - 1$; on fait donc une erreur de $\frac{1}{293}$ sur la valeur du dénominateur de la fraction proposée, et par suite aussi sur la valeur de la fraction trouvée (179,2°).

De même $\frac{34}{1721}$ est compris entre $\frac{1}{50}$ et $\frac{1}{51}$ avec des erreurs relatives de moins de $\frac{1}{80}$ sur la première, et de moins de $\frac{1}{130}$ sur la seconde.

De même encore $\frac{728983}{28592740}$ est compris entre $\frac{1}{39}$ et $\frac{1}{40}$, avec des erreurs relatives inférieures à $\frac{1}{170}$ et $\frac{1}{50}$.

Deuxième procédé. — On conserve 2, 3, 4 chiffres au numérateur, en supprimant les autres au numérateur et autant au dénominateur. Ex. : $\frac{728983}{28592740}$ peut être remplacée par $\frac{729}{28592}$ valeur en excès parce qu'on a forcé le numérateur. L'erreur absolue de chaque terme est moindre qu'une demi-unité du dernier chiffre conservé; l'erreur relative de la fraction est moindre que $\frac{1}{2 \times 72} + \frac{1}{2 \times 28592}$, quantité visiblement inférieure à $\frac{1}{1400}$. La valeur $\frac{73}{2859}$ de la même fraction serait approchée à moins de $\frac{1}{240}$.

EXERCICES N° 20.

I. Le quart du méridien, à 256 toises près, est égal à 5 131 180 toises; quelle est l'erreur relative commise sur ce nombre? La même longueur, déduite de la première, en convertissant les toises en mètres, est 10 000 856^m; quelle est l'erreur relative sur ce dernier nombre; à combien de mètres près est-elle approchée?

II. Le demi-axe de la terre à l'équateur est de 6 377 398^m; le demi-axe entre les pôles est 6 356 080^m; quelles erreurs absolues commettrait-on en prenant l'un pour l'autre? dans quels sens seraient-elles? Quelles seraient les erreurs relatives?

III. Pour une augmentation de 1° dans sa température, un fil de fer de

1m se dilate de 0m,000 012 350, à une unité près du dernier chiffre à droite; quelle est l'erreur absolue de ce nombre, quelle est l'erreur relative?'

IV. D'après la donnée précédente, de combien se dilaterait un rail de 6m de long, quand la température augmente de 40°? Calculer le résultat aussi exactement que possible et indiquer l'erreur relative du résultat et le nombre des chiffres sur lesquels on peut compter.

V. D'après la même donnée, de combien se dilate, depuis 4° au-dessous de zéro jusqu'à 30° au-dessus, un pendule dont la tige est de fil de fer et a 0m,945 de longueur, à 0m,0005 près? Calculer le résultat en employant tous les chiffres et indiquer aussi exactement que possible l'erreur commise.

VI. Calculer le même résultat à $\frac{1}{10}$ près de sa valeur.

VII. Le volume de la Terre à 1000 myriam. cubes près est 1 082 841 000 myriamètres cubes; celui de la Lune en est la 50e partie; le calculer. Quelle est l'erreur relative du résultat; sur quels chiffres peut-on compter (50 est supposé exact).

VIII. Le volume de Vénus est les $\frac{217}{250}$ de celui de la Terre; quel est ce volume à $\frac{1}{100}$ près, erreur relative?

IX. Calculer à 1000 unités près le quotient :
$$\frac{1442 \times 1441 \times 1440 \times 1439 \times 1438}{2 \times 3 \times 4 \times 5 \times 1784}$$

X. Le *frédéric*, monnaie d'or du Danemark qui pèse 6gr,600 à 0gr,001 près renferme exactement les 0,896 de son poids d'or pur, valant 3437f le kilog. quelle est la valeur de cette pièce à 1 centime près, et combien en peut-on faire, à une unité près, avec un kilogramme d'alliage?

XI. Trouver à $\frac{1}{1000}$ près de sa valeur le quotient de 78,5314 72, par 0,543762.

XII. Dans la généralité des cas la petite monnaie de payement est la pièce de 5 cent.; quand une somme est comprise entre deux multiples consécutifs de 5 cent., on force ou on diminue le chiffre des centimes de façon à les ramener au plus voisin de ces deux multiples; ainsi, au lieu de 83,11; 83,12; on compte: 83,10; au lieu de 83,13; 83,14; 83,16; 83,17; on compte 83,15; au lieu de 83,18; 83,19; on compte 83,20. Quelle est la plus grande erreur absolue que l'on commet ainsi? quelle est la plus grande erreur relative que l'on commettrait sur une somme de 178f,87 ?

XIII. Ayant calculé d'après cette convention 234 sommes et trouvé pour leur total 34815f,80, quelles sont l'erreur relative et l'erreur absolue que l'on a pu commettre?

XIV. En 1866 l'importation et l'exportation des papiers peints se sont élevées respectivement à 443 478kg et 2 407692kg; quelle fraction de l'exportation représente l'importation, 1° en réduisant le numérateur à l'unité; 2° en supprimant 2 chiffres, ou 3 chiffres ou 4 chiffres aux deux termes de cette fraction? quelle erreur relative commet-on dans chaque cas?

QUATRIÈME PARTIE.

LES MESURES.

CHAPITRE PREMIÉR.

SYSTÈME MÉTRIQUE.

I. NOTIONS PRÉLIMINAIRES.

Ce que c'est que mesurer une grandeur. — Diverses espèces
de mesures. — Système métrique.

184. Ce que c'est que mesurer une grandeur. —
Parfois, pour faire connaître les grandeurs, telles que la distance
du Soleil à la Terre, le volume de la Lune, etc., mais, dans tous les
cas, pour les exprimer et les soumettre au calcul arithmétique,
on les compare à une autre grandeur fixe, naturelle ou conven-
tionnelle, bien connue, de même espèce, appelée *unité*.

On appelle donc *unité* toute grandeur choisie pour servir de
terme de comparaison avec les grandeurs de la même espèce.

Mesurer une grandeur, c'est la comparer à son unité, de façon à
reconnaître combien cette grandeur contient d'unités ou de parties connues de l'unité. Le nombre d'unités et de parties de l'unité
que la grandeur renferme est la *mesure* de cette grandeur. (Voir
n⁰ˢ 2, 3, 4.) D'où il résulte que tout *nombre* est la *mesure* d'une
quantité et la représente.

Le mot *mesure* s'emploie aussi quelquefois pour désigner *l'opération* du mesurage d'une grandeur, ou même *l'instrument matériel*
dont on se sert pour effectuer ce mesurage ; dans ce dernier cas
on se sert spécialement du terme *mesure effective*.

185. Diverses espèces de mesures. — Il y a autant d'espèces de mesures que de quantités de nature différente. Les principales se rapportent aux cinq espèces de grandeurs suivantes :
1° longueurs ; 2° surfaces ; 3° volumes ; 4° poids ; 5° valeurs monétaires. Les angles, le temps, les forces, le travail mécanique, etc.,
sont des grandeurs assujetties comme les précédentes à des mesures de convention.

186. Système métrique. — L'ensemble des mesures des cinq premières espèces rapportées à une longueur appelée MÈTRE, et fixées par la loi (en France), constitue ce qu'on nomme le SYSTÈME MÉTRIQUE OU SYSTÈME LÉGAL DES POIDS ET MESURES [1].

Le mètre, base de ce système, est une longueur égale à la *dix-millionième partie du quart du méridien terrestre*. Pour se représenter cette unité fondamentale, il n'y a pas d'autre moyen que de la voir, de la manier souvent, attendu qu'on la rapporte au méridien terrestre dont nous n'avons pas l'idée exacte.

II. LONGUEURS.

Unités de longueur. — Remarque. — Changement d'unité. — Instruments de mesure et mesurages divers. — Unités adoptées pour les itinéraires. — Définition de la lieue géographique et de la lieue marine : leurs valeurs en mètres.

187. Unités de longueur. — L'unité principale de longueur est le *mètre*. On le désigne par la lettre initiale m : 1^m, 2^m, 20^m, $17^m,5$ signifient 1 mètre, 2 mètres, 20 mètres, 17 mètres 5 dixièmes.

On emploie aussi des unités secondaires qui, à partir du mètre, sont de dix en dix fois plus grandes ou plus petites les unes que les autres suivant qu'on en monte ou descend la série.

Multiples : le *décamètre*, l'*hectomètre*, le *kilomètre*, le *myriamètre*; on les désigne par les symboles : *Dm, Hm, Km, Mm*.

Sous-multiples : le *décimètre*, le *centimètre*, le *millimètre*; on les désigne ainsi : *dm, cm, mm*. Il faut prendre garde de ne pas confondre *Dm*, décamètre, avec *dm*, décimètre; ni *Mm*, myriamètre, avec *mm*, millimètre.

VALEURS DES UNITÉS EXPRIMÉES LES UNES PAR LES AUTRES ET CHANGEMENT D'UNITÉ.

$$1^{Mm} = 10^{Km} = 100^{Hm} = 1000^{Dm} = 10000$$
$$1^{Km} = 10^{Hm} = 100^{Dm} = 1000^{m}$$
$$1^{Hm} = 10^{Dm} = 100^{m}$$
$$1^{Dm} = 10^{m}$$
$$1^{m}$$
$$1^{dm} = 0^{m},1$$
$$1^{cm} = 0^{dm},1 = 0\,,01$$
$$1^{mm} = 0^{cm},1 = 0^{dm},01 = 0^{m},001$$

1. Voir le cours de cosmographie.

Il résulte de ces valeurs que, dans le nombre 54 837^m, 269, il y a 5^{Mm}, 4^{Km}, 8^{Hm}, 3^{Dm}, 7, 2^{dm}, 6^{cm}, 9^{mm}; et que ce nombre peut s'écrire :

$$54\ 837\ 269^{mm}$$
$$5\ 483\ 726^{cm}, 9$$
$$548\ 372^{dm}, 69$$
$$54\ 837^{m}, 269$$
$$5\ 483^{Dm}, 7269$$
$$548^{Hm}, 37269$$
$$54^{Km}, 837269$$
$$5^{Mm}, 4837269$$

188. Remarque. — Dans les noms des multiples et des sous-multiples non-seulement du mètre, mais des autres unités métriques, les mots tirés du latin,

déci, centi, milli,

signifient toujours :

dixièmes, centièmes, millièmes ;

et les mots tirés du grec,

déca, hecto, kilo, myria,

signifient :

dix fois, cent fois, mille fois, dix mille fois.

189. Instruments de mesure et mesurages divers. — Les mesures de longueur effectives autorisées par la loi sont :

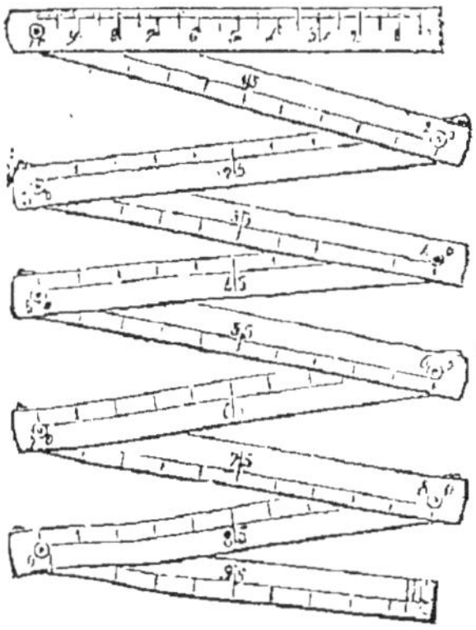

1° Le *mètre*. Il est ordinairement en bois ; sa forme est celle d'une règle carrée, sur laquelle sont marquées les divisions en centimètres et millimètres. Il est quelquefois formé de plusieurs parties qui se replient les unes sur les autres et qui sont au nombre de 2, de 5 ou de 10 ; il est alors en bois, en métal, en ivoire, en os ou en baleine. Quelquefois encore c'est un simple ruban en cuir ou en toile, rendus imperméables par un vernis.

Mètre.
Echelle
1/10.
Mètre en 10 parties.

Le mètre sert particulièrement, ainsi que ses subdivisions, à mesurer les étoffes, les dimensions des appartements, des meubles et des objets usuels les plus petits.

2° Le *demi-mètre*, construit de même, et employé aux mêmes usages.

3° Le *double-décimètre*,

4° Le *décimètre*,

sous forme de petites règles plates en bois, en ivoire ou en métal, employées particulièrement par les dessinateurs ;

5° Le *double-mètre*, règle en bois ou en métal, dont se servent les arpenteurs, les architectes, les ingénieurs, dans le mesurage des terrains et des constructions ;

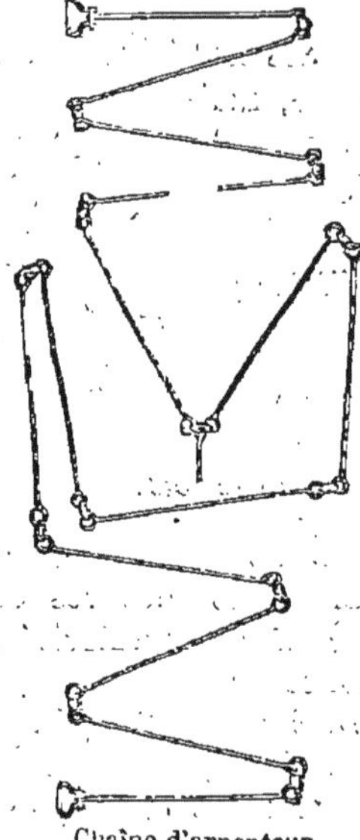
Chaîne d'arpenteur.

6° Le *demi-décamètre*,

7° Le *décamètre*,

8° Le *double-décamètre*,

spécialement employés dans l'arpentage et le levé des plans. Ils sont le plus souvent sous la forme d'une chaîne en fer terminée par deux poignées comprises dans la longueur de la mesure, et composée de chaînons unis par des anneaux ; ces chaînons ont 2 ou 5 décimètres de long. Les anneaux qui séparent les mètres sont en cuivre, le milieu de la chaîne est indiqué par une fiche ou une médaille suspendue à l'anneau qui sépare les divisions voisines.

Le décamètre est souvent un ruban d'acier où les petites divisions sont marquées par des clous, les mètres par des ronds de cuivre, le milieu par un losange de même métal.

Quelquefois le décamètre ou le demi-décamètre est un ruban de cuir ou de toile imperméable, enroulé dans un étui cylindrique.

190. Mètre courant. — Souvent dans les travaux de construction, menuiserie, charpente, maçonnerie, serrurerie, etc., la valeur d'un ouvrage, qui peut être d'ailleurs une surface ou un volume, est estimée par le prix du *mètre courant*, c'est-à-dire au moyen de la longueur seule de l'ouvrage, les autres dimensions, la forme, la qualité étant désignées d'avance. Ainsi une balustrade valant 30 le mètre courant, si l'ouvrage se compose de

25 mètres de **balustrade** conforme au modèle désigné, vaut 25 fois 30ᶠ ou 750ᶠ.

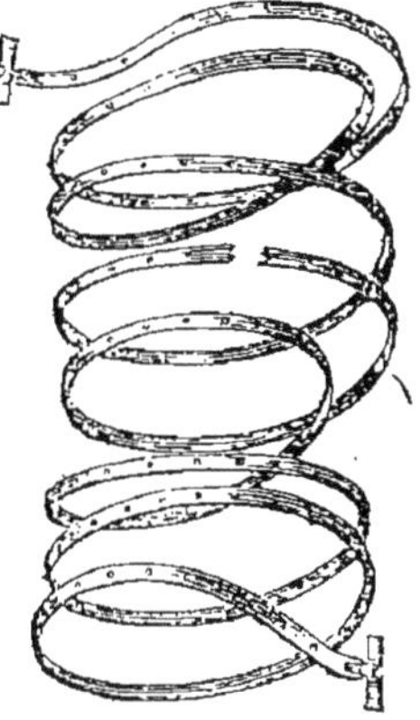

Décamètre
en ruban d'acier.

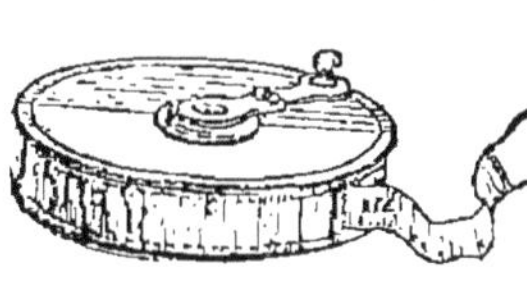

Décamètre en ruban de cuir
dans un étui.

191. Unités adoptées pour les distances itinéraires. — Les multiples du mètre employés pour les distances itinéraires sont le *myriamètre*, le *kilomètre*, l'*hectomètre*. Sur les routes, les myriamètres, les kilomètres, ou même les hectomètres, sont indiqués par des bornes numérotées, de grandeurs différentes.

Le plus souvent les distances itinéraires entre deux villes sont exprimées dans le langage en kilomètres.

Les très-grandes distances sont exprimées en myriamètres. Exemple : La distance de Paris à Marseille est de 863^{km}; celle de Paris à Moscou est de 290 myriamètres environ.

192. Lieue géographique, lieue marine, mille marin. — Le quart du méridien, arc de 90°, ayant, par définition, 10 000 000 de mètres, 1° a une longueur de $\dfrac{10\ 000\ 000}{90} = 111\ 111^{m},11\ldots$

La *lieue géographique* est la 25ᵉ partie de 1° ou $\dfrac{111\ 111^{m},11..}{25} = 4444^{m},44\ldots$

La *lieue marine* est la 20ᵉ partie de 1° ou $\dfrac{111\ 111^{m},11\ldots}{20} = 5555^{m},55\ldots$

Le *mille marin* est 1 minute, ou la 60ᵉ partie de 1° ou $\dfrac{111\ 111^{m},11\ldots}{60} = 1851^{m},85\ldots$

On désigne souvent ces trois unités en disant : lieue de 25 au degré, lieue de 20 au degré, mille de 60 au degré.

I.

III. SURFACES.

Unités de surface. — Mesures agraires. — Exercices.

193. Unités de surface. — La géométrie nous apprend que pour mesurer une surface il faut mesurer certaines lignes de la figure appelées *ses dimensions*. La surface a deux dimensions : la *longueur* et la *largeur*. Pour les mesurer, il faut employer une même unité longueur qui soit en rapport avec chacune d'elles. *L'unité longueur* étant adoptée, *l'unité de surface est le carré ayant pour côté l'unité longueur qui a servi à mesurer les dimensions de la figure.* — L'unité principale de surface est le *mètre carré*. On le désigne par les lettres *mq* (on écrivait autrefois *quarré* au lieu de *carré*). C'est un carré dont chaque côté a 1 mètre de long.

On emploie aussi les unités secondaires suivantes :

Multiples :

1° Le *décamètre carré*; c'est un carré dont chaque côté a 1Dm de long

2° l'*hectomètre carré* ;   —   —   1Hm —

3° le *kilomètre carré* ;   —   —   1Km —

4° le *myriamètre carré* ;   1Mm —

Sous-multiples :

1° le *décimètre carré*; c'est un carré dont chaque côté a 1d de long

2° le *centimètre carré* ;   —   —   1cm —

3° le *millimètre carré* ;   —   —   1mm —

On les désigne par les indications faciles à comprendre : *Dmq, Hmq, Kmq, Mmq, dmq, cmq, mmq.*

Il résulte de ce tableau que ce sont des carrés dont *les côtés sont de 10 en 10 fois* plus grands ou plus petits ; mais *leurs surfaces sont de 100 en 100 fois* plus grandes ou plus petites ; ce qui va être expliqué ;

Une unité de surface vaut cent fois l'unité immédiatement inférieure.

Démonstration. A côté d'un décimètre carré, posons un second décimètre carré, puis un troisième, un quatrième, jusqu'à ce qu'il y en ait dix ; nous aurons formé une surface de 10dm ou 1m de long sur 1dm de large ; elle contient 10dmq.

Au-dessus de cette première rangée appliquons une seconde rangée pareille, puis une troisième..., jusqu'à ce qu'il y en ait

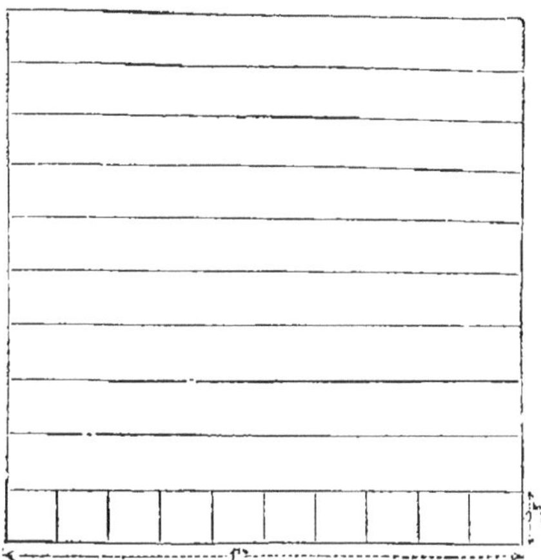

Mètre carré; échelle 1/20.

dix. Nous aurons formé une surface de 10^{dm} ou 1^{m} de long sur 10^{dm} ou 1^{m} de large, c'est-à-dire un mètre carré : elle contient 10 rangées de 10^{dmq} chacune, ou 100^{dmq}.

Ainsi un mètre carré vaut 100 décimètres carrés ; on ferait voir de même qu'une unité de surface quelconque vaut 100 fois l'unité carrée immédiatement inférieure.

VALEURS DES UNITÉS EXPRIMÉES LES UNES PAR LES AUTRES ET CHANGEMENT D'UNITÉ.

$$1^{Mmq} = 100^{Kmq} = 10000^{Hmq} = 1000000^{Dmq} = 100000000^{mq}$$
$$1^{Kmq} = 100^{Hmq} = 10000^{Dmq} = 1000000^{mq}$$
$$1^{Hmq} = 100^{Dmq} = 10000^{mq}$$
$$1^{Dmq} = 100^{mq}$$
$$1^{mq}$$
$$1^{dmq} = 0^{mq},01$$
$$1^{cmq} = 0^{dmq},01 = 0^{mq},0001$$
$$1^{mmq} = 0^{cmq},01 = 0^{dmq},0001 = 0^{mq},000001$$

Si l'on suppose la série des unités de surface commençant aux millimètres carrés et s'élevant aux myriamètres carrés, une unité de surface quelconque en vaut 100 de l'espèce précédente, 10 000 de la seconde, 1 000 000 de la troisième, etc.

Il résulte de ces valeurs que les nombres 72^{mq}, 538 612 et 305 627 490^{mq} peuvent s'écrire :

$$72\ 538\ 612^{mmq}$$
$$725\ 386^{cmq},\ 12$$
$$7\ 253^{dmq},\ 861\ 2$$
$$72^{mq}\ ,\ 538\ 612$$

$$305\ 627\ 480^{mq}$$
$$3\ 056\ 274^{Dmq},80$$
$$30\ 562^{Hmq},748\ 0$$
$$305^{Kmq},627\ 480$$
$$3^{Mmq},056\ 274\ 80$$

ou encore, et plus généralement :

$$72^{mq},\ 53^{dmq},\ 86^{cmq},\ 12^{mmq},\ \text{et}\ 3^{Mmq},\ 5^{Kmq},\ 62^{Hmq},\ 74^{Dmq},\ 80^{mq}.$$

Si l'on veut écrire sous forme d'un seul nombre décimal, rapporté à une des unités précédemment énumérées, le nombre qui exprime combien une surface renferme de ces diverses unités, on doit avoir soin de faire en sorte que chacune de ces unités occupe le rang de centièmes par rapport à l'unité immédiatement supérieure. Ainsi le nombre 4^{mq}, 5^{dmq}, 8^{cmq} s'écrirait :

$$4^{mq},0508$$

Réciproquement, pour lire, en exprimant combien il renferme de m. q., de décim. q., etc., un nombre décimal représentant une surface, on le supposera décomposé à partir des unités principales en tranches de deux chiffres; on lira de gauche à droite chaque tranche suivie du nom de ses unités.

194. Mesures agraires. — Quand on évalue la surface d'un champ, le décamètre carré prend le nom d'*are* et devient l'unité principale. L'are se désigne par la lettre *a*. Les seules unités secondaires usitées sont :

un multiple : l'*hectare*,
et un sous-multiple : le *centiare*.

On les désigne par les indications *ha* et *ca*.

$$1^{ca} = 0^{a},01 = 1^{mq} \quad 1^{a} = 100^{mq} \quad 1^{ha} = 100^{a} = 10000^{mq}$$

Chacune des unités agraires en vaut cent de la suivante.

Il résulte de ces valeurs que le nombre 17 $532^{a},05$ peut s'écrire :

$$1\ 753\ 205^{ca}$$
$$17\ 532^{a},\ 05$$
$$175^{ha},320\ 5$$

ou encore :

$$175^{ha},\ 32^{a},\ 5^{ca}\ \text{ou}\ 175^{ha},3205$$

REMARQUE. Il n'existe pas de mesures effectives de surface. La

Géométrie, d'une manière générale, et plus spécialement le *Toisé* et l'*Arpentage,* fournissent des règles qui permettent d'y suppléer.

EXERCICES N° 21.

I. Combien y a-t-il séparément de myriamètres, de kilomètres, d'hectomètres, de décamètres, de mètres, de centimètres, de millimètres dans les nombres suivants : 1° 243 587^m, 574; 2° 5234^{Dm},35; 3° 68^{hm},32143; 4° 12^{km}30005; 5° 24 Mm, 30401; 6° 203080^m,504; 7° 51607^{dm},20; 8° 0^m,532; 9° 118^{cm},4; 10° 91221812^{mm}.

II. Écrire ces nombres en prenant pour unité principale le myriamètre; de même en prenant pour unité principale le kilomètre; ensuite en prenant l'hectomètre, puis le décamètre, le mètre, le décimètre, le centimètre, le millimètre.

III. Combien les huit mesures effectives de longueurs différentes contiennent-elles de mètres, de décimètres, de centimètres, de millimètres? dans le mètre pliant divisé en cinq parties égales, quelle est la longueur de chaque section; de même, dans le double mètre divisé en 10? dans la chaîne d'arpenteur de 10 mètres, les chaînons étant de vingt centimètres, combien y a-t-il de chaînons; combien y a-t-il, dans cette chaîne, d'anneaux qui séparent les chaînons entre eux ou les chaînons extrêmes avec les deux poignées?

IV. Une maison a 8^m,5 de façade; à chaque étage il y a une moulure sous les fenêtres courant tout le long de la façade et la maison a 5 étages; la moulure du premier étage a coûté 1^r,25 le mètre courant; celle des autres 0^r,75; de plus la corniche porte une moulure valant 1^r,50 le mètre courant; quel est le prix total de ces diverses moulures?

V. 3 cadres dorés pour tableaux ont été payés ensemble 65^r; ils ont chacun 5^{dm} de largeur et 7^{dm} de haut; quel est, à 1 centime près, le prix du mètre courant de la baguette dorée qui forme ces cadres?

VI. Écrire les nombres suivants en prenant pour unité le mètre carré. 1° 5^{Mmq}, 24^{kmq}, 30^{hmq}, 5^{Dmq}, 7^{mq}; 2° 365^{mq}, 7^{dmq}, 24^{cmq}; 3° 9^{Dmq}, 3^{cmq}; 4° 5^{mq}, 6^{mmq}; 5° 8^{mq}, 325^{cmq}. Écrire ces mêmes nombres en prenant pour unité chaque multiple et chaque sous-multiple du mètre carré.

VII. Combien y a-t-il séparément de myriamètres carrés, de kilomètres carrés, d'hectomètres carrés, de décamètres carrés, de mètres carrés, de décimètres carrés, de centimètres carrés, de millimètres carrés : 1° dans la France entière, dont la surface est de 543 05^{kmq},41; 2° dans le département de la Seine, qui a 47 550^{hmq}? — La population de la France étant de 37 382 225 habitants, et celle du département de la Seine de 1 953 660 habitants, quel est l'espace occupé en moyenne par un habitant 1° en France, 2° dans le département de la Seine?

VIII. Exprimer en hectares, ares, centiares, la superficie de la France et celle du département de la Seine.

IX. En France la superficie des landes et bruyères, dont le rapport est à peu près nul, est de 7 138 282 hectares. Si ce terrain pouvait être planté en forêt, de sorte que le kilomètre carré valût 50 000f, et rapportât annuellement les 0,02 de sa valeur, combien rapporterait tout ce terrain?

X. Les vignes occupent en France une surface de 2 038 048 hectares. En supposant que le $\frac{1}{4}$ de ces vignes aient été soufrées, à raison de 92 grammes de soufre pour un are, quelle quantité de soufre aurait-on employée? Le soufre valant 36f,75 les 100 kilog. et le soufrage de 230 ares exigeant 4 journées d'ouvriers à raison de 2f,25 par journée, à combien reviendrait le soufrage de toutes ces vignes?

X. Une circonférence se divise en 360 degrés, chaque degré en 60 minutes, chaque minute en 60 secondes; combien valent à 1m près un degré, une minute, une seconde du méridien terrestre; quelle est la distance à vol d'oiseau entre Paris et Dunkerque, ces villes étant situées sur le même méridien à une distance de 2° 11' 55" l'une de l'autre.

XII. La surface d'un cercle s'obtient en multipliant le carré de son rayon par le nombre $\pi = 3,141\,592\,5$: trouver à 1mq près la surface d'un bassin circulaire dont le rayon est de 25m,503.

XIII. Le rayon d'un cercle est obtenu en divisant la longueur de la circonférence par le double du nombre π; quel est à 1cm près le rayon de la terre supposée sphérique?

XIV. La surface d'une sphère est 4 fois celle d'un cercle méridien; trouver avec 4 chiffres exacts la surface du globe terrestre et l'exprimer en hectares.

IV. VOLUMES.

Unités de volume. — Mesures de volume pour les bois. — Instruments de mesure. — Mesures de capacité. — Instruments de mesure. — Exercices.

195. **Unités de volume.** — La surface, avons-nous dit, a deux dimensions; le volume en a trois : la *longueur*, la *largeur* et la *hauteur*. Pour évaluer un volume, on choisit d'abord l'*unité longueur* avec laquelle on doit en mesurer les dimensions. Ce choix fait, l'unité surface et l'unité volume sont déterminées :

L'unité surface est le carré qui a pour côté l'unité longueur adoptée pour mesurer toutes les dimensions du volume.

L'unité volume est le cube (1) *qui a pour côté l'unité longueur dont on s'est servi pour mesurer les dimensions du volume proposé.*

L'unité principale de volume est le *mètre cube*. On le désigne par les lettres *mc*. C'est un cube dont chacune des douze arêtes a

1. Un *cube* est un volume limité par six carrés égaux, appelés *faces* du cube.

mètre de long ; chacune des six faces est 1 mètre carré.
On emploie aussi les unités secondaires suivantes :

Multiples :

1° le *décamètre cube*, dont chaque arête a 1^{Dm} de long ;
2° l'*hectomètre cube*,   —   —   1^{Hm} —
3° le *kilomètre cube*,   —   —   1^{Km} —
4° le *myriamètre cube*,   —   —   1^{Mm} —

Sous-multiples :

1° le *décimètre cube*, dont chaque arête a 1^{dm} de long ;
2° le *centimètre cube*,   —   —   1^{cm} —
3° le *millimètre cube*,   —   —   1^{mm} —

On les désigne par les indications : *Dmc, Hmc, Kmc, Mmc, dmc, cmc, mmc.*

Il résulte de ce tableau que ce sont des cubes dont les arêtes sont de 10 en 10 fois plus grandes ou plus petites ; mais leurs volumes sont de 1000 en 1000 fois plus grands ou plus petits ce qui va être expliqué.

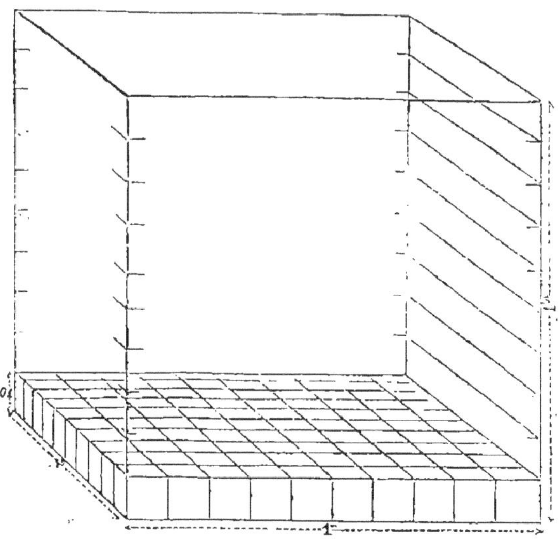

Mètre cube ; échelle 1/20.

Une unité de volume vaut mille fois l'unité immédiatement inférieure.

Sur une surface de 1^{mq} ou 100^{dmq}, posons les uns à côté des autres 100 décimètres cubes, 1 sur chaque décimètre carré. Le volume ainsi formé aura 1^m de long, 1^m de large et 1^{dm} de haut : il contient 100^{dmc}.

Sur cette première couche de décimètres cubes, posons-en une seconde pareille, puis une troisième, etc., jusqu'à ce qu'il y en ait dix. Nous aurons formé alors un volume de 1^m de long, 1^m de large et 10^{dm} ou 1^m de haut, c'est-à-dire un mètre cube. Il contient 10 couches de 100 décimètres cubes ou 1000^{dmc}.

Ainsi un mètre cube vaut 1000 décimètres cubes. On ferait voir de même qu'une unité de volume quelconque vaut 1000 fois l'unité immédiatement inférieure.

VALEURS DES UNITÉS EXPRIMÉES LES UNES PAR LES AUTRES, ET CHANGEMENT D'UNITÉ.

$$1^{Mmc} = 1000^{Kmc} = 1000000^{Hmc} = 1000000000^{Dmc} = 1000000000000^{mc}$$
$$1^{Kmc} = 1000^{Hmc} = 1000000^{Dmc} = 1000000000^{m}$$
$$1^{Hmc} = 1000^{Dmc} = 1000000^{mc}$$
$$1^{Dmc} = 1000^{mc}$$
$$1^{mc}$$

$$1^{dmc} = 0^{mc},001$$
$$1^{cmc} = 0^{dmc},001 = 0^{mc},000001$$
$$1^{mmc} = 0^{cmc},001 = 0^{d c},000001 = 0^{mc},000000001$$

Si l'on considère la série des unités de volume comme commençant au millimètre cube et se terminant au myriamètre cube, on remarque qu'une unité quelconque en vaut 1000 de la grandeur précédente, 1000 000 de la seconde, 1000 000 000 de la troisième, etc.

Il résulte de ces valeurs que les nombres 0^{mc}, 230 578 931 et 80 512 000 502 064^{mc} peuvent s'écrire :

$$230\ 578\ 931^{mmc} \qquad \text{et } 80\ 512\ 000\ 502\ 064^{mc}$$
$$230\ 578^{cmc},931 \qquad 80\ 512\ 000\ 502^{Dmc},064$$
$$230^{dmc},578\ 931 \qquad 80\ 512\ 000^{Hmc},502\ 064$$
$$0^{mc},230\ 578\ 931 \qquad 80\ 512^{Kmc},000\ 502\ 064$$
$$80^{Mmc},512\ 000\ 502\ 064$$

ou encore :

$$230^{dmc},\ 578^{cmc},\ 031^{mmc},\ \text{et } 80^{Mmc},\ 512^{Kmc},\ 502^{Dmc},\ 64.^{cm}$$

D'après cela :

Pour écrire un nombre d'unités de volume, lorsqu'on énonce séparément chacune d'elles, on écrit d'abord les unités supérieures, puis à la droite les unes des autres les divers nombres d'unités inférieures, considérés successivement comme représentant des millièmes.

Réciproquement, pour lire, en énonçant combien il renferme de chacune des diverses unités, un nombre décimal représentant un volume, on le supposera décomposé en tranches de trois chiffres à partir de l'unité principale; on lira de gauche à droite chaque tranche suivie du nom de ses unités.

196. Mesures de volume pour les bois. — Pour la mesure des bois, particulièrement des bois de chauffage, l'unité principale est encore le mètre cube, qui prend le nom de *stère*. On le désigne par les lettres *st*.

Les seules unités secondaires sont :

Un multiple : le *décastère*.

Un sous-multiple : le *décistère*.

Dst et *dst* désignent le décastère et le décistère :

$$1^{dst} = 0^{st},1 = 0^{mc},1\,;\ 1^{st} = 1^{mc}\,;\ 1^{Dst} = 10^{st} = 10^{mc}.$$

Chacune de ces unités vaut dix fois la suivante.

197. Instruments de mesure. — Les mesures effectives pour le bois de chauffage sont au nombre de trois :

Stère.

1° le *stère* ;

2° le *double-stère* ;

3° le *demi-décastère*.

Le stère est un châssis formé d'une pièce de bois horizontale, appelée *sole*, et de deux verticales appelées *montants*; la sole entre les deux montants a 1^m de long, chacun des deux montants a 1^m de haut.

En empilant dans ce cadre, jusqu'à ce qu'on atteigne le haut des montants, des bûches de bois de 1 de long, le solide formé par l'ensemble de ces bûches présente 1 mètre en largeur, 1 mètre en hauteur, 1^m en longueur ; par suite en volume 1 mètre cube.

Le double-stère n'en diffère que par la sole qui a 2 mètres de long.

Pour le demi-décastère, la sole a 3 mètres et les montants 1^m, 667, de façon à obtenir un solide de 5 mètres cubes.

Ces instruments ne fournissent la mesure exacte que pour le bois de 1^m de long. Quand les bûches sont plus longues, ce qui, est le cas le plus fréquent, les montants doivent être moins hauts. C'est ainsi que pour les bûches de 1^m, 14, la hauteur des montants pour le stère et le double-stère doit être de 0^m, 877 ; pour le demi-décastère cette hauteur est de $1^m,462$.

198. Mesures de capacité. — Pour les liquides, les grains, les matières sèches, l'unité principale de capacité est le décimètre cube, qui prend le nom de *litre*. On le désigne par la lettre l.

Les unités secondaires, de dix en dix fois plus grandes ou plus petites, sont :

Multiples : le *décalitre*, l'*hectolitre*, le *kilolitre*.

Sous-multiples : le *décilitre*, le *centilitre*, le *millilitre*.

On les désigne par les indications suivantes : *Dl, hl, kl; dl, cl, ml.*

Chacune de ces diverses unités en vaut 10 de la suivante. Rapportées au mètre cube et aux unités qui en dérivent, elles valent :

$$
\begin{aligned}
1^{Kl} &= 1000^{l} &&= 1^{mc} \\
1^{hl} &= 100^{l} &&= 0^{mc},1 \\
1^{Dl} &= 10^{l} &&= 0^{mc},01 \\
1^{l} &= &&= 1^{dmc} \\
1^{dc} &= 0^{l},1 &&= 0^{dmc},1 \\
1^{cl} &= 0^{l},01 &&= 0^{dmc},01 \\
1^{ml} &= 0^{l},001 &&= 0^{dmc},001
\end{aligned}
$$

199. Instruments de mesure. — Les mesures effectives de capacité sont de trois sortes :

I. Mesures pour les grains et autres matières sèches;

II. Mesures pour les boissons : vin, eau-de-vie, etc.

III. Mesures pour le lait, l'huile, et autres liquides.

I. MESURES POUR LES GRAINS. Elles ont la forme d'un cylindre dont la profondeur est égale au diamètre intérieur; elles sont construites en bois de chêne et cerclées de fer. Ce sont:

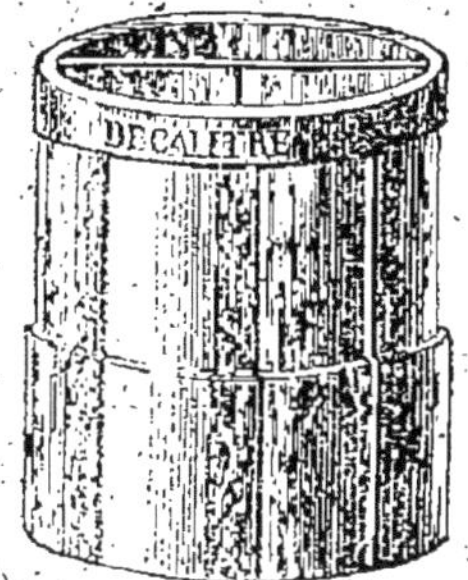

Décalitre pour les grains.

1° l'*hectolitre*;
2° le *demi-hectolitre*;
3° le *double-décalitre*;
4° le *décalitre*;
5° le *demi-décalitre*;
6° le *double-litre*;
7° le *litre*;
8° le *demi-litre*;
9° le *double-décilitre*;
10° le *décilitre*;
11° le *demi-décilitre*.

II. MESURES POUR LES BOISSONS. Elles ont la forme d'un cylindre muni d'une anse sur le côté. La profondeur est double du diamètre intérieur; elles sont construites en étain. Ce sont:

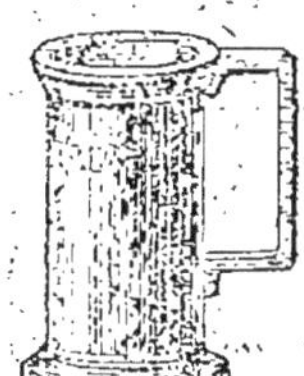

Litre.

1° le *double-litre*;
2° le *litre*;
3° le *demi-litre*;
4° le *double-décilitre*;
5° le *décilitre*;
6° le *demi-décilitre*;
7° le *double-centilitre*;
8° le *centilitre*.

III. MESURES POUR LE LAIT, ETC. Elles ont la forme d'un cylindre muni d'une anse ou d'un crochet; la profondeur est égale à la hauteur; elles sont en fer-blanc. Ce sont:

Litre.   Demi-litre.

1° le *double-litre*;
2° le *litre*;
3° le *demi-litre*;
4° le *double-décilitre*;
5° le *décilitre*;
6° le *demi-décilitre*.

Des mesures de la même forme, pour les liquides ou même pour les grains, peuvent être construites en cuivre, en tôle ou en fonte, depuis l'*hectolitre* jusqu'au *demi-déca-*

litre inclusivement; elles doivent être étamées intérieurement.

REMARQUE. Dans la plupart des cas et particulièrement pour les matériaux de construction, pour les liquides en fûts, etc., la mesure des volumes ne s'effectue pas à l'aide d'instruments spéciaux : on mesure les dimensions du solide, et on en déduit le volume au moyen des règles fournies par la Géométrie pour le *Cubage* et le *Jaugeage*.

EXERCICES N° 22.

I. Écrire les nombres suivants en prenant pour unité le mètre cube : 1° 64^{Mc}, 340^{kmc}, 512^{hmc}, 703^{Dmc}, 800^{mc}, 312^{dcm}; 2° 3^{kmc}, 22^{hmc}, 304^{Dmc}, 3^{mc}, 400^{dmc}, 38^{cm}; 3° 13 ; 22^{mc}, 3^{dmc}, 40^{cmc}. Écrire ces mêmes nombres en prenant pour unité chaque multiple et chaque sous-multiple du mètre cube.

II. Combien y a-t-il séparément de Mmc, de kmc, d'hmc, de Dmc, de mc, de dmc, de cmc, de mmc, dans les nombres suivants : 1° 32 034 512 002 034^{mc}, 512; 2° 5 020 134^{Dmc}, 510; 3° 12 584^{dmc}, 34; 4° 5 844 721 ^{hmc}, 321 526 7; 5° 1587^{dmc}, 84150; 6° 12 390 801 420 120^{mmc}.

III. Écrire, en prenant successivement pour unité le kl, l'hl, le Dl, le litre, le dl, le cl, le ml, les nombres suivants : 1° 38 340l, 34; 2° 500^{kl},31; 3° 2146^{hl},3 815 ; 4° 5 031^{Dl},22; 5° 7 810^{l},4 531; 6° 7^{dl}, 42 304; 7° 14^{cl}, 48 580; 8° 548124 931^{lm}.

IV. Une feuillette de 114l est vendue au prix de 24^f l'hectolitre; quel est le prix de cette feuillette?

V. L'exportation hors de la France des alcools purs pour l'année 1866 s'est élevée à 295 079 hectolitres environ : cette exportation représente une valeur de 85 440 850 francs; quelle est par litre la valeur de cette exportation? Sur cette somme 51 540^{fr} représentent la valeur des alcools étrangers exportés de France; combien d'hectolitres d'alcool de provenance française ont été exportés?

VI. De Lyon à Avignon la longueur du chemin de fer est de 230^{km}. Le cube des terrassements qui ont été effectués entre ces deux villes a été en moyenne par kilomètre de 29000^{mc}; quel est le cube total des terrassements? à combien revient-il, si l'on estime à 275 francs par décamètre cube les terrassements exécutés?

VI. Sur un hectare la production a été 28^{hl},5 de froment ou 530 gerbes; la fumure était de 45^{mc} de fumier; dans les mêmes conditions sur un champ de 148^a,34, combien aurait-il fallu de fumier; combien aurait-on récolté d'hectolitres de froment; combien de gerbes?

VIII. Le volume d'une sphère s'obtient en prenant les $\frac{4}{3}$ du cube du rayon et multipliant le nombre trouvé par $\pi = 3,1415926535\ldots$; trouver avec cinq chiffres exacts le volume du globe terrestre (voir Exercices n° 21, problème XIII.) Quel est le volume du Soleil, en supposant que son rayon soit 100 fois celui de la Terre (c'est en réalité 108 fois et demi.) Exprimer ces volumes en myriamètres cubes, en kilomètres cubes, en kilolitres.

V. POIDS.

Unité de poids. — Séries de poids et pesées diverses. — Comparaison des poids aux volumes d'eau.

200. Unités de poids. — L'unité principale pour les poids est le *gramme* ; le gramme est le poids, dans le vide, de la quantité d'eau distillée qui remplit un centimètre cube à la température du maximum de densité de l'eau, c'est-à-dire à 4 degrés centigrades au-dessus de zéro (1). On désigne le gramme par les lettres initiales *gr*.

Les unités secondaires, de dix en dix fois plus grandes ou plus petites, sont :

Multiples : le *décagramme*, l'*hectogramme*, le *kilogramme*, le *myriagramme* ; on les désigne par les indications : Dg, hg, kg, Mg ; ensuite le *quintal*, ou 100 kilogrammes, désigné par ql ou qx, et la *tonne* ou 1000 kilogrammes, désignée par son initiale t.

Sous-multiples : le *décigramme*, le *centigramme*, le *milligramme*, qu'on désigne ainsi : dg, cg, mg.

VALEUR DES UNITÉS EXPRIMÉES LES UNES PAR LES AUTRES ET CHANGEMENT D'UNITÉ.

Les valeurs de ces diverses unités peuvent être écrites et classées comme l'indique le tableau suivant :

$$
\left.
\begin{aligned}
1^{t} = 10^{qx} &= 100^{Mg} = 1000^{Kg}\\
1^{ql} &= 10^{Mg} = 100^{Kg}\\
1^{Mg} &= 10^{Kg}\\
&\ 1^{Kg}
\end{aligned}
\right\} \text{Pour les fortes pesées.}
$$

$$
\left.
\begin{aligned}
1^{Kg} = 10^{hg} &= 100^{Dg} = 1000^{gr}\\
1^{hg} &= 10^{Dg} = 100^{gr}\\
1^{Dg} &= 10^{gr}\\
&\ 1^{gr}
\end{aligned}
\right\} \text{Pour les pesées ordinaires.}
$$

$$
\left.
\begin{aligned}
&\phantom{1^{cg} = 0^{dg},1 =}\ 1^{gr}\\
1^{dg} &= 0^{gr},1\\
1^{cg} = 0^{dg},1 &= 0^{gr},01\\
1^{mg} = 0^{cg},1 = 0^{dg},01 &= 0^{gr},001
\end{aligned}
\right\} \text{Pour les faibles pesées.}
$$

Il résulte de ces valeurs que dans le nombre 5324^{gr}, 523, il y a

1. Voir le *Cours de Physique*.

5^{kg}, 3^{hg}, 2^{Dg}, 5^{gr}, 5^{dg}, 2^{cg}, 3^{mg}; et que ce nombre peut s'écrire également bien :

$$5\ 324\ 523^{mg}$$
$$532\ 452^{cg},3$$
$$53\ 245^{dg},23$$
$$5\ 324^{gr},523$$
$$532^{Dg},452\ 3$$
$$53^{hg},245\ 23$$
$$5^{kg},324\ 523$$

De même dans $18\ 792^{kg}$ il y a 18^{t}, 7^{qx}, 9^{Mg}, 2^{k} , et ce nombre peut s'écrire :

$$18\ 792^{kg}$$
$$1\ 879^{Mg},2$$
$$187^{qx},92$$
$$18^{t},792$$

201. Séries de poids et pesées diverses. — Outre les poids dont nous avons donné la nomenclature et la valeur relative, la loi autorise pour les besoins du commerce, la double et la moitié de chacun d'eux ; et la série complète est partagée en trois séries partielles : I. la série des gros poids ; II. celle des poids moyens ; III. celle des petits poids.

i. Gros poids. Ils sont en fonte, ont la forme d'une pyramide tronquée, sont munis à la face supérieure d'un anneau pour les soulever, et portent sur cette face l'indication du poids qu'ils mesurent. Ce sont les suivants :

Poids de 20 kilog.

Poids de 1 kilog.

1° 50 *kilogrammes,*
2° 20 *kilogrammes,*
3° 10 *kilogrammes,*
4° 5 *kilogrammes,*
5° 2 *kilogrammes,*
6° 1 *kilogramme,*
7° 1/2 *kilogramme,*
8° 2 *hectogrammes,*
9° 1 *hectogramme,*
10° 1/2 *hectogramme.*

Les poids de 50 kilogrammes et de 20 kilogrammes sont à base rectangulaire ; les autres sont à base hexagonale.

ii. Poids moyens. Ils sont en laiton ; ils ont la forme d'un cylindre surmonté d'un bouton pour les soulever; sur la face supérieure du cylindre, autour du bouton, est inscrite l'indication des poids qu'ils mesurent. La hauteur du cylindre est égale à son diamètre, la hauteur du bouton en est la moitié. Il y a exception pour les poids de 2 grammes et de 1 gramme que l'on construit plus larges et avec un plus gros bouton pour qu'ils roulent moins facilement et pour qu'ils offrent plus de prise. Ce sont les poids suivants :

Poids de 1 kil.

Double gramme.   Gramme.
Grandeur réelle.   Grandeur réelle.

1° 20 *kilogrammes,*
2° 10 *kilogrammes,*
3° 5 *kilogrammes,*
4° 2 *kilogrammes,*
5° 1 *kilogramme,*
6° 1/2 *kilogramme,*
7° 2 *hectogrammes,*
8° 1 *hectogramme,*
9° 1/2 *hectogramme,*
10° 2 *décagrammes,*
11° 1 *décagramme,*
12° 1/2 *décagramme,*
13° 2 *grammes,*
14° 1 *gramme.*

Les poids de 20, de 10 et de 5 kilogrammes sont peu employés. — On donne aussi aux poids de cette série la forme de *godets,* susceptibles de s'emboîter les uns dans les autres, et d'être enfermés dans une boîte de même forme ayant elle-même un poids déterminé, soit quand elle est vide, soit quand elle est pleine. Ainsi la série de 1ᵏ se compose de la boîte pesant 500ᵍʳ, un godet de 200ᵍʳ, 2 godets de 100ᵍʳ, 1 godet de 50ᵍʳ, 1 godet de 20ᵍʳ, 2 godets de 10ᵍʳ, 1 godet de 5ᵍʳ, 2 godets de 2ᵍʳ,

Godet et boîte de 1 kilog.

et 1 godet de 1ᵍʳ, en tout 1000ᵍʳ ou 1ᵏ. Il y a des séries de 500 de 100ᵍʳ et de 50ᵍʳ.

III. PETITS POIDS OU POIDS EN LAMES. Ce sont de petites lames, ou mieux de petites plaques minces de laiton; ces plaques sont carrées, mais les coins ont été rognés, ce qui leur donne l'aspect octogonal. Ces poids sont les suivants :

1° 5 *décigrammes,*

2° 2 *décigrammes,*
3° 1 *décigramme,*
4° 5 *centigrammes,*
5° 2 *centigrammes,*
6° 1 *centigramme,*
7° 5 *milligrammes,*
8° 2 *milligrammes,*
9° 1 *milligramme.*

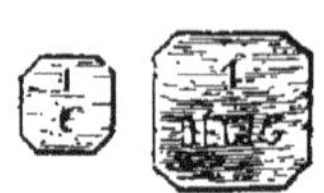

Centigramme et décigramme.
Grandeur réelle.

Les poids de la première série servent surtout pour peser les marchandises vendues en gros ; ceux de la seconde série, pour la généralité des marchandises vendues au détail ; ceux de la troisième ne sont guère employés que par les physiciens, les chimistes ou les pharmaciens, et les marchands de métaux précieux.

Le quintal et la tonne, qui ne sont pas des mesures effectives, servent surtout à exprimer la charge des wagons et des navires; dans ce dernier cas on donne quelquefois à la tonne le nom de *millier* métrique ou de tonneau de mer.

202. Comparaison des poids aux volumes d'eau. — D'après la définition du gramme et les valeurs des unités de poids et de volume :

$$1^{cmc} \text{ ou } 1^{ml} \text{ d'eau pèse} \quad 1^{gr}$$
$$1^{cl} \quad - \quad - \quad 10^{gr}$$
$$1^{dl} \quad - \quad - \quad 100^{gr}$$
$$1^{dmc} \text{ ou } 1^{l} \quad - \quad - \quad 1000^{gr} \text{ ou } \quad 1^{kg}$$
$$1^{Dl} \quad - \quad - \quad 10^{kg}$$
$$1^{hl} \quad - \quad - \quad 100^{kg} \text{ ou } 1^{qt}$$
$$1^{mc} \text{ ou } 1^{bl} \quad - \quad - \quad 1000^{kg} \text{ ou } 1^{t}$$

VI. MONNAIES.

Unités des monnaies. — Pièces de monnaie, métaux employés, poids et dimensions, titre, tolérance, valeur réelle. — Exercices.

203. Monnaies et unités monétaires. — Pour échanger facilement toutes les marchandises entre elles, il a fallu les rapporter à une même marchandise douée de qualités spéciales : on a choisi comme terme de comparaison la monnaie d'or, d'argent et de bronze, dont le propre est d'être incorruptible, de ne rien perdre de sa valeur quand on la divise, d'avoir une grande valeur sous un petit volume, d'être facilement transportable, etc.

En France, l'unité principale des monnaies est le *franc*; le franc est la valeur d'une pièce d'argent du poids de 5^{gr}, formée, sur 10 parties, de 9 parties d'argent pur et de 1 partie de cuivre.

Ses multiples n'ont pas de noms particuliers; ses sous-multiples sont le *décime* et le *centime*; on les désigne par les lettres *d*, *c*.

VALEUR DES UNITÉS EXPRIMÉES LES UNES PAR LES AUTRES ET CHANGEMENT D'UNITÉ.

$$1^d = 0^f,1$$
$$1^c = 0^d,1 = 0^f,01 \qquad \text{ou} \qquad 1^d = 10^c$$
$$1^f = 10^d = 100^c$$

Le nombre en francs, $27^f,584$ contient 27^f, 5^d, 8^c, 4 dixièmes de centime. On peut l'écrire des diverses manières suivantes :

$$2758^c,4$$
$$275^d,84$$
$$27^f,584$$

204. Pièces de monnaie, métaux employés, poids et dimensions, titre, tolérance, valeur réelle. — Les pièces de monnaie, en France, sont de trois sortes :

I. *Pièces d'or*, formées d'un alliage de 9 parties d'or pur et 1 partie de cuivre : pièces de 100^f, de 50^f, de 20^f, de 10^f, de 5^f.

II. *Pièces d'argent*, formées d'un alliage de 9 parties d'argent pur et 1 partie de cuivre : pièces de 5^f; — ou d'un alliage de 835 parties d'argent pur et 165 parties de cuivre : pièces de 2^f, de 1^f, de 50^c et de 20^c [1].

III. *Pièces de bronze*, formées d'un alliage de 95 parties de cuivre, 4 parties d'étain et 1 partie de zinc (en tout 100 parties) : pièces de 10^c, de 5^c, de 2^c, de 1^c.

Toutes ont la forme cylindrique et portent d'un côté l'indication de leur valeur. Leur poids, leurs dimensions sont réglés par la loi.

On appelle *titre* de l'alliage d'un métal avec un ou plusieurs autres, le quotient, effectué ou non, du poids du métal considéré par le poids total. Ainsi l'or dans les monnaies françaises est au titre de $\frac{9}{10}$ ou $\frac{900}{1000}$; — l'argent est au même titre dans les pièces de 5^f, et au titre de $\frac{835}{1000}$ dans celles de 2^f, de 1^f, de 50^c et de

1. Lois du 25 mai 1864 et du 27 juin 1866.

20c : — dans les pièces de bronze, le cuivre est au titre de $\frac{95}{100}$, l'étain au titre de $\frac{4}{100}$, le zinc au titre de $\frac{1}{100}$.

Dans la fabrication des monnaies, il est difficile de leur donner exactement le titre et le poids qu'elles devraient avoir, titre et poids qu'on désigne sous les noms de titre droit et poids droit; on tolère, pour cette raison, une certaine différence en titre et en poids, que l'on nomme *tolérance de titre, tolérance de poids.* La tolérance est toujours *en dessus* et *en dessous.* Dire que la tolérance de titre est de 0,002 pour l'or, c'est dire que pour les monnaies d'or le titre peut descendre de $\frac{900}{1000}$ à $\frac{898}{1000}$ et s'élever à $\frac{902}{1000}$; dire que la tolérance de poids est de 0,001 sur les pièces de 100 fr., c'est dire que leur poids réel peut être d'un millième de ce poids inférieur ou supérieur au poids droit : le poids droit étant pour ces pièces de 32^{gr},25800, la tolérance sera 0,001 de 32^{gr},25 800 ou 0^{gr},032 26, le poids fort sera 32^{gr}, 25800 $+$ 0^{gr}032 26 $=$ 32^{gr},290 26, et le poids faible sera 32^{gr}, 25800 $-$ 0^{gr},032 26 $=$ 32^{gr},225 74.

La valeur de 1^{kg} d'or pur est de 3437^{f}; par suite celle de 1^{kg} au titre monétaire est les $\frac{9}{10}$ de cette valeur ou 3093^{f},30.

La valeur de 1^{kg} d'argent pur est de 220^{f},56 ; par suite celle de 1^{kg} d'argent au titre monétaire de $\frac{9}{10}$ est les $\frac{9}{10}$ de cette valeur ou 198^{f},50; et la valeur de 1^{kg} d'argent au titre de $\frac{835}{1000}$ est les $\frac{835}{1000}$ de 220^{f}, 56 ou 184^{f}, 16 (sans forcer le dernier chiffre, parce que 220^{f}, 56 est par excès).

La valeur réelle des monnaies de bronze n'est pas en rapport avec leur valeur nominale.

Les monnaies d'or et d'argent n'ont cours qu'autant que les empreintes qu'elles portent n'ont pas disparu et que l'usure produite par le *frai* n'est pas de $\frac{1}{2}$ pour 100 plus grande que la tolérance pour les monnaies d'or, et de 1 pour 100 pour les monnaies d'argent.

Le tableau suivant donne pour chaque pièce sa valeur nominale, son poids droit, son diamètre, et montre sa valeur réelle, le titre du métal précieux, la tolérance de titre, la tolérance de poids.

REMARQUES. I. Pour les monnaies, comme pour les autres mesures, les mesures réelles sont toujours les multiples et sous-multiples de l'unité principale, ainsi que leurs doubles et leurs demies.

II. A poids égal l'argent au titre de $\frac{9}{10}$ vaut 20 fois autant que le bronze (valeur nominale). En effet, la pièce de 20ᶜ en argent et la pièce de 1ᶜ en bronze pèsent chacune 1ᵍʳ.

	VALEUR NOMINALE.	POIDS DROIT.	DIAMÈTRE.	VALEUR RÉELLE.	TITRE.	TOLÉRANCE	
						DE TITRE	DE POIDS
OR	fr. 100 »	gr. 32,25800	mm. 35	f. 99,7839			0,001
	50 »	16,12900	28	49,8919			0,001
	20 »	6,45161	21	19,9568	0,900	0,002	0,002
	10 »	3,22580	19	9,9784			0,002
	5 »	1,61290	17	4,9892			0,003
ARGENT	fr. 5 »	gr. 25	mm. 37	f. 4,9625			0,003
	2 »	10	27	1,8416			0,005
	1 »	5	23	0,9208	0,835	0,003	0,005
	» 50ᶜ	2,5	18	0,4604			0,007
	» 20ᶜ	1	15	0,1842			0,010
BRONZE	» 10ᶜ	gr. 10	mm. 30		cuivre : 0,95	cuivre : 0,01	0,01
	» 5	5	25				0,01
	» 2	2	20		étain : 0,04	étain et zinc : 0,015	0,015
	» 1	1	15		zinc : 0,01		0,015

La valeur de l'or est environ 15 fois $\frac{1}{2}$ celle de l'argent, à poids égal et à titre égal; ou, ce qui revient au même, à valeur égale et à titre égal, la monnaie d'or pèse 15 fois $\frac{1}{2}$ moins que celle d'argent : c'est ainsi que 1ᵍʳ,61290 poids de 5ᶠ en or est égal au poids de 5ᶠ en argent, 25ᵍʳ, divisé par 15,5.

III. Les monnaies offrant des dimensions exactes et des poids exacts, peuvent fournir des mesures de longueur et de poids. Ainsi 1 pièce de 2ᶜ ayant un diamètre de 20ᵐᵐ, 5 de ces pièces en ligne droite forment une longueur de 100ᵐᵐ ou 1ᵈᵐ, et 50 forment le mètre : de même 4 pièces de 5 centimes forment 1ᵈᵐ, et 40 de ces mêmes pièces forment le mètre.

Les pièces de bronze pèsent autant de grammes qu'elles valent de centimes ; les pièces d'argent pèsent autant de grammes qu'elles valent de fois 20ᶜ. Ainsi, en monnaie d'argent, 2ᶠ pèsent 1 décagramme, 20ᶠ pèsent 1 hectogramme, 200ᶠ pèsent 1 kilogramme. Dans les maisons de banque on vérifie en les pesant les sommes que l'on a comptées.

EXERCICES Nᵒ 23.

I. Écrire en kilogrammes les poids des quantités d'eau suivantes : 1° 20ᵐᶜ, 367 ; 2° 32ᵈᵐᶜ, 4805 ; 3° 8ᵐᶜ, 52307 ; 4° 325ᶜᵐᶜ, 421. — Écrire ces mêmes nombres en prenant pour unité successivement chaque multiple ou sous-multiple du gramme.

II. Combien y a-t-il séparément de gr, de dg, de cg, de mg, de dg, d'hg, de kg, de Mg, de qx, de tonnes, dans 2304567ᵍʳ, 894 ; dans 548ᵏᵍ 2512 ; dans 792834ᴰᵍ ; dans 3721ᵏᵍ, 71002 ?

III. Sur le chemin de fer de Birmingham à Londres, la tranchée du *Tring* a nécessité l'enlèvement de 100 000ᵐᶜ pesant en tout 1 200 000 000ᵏᵍ ; combien pesait en moyenne 1ᵐᶜ de déblai ?

IV. Pour fumer un hectare de terre, on emploie 10 000ᵏᵍ de fumier de ferme ; combien a-t-il fallu de voyages d'une charrette contenant 2ᵐᶜ, 5 pour transporter le fumier nécessaire à un terrain de 1ʰᵃ, 543, en supposant que ce fumier pèse 630ᵏᵍ par mètre cube ?

V. Combien aurait-il fallu de voyages dans les mêmes conditions pour fumer 1ʰᵃ avec du guano, sachant qu'il faut 40 fois moins en poids de guano que de fumier et que ce guano pèse 90ᵏᵍ par hectolitre ?

VI. Avec 1ᵏᵍ d'or, 1° au titre monétaire, 2° au titre de $\dfrac{1000}{1000}$; combien peut-on faire de pièces de 100ᶠ, de 50ᶠ, de 20ᶠ, de 10ᶠ, ou de 5ᶠ ?

VII. Quelle est la quantité d'argent contenue dans une somme de 2836ᶠ, formée pour 2800ᶠ en pièces de 5ᶠ, pour le reste en pièces de 50ᶜ ; quelle est la quantité de cuivre ? quel est le poids total de cette somme ?

VIII. Dans une certaine somme en monnaie de bronze, il y a 184ᵏᵍ d'étain ; combien y a-t-il de cuivre et de zinc ? combien vaut cette somme ?

IX. Quelle est la tolérance de poids pour chacune des pièces d'or et d'argent ?

X. Dans 250ᶠʳ en or, le titre et le poids sont trop faibles et à la limite juste de la tolérance ; quelle est la valeur réelle de cette somme ?

CHAPITRE II.

MESURES DIVERSES.

I. MESURE DU TEMPS.

Jour, ses divisions. — Année, mois. — Calendrier.

205. Jour, ses divisions. — Pour la mesure du temps, dans les usages de la vie civile, l'unité principale est le *jour*[1]. Le jour n'est point assujetti à la division décimale ; on divise le jour en 24 heures, l'heure en 60 minutes, la minute en 60 secondes. En abrégé, on désigne ces unités par les initiales *j, h, m, s*. Ex. : 2j 3ʰ 40ᵐ 50ˢ.

Le jour *civil* commence à *minuit*, c'est-à-dire à un instant précis déterminé par les observations astronomiques, variable suivant les lieux ; on l'appelle minuit (milieu de la nuit), parce qu'il correspond à peu près au milieu du temps pendant lequel l'obscurité de la nuit règne dans le lieu où l'on se trouve

Le milieu du jour, correspondant à peu près au milieu du temps pendant lequel le lieu où l'on se trouve est éclairé par le soleil, a reçu le nom de *midi*.

Les heures se comptent de 0ʰ à 12ʰ depuis minuit jusqu'à midi, et de même de 0ʰ à 12ʰ de midi à minuit.

206. Année, mois. — L'*année civile* est une période de 365 ou 366 jours, suivant les cas ; l'année de 365 jours s'appelle année *commune* ; celle de 366 jours, année *bissextile*.

L'année est bissextile quand sa date ou millésime forme un nombre divisible par 4 ; elle est commune dans le cas contraire ; il y a exception pour les années séculaires (celles dont le millésime est terminé par deux zéros) : elles ne sont bissextiles que quand les centaines de leur millésime forment un nombre divisible par 4 ; ainsi les années 1700, 1800, 1900 ne sont pas bissextiles, mais communes, parce que 17, 18, 19 ne sont pas divisibles par 4 ; mais les années 1600 et 2000 sont bissextiles, parce que 16 et 20 sont nombres divisibles par 4.

---

1. Plus exactement le jour solaire moyen : voir le Cours de cosmographie.

L'année se divise en douze *mois* : janvier, février, mars, avril, mai, juin, juillet, août, septembre, octobre, novembre, décembre.

Janvier, mars, mai, juillet, août, octobre, décembre ont 31 jours; les 5 autres mois ont 30 jours, excepté février qui a 28 jours dans l'année commune et 29 dans l'année bissextile.

La succession des jours se désigne encore par une autre période, la *semaine*, composée de 7 jours, dont les noms sont connus. Comme 365 divisé par 7 donne pour quotient 52 et pour reste 1, il s'ensuit qu'une année commune contient 52 semaines et 1 jour; en sorte que si une année commune a commencé par un certain jour de la semaine, soit le mardi, l'année suivante commencera par le jour suivant de la semaine, soit le mercredi. L'année bissextile, composée de 366 jours, contient 52 semaines et deux jours; en sorte que si une année bissextile a commencé par un certain jour de la semaine, soit encore le mardi, l'année suivante commencera par le second jour après celui-là, soit le jeudi.

207. L'organisation que nous venons d'expliquer, et qui est aujourd'hui adoptée par presque toutes les nations chrétiennes, ne date que de 1582 : avant cette époque, toutes les années séculaires étaient bissextiles. De plus, par des raisons que nous ne pouvons expliquer ici, on dut, en 1582, supprimer 10 jours de l'année, de sorte que le lendemain du 5 octobre 1582 fut le 16 octobre. Cette réforme, qui avait pour but et qui eut pour résultat d'établir une concordance plus parfaite entre l'année civile et l'année *solaire* ou *tropique*, ne fut adoptée dans les pays protestants qu'au dix-septième siècle, et en Angleterre qu'en 1752.

Les Russes ne l'ont pas adoptée, et comme chez eux les années 1700 et 1800 ont été bissextiles, tandis qu'elles ne l'étaient pas chez nous, ils sont maintenant en retard de 12 jours sur nous dans la supputation des jours. Ainsi le jour qui porte le nom de 27 octobre en France n'est que le 15 octobre en Russie.

Dans leurs rapports avec les autres nations, les Russes écrivent habituellement les deux dates l'une au-dessus de l'autre, de la manière suivante : $\frac{15}{27}$ octobre.

208. Une supputation toute différente du temps, désignée aujourd'hui sous le nom de Calendrier républicain, a été en usage en France du 1er octobre 1793 au 1er janvier 1806.

L'année, comptée à partir du 22 septembre (l'an Ier du 22 septembre 1792 au 22 septembre 1793, et ainsi de suite), se subdivisait en douze mois de 30 jours chacun, suivis de cinq jours dits *jours complémentaires* (six dans les années bissextiles). Les noms des mois étaient les suivants :

Automne : vendémiaire, brumaire, frimaire.
Hiver : nivôse, pluviôse, ventôse.
Printemps : germinal, floréal, prairial.
Été : messidor, thermidor, fructidor.

II. ANCIENNES MESURES ; LEUR CONVERSION EN NOUVELLES MESURES.

Longueurs. — Surfaces. — Volumes. — Poids. — Monnaies. — Tables de conversion en unités nouvelles. — Leur emploi. — Problème inverse.

208. Longueurs. — Les unités employées étaient :

la *toise* (T) = 6 pieds ;   l'*aune* = 3^P 7^p 10^l 10^{points} ;
le *pied* (P) = 12 pouces ;   le *mille* = 1000^T ;
le *pouce* (p) = 12 lignes ;   la *lieue* = 2000^T.
la *ligne* (l) = 12 *points* ;

Le système métrique se relie à l'ancien système par la longueur du quart du méridien qui vaut par définition 10 000 000^m, et qui fut évalué en toises à 5 130 740 . Il en résulte que

$$1^T = \frac{10\ 000\ 000^m}{5\ 130\ 740} = 1^m,949\ 0365$$

En divisant ce nombre par 6, puis le quotient obtenu par 12, enfin le nouveau quotient par 12, on obtient respectivement la longueur du pied, du pouce, de la ligne, du point ; d'où on déduit celle de l'aune.

209. Surfaces. — Pour la généralité des mesures de surface, les unités employées étaient simplement les carrés construits sur les unités de longueur : *toise carrée* (Tq), *pied carré* (Pq), etc.

Pour les mesures agraires, les unités étaient la *perche carrée* et l'*arpent.*

La perche avait des longueurs variables suivant les provinces ou les villes, et suivant les usages.

La *perche des eaux et forêts* était un carré de 22 pieds de côté et contenait 22 × 22 = 484^{Pq} ; la *perche de Paris*, de 18 pieds ou 3 toises de côté, contenait 18 × 18 = 324^{Pq} ou 3 × 3 = 9^{Tq}.

L'arpent était un carré de 10 perches de côté ou 100 perches carrées de surface ; par suite l'*arpent des eaux et forêts* contenait 48 400^{Pq}, et l'*arpent de Paris* 32 400^{Pq}, ou 900^{Tq}.

La toise carrée, évaluée en mètres carrés, vaut 1,949036...$\times$ 1,949036.... ou le carré du nombre qui représente en mètres la longueur de la toise (Géométrie ; mesure des surfaces) ; on obtient ainsi :

$$1^{Tq} = 3^{mq},\ 798\ 74.$$

On en déduit la valeur du pied carré qui est 36 fois moindre, du pouce carré qui est 12×12, ou 144 fois moindre que le pied carré, etc.

210. Volumes. — Les unités de volume étaient les cubes construits sur les unités de longueur. La toise cube égale en mètres cubes $1,949\ 036 \times 1,949\ 036 \times 1,949\ 036$ (Géom., mesure des volumes) ; on obtient ainsi 7^{mc}, 403 88.

Pour la mesure des bois de chauffage les unités étaient la *voie* et la *corde*. La voie des Eaux et Forêts était de 56 ou 1^{mc}, 919 52 ; c'est-à-dire tout près du double stère ; la corde était de 2 voies.

La *solive*, pour la mesure des bois de charpente, était de 3^{Pc} = 0^{mc}, 102832.

Pour les liquides les unités étaient la *pinte*, équivalant à 0^{litres}, 9313 ; la *velte*, valant 8 pintes ; le *quartaut*, 9 veltes ; la *feuillette*, 2 quartauts ; le *muid*, 2 feuillettes.

Actuellement les vins, alcools, eaux-de-vie, se vendent encore à la feuillette, au tonneau et autres mesures analogues : pour les fûts de Bourgogne le quartaut vaut 57^{lit}, la feuillette 114^{l}, le tonneau, muid, poinçon ou pièce, 228 ; la queue ou deux tonneaux, 456^{l} ; pour les fûts de Bordeaux, la velte vaut 7 litres 1/2 ; la barrique 226^{l} 1/2 ; la pièce pour les eaux-de-vie 376^{l} 1/2, le tonneau 912^{l}.

On mesurait les grains au *litron*, équivalant à 0 ,8130 ; au *boisseau* de 16 litrons ; au *setier* de 12 boisseaux.

211. Poids. — L'unité était la *livre-poids* (^{lb}), équivalant à 0^{kg}, 489 506, tout près du demi-kilogramme ; elle se subdivisait en 2 *marcs*, le marc en 8 *onces*, l'once en 8 *gros*, le gros en 3 *deniers* ou *scrupules*, le denier en 24 *grains*. Les gros poids s'estimaient à l'aide du *quintal*, valant 100 livres.

212. Monnaies. — L'unité était la *livre-tournois* (₶); elle valait 20 *sous* ou *sols*; le sou, 4 *liards* ou 12 *deniers*.

Les monnaies étaient : 1° en or, le *double-louis*, 48₶; le *louis* 24₶; le demi-louis, 12₶; 2° en argent, l'*écu* de 6₶, l'*écu* de 3₶, les pièces de 30 sous, de 24 sous, de 15 sous, de 12 sous; 3° en bronze, les pièces de 2 sous, de 6 liards, de 1 sou, de 2 liards, de 1 liard.

$$81^{₶} \text{ équivalent à } 80^{r} \text{ ; donc } 1^{₶} = \frac{80^{r}}{81} = 0^{r},987\ 65.$$

215. Tables de conversion des anciennes mesures en nouvelles. — Ayant la valeur d'une mesure ancienne en unités du système métrique, on peut avoir la valeur d'un multiple ou d'un sous-multiple de cette mesure : c'est ainsi que l'on forme les tables de conversion qui suivent.

RÉDUCTION DES ANCIENNES MESURES DE LONGUEUR EN NOUVELLES.

N.	TOISES.	PIEDS.	POUCES.	LIGNES.	AUNES.
	m.	m.	m.	m.	m.
1	1.949 04	0,324 8	0.027 1	0,002 3	1,188 44
2	3,898 07	0,649 7	0,054 1	0,004 5	2,376 89
3	5,847 11	0,974 5	0,081 2	0,006 7	3,565 33
4	7,796 15	1,299 4	0,108 3	0,009 0	4,753 78
5	9,745 18	1,624 2	0,135 4	0,011 3	5,942 23
6	11,694 22	1,949 0	0,162 4	0,013 5	7,130 67
7	13,643 26	2,273 9	0,189 5	0,015 8	8.319 12
8	15,592 29	2,598 7	0.216 6	0,018 0	9,507 56
9	17,541 33	2,923 6	0,243 6	0,020 3	10,696 01

RÉDUCTION DES ANCIENNES MESURES DE SURFACE EN NOUVELLES.

N.	TOISES carrées.	PIEDS carrés.	POUCES carrés.	LIGNES carrées.	ARPENTS[1] de Paris.	ARPENTS[1] des E.-F.
	mq.	mq.	mq.	mq.	ha.	ha.
1	3,798 74	0,105 52	0,000 732	0,000 005	0,341 88	0,510 72
2	7,597 48	0,211 04	0,001 465	0,000 010	0,683 77	1,021 44
3	11,396 23	0,316 56	0,002 198	0,000 015	1,025 66	1,532 16
4	15,194 97	0,422 08	0,002 931	0,000 020	1,367 54	2,042 88
5	18,093 71	0,527 60	0,003 663	0,000 025	1,709 43	2,553 60
6	22,792 46	0,633 12	0,004 396	0,000 030	2,051 32	3,064 32
7	26,591 20	0,738 64	0,005 129	0,000 035	2,393 20	3,575 04
8	30,389 94	0,844 16	0,005 862	0,000 040	2,735 09	4,085 76
9	34,188 69	0,949 68	0,006 595	0,000 045	3,076 98	4,596 48

RÉDUCTION DES ANCIENNES MESURES DE VOLUME ET DE SOLIDITÉ EN NOUVELLES.

N	TOISES cubes.	PIEDS cubes.	POUCES cubes.	LIGNES cubes.	CORDES des E.-F.	SOLIVES.
	mc.	mc.	mc.	cmc.	st.	mc.
1	7,403 89	0,034 277	0,000 0198	0,011 4	3,839 05	0,102 83
2	14,807 78	0,068 554	0,000 0396	0,022 9	7,678 10	0,205 66
3	22,211 67	0,102 831	0,000 0595	0,034 4	11,517 16	0,308 49
4	29,615 56	0,137 109	0,000 0793	0,045 9	15,356 21	0,411 32
5	37,019 45	0,171 386	0,000 0991	0,057 3	19,195 27	0,514 15
6	44,423 34	0,205 663	0,000 1190	0,068 8	23,034 32	0,616 99
7	51,827 23	0,239 940	0,000 1388	0,080 3	26,873 37	0,719 82
8	59,231 12	0,274 218	0,000 1586	0,091 8	30,712 43	0,822 65
9	66,635 01	0,308 495	0,000 1785	0,103 3	34,551 48	0,925 48

RÉDUCTION DES ANCIENNES MESURES DE CAPACITÉ EN NOUVELLES.

N.	SETIERS.	BOISSEAUX.	LITRONS.
	hl.	hl.	hl.
1	1,560 99	0,130 0	0,008 1
2	3,121 99	0,260 1	0,016 2
3	4,682 98	0,390 2	0,024 3
4	6,243 98	0,520 3	0,032 5
5	7,804 98	0,650 4	0,040 6
6	9,365 97	0,780 4	0,048 7
7	10,926 97	0,910 5	0,056 9
8	12,487 97	1,040 6	0,065 0
9	14,048 96	1,170 7	0,073 1

1. Les perches sont exprimées en ares par les mêmes nombres que les arpents en hectares : 1 perche de Paris = 0ª, 34188,

RÉDUCTION DES ANCIENNES MESURES DE POIDS EN NOUVELLES.

N.	LIVRES.	ONCES.	GROS.	GRAINS.
	kg.	kg.	kg.	gr.
1	0,489 51	0,030 6	0,003 8	0,053
2	0,979 01	0,061 2	0,007 7	0,106
3	1,468 52	0,091 8	0,011 5	0,159
4	1,958 02	0,122 8	0,015 3	0,212
5	2,447 53	0,153 0	0,019 1	0,265
6	2,937 03	0,183 6	0,022 9	0,318
7	3,426 54	0,214 2	0,026 8	0,371
8	3,916 05	0,244 8	0,030 6	0,424
9	4,405 55	0,275 4	0,034 4	0,477

RÉDUCTION DES ANCIENNES MONNAIES EN NOUVELLES.

N.	LIVRES TOURNOIS.	SOUS.	DENIERS.
	fr.	fr.	fr.
1	0,987 650 9	0,049 3	0,004 1
2	1,975 301 8	0,098 7	0,008 2
3	2,962 952 8	0,148 1	0,012 3
4	3,950 603 7	0,197 5	0,016 4
5	4,938 254 7	0,246 9	0,020 5
6	5,925 905 6	0,296 5	0,024 6
7	6,913 556 5	0,345 6	0,028 8
8	7,901 207 5	0,395 0	0,032 9
9	8,888 858 4	0,444 4	0,037 0

214. Emploi des tables précédentes pour la conversion des anciennes mesures. — Dans les six tables qui précèdent tous les résultats sont calculés à moins d'une demi-unité du dernier ordre exprimé; on peut donc toujours se rendre compte de l'approximation du résultat obtenu. En règle générale, il est facile de voir que pour un nombre à convertir inférieur à 1000 des unités anciennes de l'ordre le plus élevé de chaque table, toises, toises carrées ou cubes, setiers, livres, elles donnent le résultat en unités nouvelles correspondantes, mètres, mètres carrés, mètres cubes ou stères, hectolitres, kilogrammes, francs, à moins de 0,01 de chacune de ces unités. Pour les livres tournois le calcul peut se faire à 0ᶠ,01 tant que le nombre de livres n'atteint pas 100 000.

On fera les opérations de la façon suivante :

EXEMPLE I. *Convertir* 536^T 3^P 11^p 7^l *en mètres :*

$$
\begin{aligned}
500^T &= 974^m,518 \\
30 &= 58\ ,471 \\
6 &= 11\ ,694 \\
3 &= 0\ ,974 \\
10 &= 0\ ,270 \\
1 &= 0\ ,027 \\
7^l &= 0\ ,015
\end{aligned}
$$

Réponse : $\overline{536^T\ 3^P\ 11_p\ 7^l = 1045^m,97}$

Chaque partie de la somme étant écrite avec une approximation d'une unité, par défaut, du 3e chiffre décimal, le nombre des parties ajoutées étant moindre que 10, la somme est approchée, en forçant le chiffre des centièmes, à moins d'une unité de cet ordre.

EXEMPLE II. *Convertir en hectares 54 arpents 38 perches de Paris :*

$$
\begin{aligned}
50 \text{ arpents} &= 17^{ha},094 \\
4 \quad - &= 1\ ,367 \\
30 \text{ perches} &= 0\ ,102 \\
8 \quad - &= 0\ ,027
\end{aligned}
$$

Réponse : $\overline{50 \text{ arpents } 38 \text{ perches} = 18^{ha},60^a}$

EXEMPLE III. *Convertir 6 gros 39 grains en grammes.*

$$
\begin{aligned}
6 \text{ gros} &= 22^{gr},9 \\
30 \text{ grains} &= 1\ ,5 \\
9 \text{ grains} &= 0\ ,4
\end{aligned}
$$

Réponse : $\overline{6 \text{ gros } 30 \text{ grains} = 25^{gr}}$

EXEMPLE IV. *Convertir 6 354#$ 7 sous 5 deniers en francs et centimes :*

$$
\begin{aligned}
6\ 000 \text{ livres} &= 5\ 925^f,905 \\
300 \quad - &= 296\ ,295 \\
50 \quad - &= 49\ ,382 \\
4 \quad - &= 3\ ,950 \\
7 \text{ sous} &= 0\ ,345 \\
5 \text{ deniers} &= 0\ ,020
\end{aligned}
$$

Réponse : $\overline{6\ 354^{lt}\ 7 \text{ sous } 7 \text{ deniers} = 6\ 275^f,90}$

215. **Problème inverse.** — Il ne doit se présenter que

très-rarement ; nous ne donnons pas de tables pour le résoudre ; en voici un exemple.

EXEMPLE. *Convertir* $35^{mc},73$ *en solives.*

$$0^{mc},10283 = 1 \text{ solive}$$
$$1^{mc} = \frac{1}{0,10283}$$
$$35^{mc},73 = \frac{35,73}{0,10283} = 347 \text{ solives.}$$

Réponse : 347 solives.

III. NOMBRES COMPLEXES.

Définition. — Réduction en unités d'une seule espèce. — Réduction en unités des diverses espèces. — Addition et soustraction. — Multiplication. — Division. — Exercices.

216. Définition des nombres complexes. — On appelle *nombres complexes* les nombres exprimés en unités diverses qui ne sont pas des parties décimales les unes des autres.

Ex. : 28^j 13^h 40^m; 5^{pi} 6^{po} 3^{li}. On voit que de tels nombres sont formés en réalité de plusieurs nombres réunis. Nous donnerons des exemples des principales opérations à faire sur les nombres complexes.

217. Réduction en unités d'une seule espèce.

EXEMPLE. *Réduire* 3^{tt} 8^{sols} $4^{deniers}$, $1°$ *en deniers,* $2°$ *en livres,* $3°$ *en sols.*

$1°$ $3^{tt} = 3 \times 20$ sols $= 60$ sols
     $8 = \dots\dots\dots 8 -$
     $\overline{\qquad\qquad 68 \text{ sols}} = 68 \times 12$ deniers $= 816$ deniers
     $4^d = \dots\dots\dots\dots\dots\dots 4 -$
     $\overline{3^{tt} 8^s 4^d = \dots\dots\dots\dots\dots 820 \text{ deniers}}$

$2°$ $4^{deniers} = 4/12$ ou $1/3$ de sol
     $8^{sols} = \qquad 24/3 -$
     $\overline{\qquad 25/3 \text{ de sol}} = \frac{25}{3} : 20$ ou $\frac{25}{60}$ ou $\frac{5}{12}$ de livre.
     $3^{livres} = \dots\dots\dots\dots 3 \text{ livres.}$
     $\overline{3^{livres} 8^{sols} 4^{deniers} = \dots\dots\dots 3^{tt} \frac{5}{12}}$ ou $3^{tt},41666$

3°

$$3^{lt} = 3 \times 20 \text{ sols} = 60 \text{ sols}$$
$$8^{s} = \cdots \cdots \cdots 8 \text{ sols}$$
$$4^{d} = \cdots \cdots \cdots 1/3 \text{ de sol.}$$
$$\overline{3^{lt}\,8^{s}\,4^{d}} \qquad \overline{68 \text{ sols } 1/3}$$

218. Réduction en unités des diverses espèces.

EXEMPLE. *Convertir 6322 points, ou 1 aune, en points, pouces, pieds.*

$$
\begin{array}{c|c|c|c}
6322^{\text{points}} & 12 & & \\
32 & \overline{526^{li}} & 12 & \\
82 & 46 & \overline{43^{po}} & 12 \\
10^{\text{points}} & 10^{li} & 7^{po} & \overline{3^{p}} \\
\end{array}
$$

Le nombre de points 6322 divisé par 12 donne pour reste 10 points et pour quotient le nombre de lignes, 526 ; celui-ci divisé par 12 donne pour reste 10^{li} et pour quotient le nombre de pouces, 43 ; ce dernier divisé par 12 donne pour reste 7^{po} et pour quotient le nombre de pieds, 3.

Il en résulte que $6322^{\text{points}} = 3^{pi}\,7^{po}\,10^{li}\,10^{\text{points}}$.

219. Addition et soustraction. — Elles se font d'après les mêmes principes que celles des nombres décimaux.

EXEMPLE I. *Additionner* $6^h\,34^m\,25^s$ *avec* $15^h\,48^m\,40^s$.

Ayant remarqué que $1^h = 60^m$ et $1^m = 60^s$, on opère comme il suit :

$$
\begin{array}{rrr}
6^h & 34^m & 25^s \\
15^h & 48^m & 40^s \\
\hline
22^h & 23^m & 5^s \\
\end{array}
$$

Somme :

On dit : 0 et 5, 5, que j'écris ; 2 et 4, 6, qui représentent 60^s ou 1^m, je retiens 1 ; — 1 et 4, 5, et 8, 13 ; je pose 3, et je retiens 1 ; 1 et 3, 4 ; et 4, 8, qui représentent 80^m ou 2 dizaines de minutes que j'écris et 6 dizaines de minutes, ou 60^m ou 1^h ; je retiens 1 ; — 1 et 6, 7 ; et 5, 12 ; j'écris 2 et je retiens 1 ; 1 et 1, 2 que j'écris.

EXEMPLE II. *Additionner* $4^{\text{setiers}}\,8^{\text{boisseaux}}\,5^{\text{litrons}}$ avec $2^{\text{setiers}}\,9^{\text{boiss.}}\,12^{\text{litrons}}$.

$$
\begin{array}{rrr}
4^{\text{setiers}} & 8^{\text{boiss.}} & 5^{\text{lit.}} \\
2^{\text{setiers}} & 9^{\text{boiss.}} & 12^{\text{lit.}} \\
\hline
7^{\text{setiers}} & 6^{\text{boiss.}} & 1^{\text{lit.}} \\
\end{array}
$$

Somme :

5 et 12, 17 litrons ou 1 litron et 1 boisseau de 16 litrons ; je

pose 1 litron et je retiens 1 boisseau ; — 1 et 8, 9, et 9, 18 boisseaux ; ou 6 boisseaux et 1 setier de 12 boisseaux ; je pose 6 et je
retiens 1 ; 1 et 4, 5 ; et 2, 7 setiers.

EXEMPLE III. *De* 5ans 3mois 15jours *retrancher* 1an 6mois 10jours.

	5ans	3mois	15jours
	1an	6mois	10jours
Reste :	3ans	9mois	5jours

10 jours de 15 jours, il reste 5 jours; — 6 mois de 3 mois, c'est
impossible ; j'ajoute au nombre supérieur 1 an ou 12 mois ;
6 mois de 15 mois, reste 9 mois; pour compenser, j'ajoute 1 an
au nombre inférieur : 1 an et 1 an, 2 ans; de 5 ans, il reste
3 ans.

EXEMPLE IV. *De* 7lb 13onces 2gros *retrancher* 3lb 7onces 6gros.

	7lb	13onces	2gros
	3lb	7onceS	6gros
Reste :	4lb	5onces	4gros

6 gros de 2 gros, c'est impossible; à 2 gros j'ajoute 1 once ou
8 gros ; ce qui fait 10 gros; 6 gros de 10 gros; il reste 4 gros que
j'écris; j'ajoute 1 once au nombre inférieur ; — 1 once et 7 onces,
8 onces; de 13 onces, il en reste 5 ; — 3 livres de 7 livres, il
reste 4 livres.

220. Multiplication. — On peut toujours réduire les
nombres complexes en unités d'une seule espèce (217) et opérer
sur les nombres obtenus; quand l'opération revient à répéter
plusieurs fois un nombre complexe, et que le multiplicateur est
assez petit, on peut la faire comme l'addition; c'est le cas le plus
simple.

Quelques exemples suffiront pour tous les cas qui peuvent se
présenter.

EXEMPLE I. *Une aune vaut* 3pi 7po 10li 10points, *combien valent*
7 *aunes* ?

Évidemment 7 fois plus ou 3pi 7po 10li 10points $\times$ 7. Voici l'opération :

3pi	7po	10li	10points
		7	
4T 1pi	7po	3li	10points

7 fois 10 points font 70 points ou 10 points, que j'écris, et 60
points ou 5 lignes, que je retiens; 7 fois 10 lignes, 70 lignes, et

5 de retenues, 75 lignes, ou 3 lignes, que j'écris, et 72 lignes ou 6 pouces, que je retiens, etc.

EXEMPLE II. PROBLÈME. *Quel est le prix de* 15ᵀ 4ᴾⁱ 7ᵖᵒ *d'un travail pcyé* 3ᶠᵗ *le pied courant ?*

Solution : $15^T\ 4^{Pi}\ 7^{po} = 94^{Pi}\ 7^{po} = 94^{Pi}\dfrac{7}{12} = \dfrac{1135}{12}$ Pi.

Reste à multiplier 3ᶠᵗ par ce nombre de pieds :

$$3^{ft} \times \frac{1135}{12} = \frac{1135}{4} = 283^{ft}\ 15^s.$$

Réponse : 283ᶠᵗ 15ˢ.

EXEMPLE III. *Quel est le prix de* 427ᵀ 4ᴾⁱ 5ᵖᵒ *d'un travail dont chaque toise vaut* 6ᶠᵗ 8ˢ 3ᵈ ?

Solution :

$$427^T\ 4^{Pi}\ 5^{po} = \frac{30\,797}{72}\ (217)$$

$$6^{ft}\ 8^s\ 3^d = \frac{513^{ft}}{80}\ (217)$$

1ᵀ valant $\dfrac{513^{ft}}{30}$, $\dfrac{30\,797^T}{72}$ valent $\dfrac{513^{ft}}{80} \times \dfrac{30\,797}{72} = 2742^{ft}\dfrac{1637}{1920}$

On verra dans le nᵒ suivant le moyen de convertir en sous et deniers la fraction de livre $\dfrac{1637}{1920}$

Réponse : 2742ᶠᵗ $\dfrac{1637}{1920}$

221. Division. — Les exemples suivants en présentent les différents cas.

EXEMPLE I. *Trouver en toises, pieds, pouces, lignes et parties décimales de la ligne la* 22ᵉ *partie de* 58ᵀ, *ou le quotient de* 58ᵀ *par* 22.

$$
\begin{array}{lll|l}
58^T & & & 22 \\
14.\ \ .\ .84^{Pi} & & & \overline{2^T\ 3^{Pi}\ 9^{po}\ 9^{li},\,81} \\
& 18.\ \ .\ .216^{po} & & \\
& & 18.\ \ .\ .216^{li} & \\
& & 180 & \\
& & 40 & \\
& & 18 & \\
\end{array}
$$

La 22ᵉ partie de 58ᵀ est 2ᵀ, et il reste 14ᵀ, valant 84ᴾⁱ ; le 22ᵉ de ce nombre est 3ᴾⁱ, et il reste 18ᴾⁱ ou 216ᵖᵒ, etc.

Exemple II. *Trouver en jours, heures, etc., le quotient de 3ʲ 11ʰ 24 par 54.*

$$
\begin{array}{llll}
3^{j} & 11^{h} & 24 & \;\;\Big|\; 54 \\
      & 72   &   & \;\;\overline{0^{j}\; 1^{h}\; 32^{m}\; 40^{s}} \\
      & \overline{83} & & \\
      & 29 \quad . \quad . \quad 1740 & & \\
      & \overline{1764} & & \\
      & 144 & & \\
      & \quad\quad 36. \quad . 2160 & & \\
      & \quad\quad\quad\quad 00 & &
\end{array}
$$

3ʲ valent 72ʰ qui avec 11ʰ font 83ʰ; le 54ᵉ de ce nombre est 1ʰ et il reste 29ʰ ou 1740ᵐ, qui avec 24 font 1764ᵐ, etc.

Exemple III. *14ᵀ 4ᴾⁱ d'un ouvrage ont coûté 12ᶠᵗ 15ˢ, combien coûte le pied courant?*

Solution. 14ᵀ 4ᴾⁱ = 88ᴾⁱ. Si 88ᴾⁱ ont coûté 12ᶠᵗ 15ˢ, 1ᴾⁱ coûte 88 fois moins ou 12ᶠᵗ 15ˢ divisé par 88, ou 0ᶠᵗ 2ˢ 10ᵈ, 7.

Réponse : 0ᶠᵗ 2ˢ 10ᵈ, **7.**

Exemple IV. *3ᴾⁱ 0ᴾᵒ 11ˡⁱ d'un certain travail ont coûté 16ᶠᵗ 4ˢ 8ᵈ. Combien coûte 1 pied?*

Solution. 3ᴾⁱ 0ᴾᵒ 11ˡⁱ = $\dfrac{443}{144}$ de pied. Si $\dfrac{443}{144}$ de pied coûtent 16ᶠᵗ 4ˢ 8ᵈ, 1 pied coûte les $\dfrac{144}{443}$ de ce même prix. On multipliera par 144 chacune des parties du nombre 16ᶠᵗ 4ˢ 8ᵈ, et on divisera le produit total par 443.

$$
\begin{array}{lll}
16^{ft} & 4^{s} & 8^{d} \\
        &   & 144 \\
\hline
864 & & \\
144 & & \\
\hline
2304^{ft} & 576^{s} & 1152^{d} \qquad \Big|\; 443 \\
89 \quad . \; . \; . 1780 & & \qquad\quad \overline{5^{ft}\; 5^{s}\; 6^{d},\, 4} \\
\overline{2356} & & \\
141. \; . \; . \; . 1692 & & \\
\overline{2844} & & \\
1860 & & \\
88 & &
\end{array}
$$

Réponse : 5ᶠᵗ 5ˢ 6ᵈ, **4.**

Exemple V. 1 *livre poids d'une marchandise coûtant* 18ᵗᵗ 8ˢ 7ᵈ, *combien a-t-on de livres de cette marchandise pour* 154ᵗᵗ 12ˢ 4ᵈ ?

Solution. Autant de livres que 154ᵗᵗ 12ˢ 4ᵈ contient de fois 18ᵗᵗ 8ˢ 7ᵈ. Or 154ᵗᵗ 12ˢ 4ᵈ = 37108ᵈ et 18ᵗᵗ 8ˢ 7ᵈ = 4423ᵈ. Le nombre de livres sera donc $\frac{37108}{4423}$ de livre. On divisera donc 37108 considéré comme un nombre de livres par 4423.

Réponse : 8ˡᵇ 6ᵒⁿᶜᵉˢ 2ᵍʳ   à 1 gros près, par excès.

EXERCICES Nº 24.

I. Du 15 juin 1856 au 20 janvier 1866, combien y a-t-il de jours, 1º en comptant l'année de 360 jours et tous les mois de 30 jours, 2º en comptant l'année à sa valeur exacte et tenant compte des années bissextiles ?

II. Quelles sont les années bissextiles, depuis l'an 1600 jusqu'à l'an 2000 ?

III. Exprimer 7ᵀ 5ᴾⁱ 7ᵖᵒ 10ˡⁱ en mètres et parties décimales du mètre.

IV. Combien 13ᵃᵘⁿᵉˢ $\frac{3}{4}$ valent-elles de mètres ?

V. Combien y a-t-il de mètres carrés dans 3 arpents et 18 perches ?

VI. Une pièce de bois a un cube de 16 solives ; quel en est le prix, à raison de 120ᶠ le mètre cube ?

VII. Lequel est le plus cher d'un hectolitre de blé à 18ᶠ ou d'un setier à 25ᶠ ?

VIII. Lequel est le plus avantageux de 75ˡᵇ de marchandises payées 525ᵗᵗ ou de 12ᵏᵍ de la même marchandise payés 256ᶠ ?

IX. Combien 354ᵗᵗ 12ˢ 5ᵈ font-ils de francs et centimes ?

X. Convertir : 1º 25 toises cubes, 20 pieds cubes ; 2º 5 pieds cubes, 112 pouces cubes ; 3º 45 pouces cubes, 172 lignes cubes, en mètres cubes, décimètres cubes, centimètres cubes et millimètres cubes.

XI. Réduire 1º en livres, 2º en sous, 3º en deniers, 28ᵗᵗ 17ˢ 9ᵈ.

XII. Réduire en jours, heures, minutes et secondes : 1º 154 943 secondes ; 2º 74 500 min. ; 3º 145 heures ; 4º 3 jours.

XIII. Combien y a-t-il de jours, d'heures et de minutes depuis le 21 septembre à 3ʰ 24ᵐ de l'après-midi jusqu'au 3 octobre de la même année à 11ʰ 50ᵐ du matin ?

XIV. Un quintal de 100 livres (anciennes mesures) de farine, ayant coûté 45ᵗᵗ 15ˢ, combien coûteraient 1º 28 quintaux ; 2º 54ˡᵇ 9ᵒⁿᶜᵉˢ ; 3º 5ᵍʳᵒˢ de la même farine ?

XV. Le quart du méridien terrestre ayant 5 130 740 toises, quelle est la longueur 1º du méridien tout entier ; 2º de 1º (il y en a 360 dans le méridien) ?

XVI. 4ᴾⁱ 2ᵖᵒ 11ˡⁱ d'un ouvrage ont coûté 3ᵗᵗ 10ˢ 7ᵈ : combien coûtera 1ᴾⁱ ; combien en aura-t-on pour 36ᵗᵗ ?

XVII. Un sac de farine contenant 320ˡᵇ 10ᵒⁿᶜᵉˢ, combien faut-il de sacs pouvant contenir le même poids pour ensacher une provision de 2854ˡᵇ 7ᵒⁿᶜᵉˢ

IV. MESURES ÉTRANGÈRES ET LEUR CONVERSION
EN MESURES MÉTRIQUES.

Monnaies. — Longueurs. — Mesures agraires. — Mesures de capacité. — Poids. — Extension du système métrique. — Conversion des mesures métriques. — Problème inverse. — Exercices.

222. Monnaies. — La monnaie d'or ou d'argent a par elle-même une valeur qui dépend de la quantité de métal fin qu'elle renferme, et du prix de ce métal. L'administration de la Monnaie fait procéder à des essais sur les monnaies étrangères, inscrit dans ses tarifs le titre constaté par elle et en déduit la valeur de chaque pièce. Pour celles qui n'ont pas été ainsi tarifées, on se sert, pour en calculer la valeur, du titre légal dans le pays où elles sont émises.

Au change, c'est-à-dire au prix auquel la Monnaie achète le métal en lingots, le kilogramme d'or pur vaut 3437^f, et le kilogramme d'argent 220^f,56.

La valeur ainsi déterminée n'est pas toujours exactement d'accord avec le prix auquel les pièces sont reçues dans le commerce français; mais elle est la seule réelle, parce qu'elle est la seule qui soit invariable, du moins tant que les pièces conservent le même poids et le même titre.

Quant aux pièces de bronze, leur valeur est purement nominale, aussi n'ont-elles cours généralement que dans les pays mêmes où elles ont été émises.

La principale unité des monnaies anglaises est la livre sterling, *pound*, £, représentée par une pièce d'or appelée souverain, *sovereing*, valant 25^f,12. Le *shilling*, argent, dont la valeur nominale est 1/20 de la livre, ne vaut en réalité que 1^f,12. Le *denier* ou *penny*, argent, valeur nominale 1/12 de shilling, environ 0^f,10. La couronne, *crown*, argent, 5 shillings, = 5^f,60. La guinée, ancienne monnaie d'or, aujourd'hui simple monnaie de compte, exprime une valeur des 21/20 de la livre. — La roupie d'or, *mohur*, des Indes anglaises = 36^f, 72; la roupie d'argent, *rupee*, = 2^f,36.

Aux État-Unis, le *dollar* ($) en or vaut 5^f,17; en argent, il vaut 5^f,31; le *cent*, 1/100 de dollar, vaut environ 0^f,05.

En Autriche, en Prusse, et dans les autres États allemands qui composent le Zollverein (Association douanière, divisée en 3 zones), la couronne, *krone*, or (dans les trois zones), vaut 34^r,39 ; le *thaler*, argent (dans les trois zones), 3^r,68 ; le *florin* ou *gulden*, argent, vaut dans la 2e zone (entre autres dans l'Autriche) 2^r,45, et dans la 3e zone, 2^r,10. Dans toute l'Allemagne, le *kreuzer*, argent, vaut 0^r,03. Le *silbergros* est nominalement 1/30 du thaler. Le thaler de Hambourg (2 marcs de banque), le thaler de Brême, de Lubeck, de Francfort, monnaie d'argent, valent 3^r,70. Le ducat fin, or, de Hambourg, usité dans l'Allemagne et les Pays-Bas, vaut 11^r, 75. Le florin des Pays-Bas, argent, 2^r,08. Le *rixdaler* des Pays-Bas, argent, vaut 5^r,21 ; le *rixdaler species*, en Suède, en Norwége, en Danemark, 5^r,58. Le *christian* d'or du Danemark est de 20^r,90; le *frédéric*, de 20'32; le ducat de Suède et de Norwége, de 11^r,66.

En Russie, la demi-impériale, *polou impérial*, or, vaut 20^r,60 ; le *kopeck*, argent, est de 0^r,039 pour les *roubles* de 100 à 25 kopecks et de 0^r,033 pour ceux de 29 à 5 kopecks. L'*abassis* de Géorgie, argent, vaut 0^r,80.

En Grèce, la *drachme*, de 100 *lepta*, vaut 0^r,895.

Le sequin d'or de Turquie, ou *ellilik*, 50 piastres d'or, vaut 11^r,24 ; la piastre d'argent y vaut 0^r,17 ; la piastre d'Égypte, argent, 0^r,25 ; celle de Tunis, argent, 0^r,60.

En Espague, le *doublon* de 10 écus, or, vaut 25^r,95 ; le *duro* de 2 écus ou piastre forte, argent, 5^r,15 ; le *réal*, argent, valeur nominale de 1/20 de duro, 0^r,23.

Dans toute l'Amérique espagnole, le *quadruple* d'or est de 4 pistoles ; la pistole du Mexique, or, vaut 20^r,30; celle de la République Argentine 20^r,135 ; celle de la Nouvelle-Grenade 19^r,955. La piastre de 8 réaux, argent (Mexique, Rép. Argentine, Bolivie, Guatemala, Pérou), vaut 5^r,35 ; celle de 10 réaux (Chili, Nouvelle-Grenade, Rép. de l'Équateur), 4^r,96; la piastre de 10 1/2 deniers dans l'Uruguay vaut 5^r,21.

En Portugal on compte par *reïs*. Pour les couronnes d'or, *corôas*, le *milreïs*, 1000 reïs, vaut 5^r,59; pour les festons d'argent, *tostãos*, 100 reïs, valent 0^r,50.

Au Brésil, 10 000 reïs, or, valent 28^r,15 ; 1000 reïs, argent, valent 2^r,57; c'est environ la moitié de ce que représentent les pièces portugaises de même dénomination.

223. Longueurs. — En Angleterre et aux États-Unis, le *yard impérial* = 0^m,914 383 5 ; il est divisé en 3 pieds de 12 pouces le pouce en 12 lignes; l'aune, *ell*, 5/4 de yard = 1^m,143 ; le mille, *mile*, 1760 yards = 1609^m,3149.

La toise allemande, *klafter* ou *faden* (Prusse) ou *favn* (Danemark), est divisée en 6 pieds. Le pied est divisé en 12 pouces, le pouce en 12 lignes. Le pied autrichien a 0^m,316, le pied du Rhin, usité en Prusse, au Danemark, en Norwège, a 0^m,314; de Brême, de Lubeck, de Hambourg, de Suède, 0^m,29, dans les autres États allemands le pied varie entre 0^m,28 et 0^{m}30; dans les duchés de Bade, de Hesse, de Nassau, le pied a de 0^m,25 à 0^m,30, et il est divisé en 10 pouces de 10 lignes; le pied suisse, de 0^m,30, est divisé de même. Dans les états allemands et les états voisins, en Suisse, en Danemark, en Suède, en Norwège, l'aune, *elle* ou *alen*, vaut 2 pieds.

Toutefois l'aune de Vienne = 0^m,779; l'aune de Prusse = 0^m,667; l'aune de Brabant = 0^m,69.

Le mille autrichien et le mille prussien ont 4000 toises.

La *palme* de Gênes = 0^m,249; la *canne* de Naples = 2^m,109.

En Turquie, le pied, *kadem* = 0^m,378; le *pic* ou *archinn endaseh*, pour les étoffes, 0^m,685.

En Russie, l'*archine* = 0^m,71; la toise, *sagène*, de 7 pieds, a 2^m,134; 500 sagènes forment une *verste* ou 1067 mètres.

La *vare* de Castille = 0^m,84; celles de l'Uruguay et de la République Argentine, 0^m,86. La *canne* de Barcelone = 1^m,55.

Le Portugal et le Brésil ont le pied, *pé*, de 0^m,33, et la vare de 1^m,10.

224. Mesures agraires. — En Angleterre et aux États-Unis, le *rod* ou perche carrée, ou 30 yards carrés, représente une surface de 25^{mq},292; le *rood* = 40 rods, et l'acre = 4 roods = 40^a,4671.

Le *joch* ou arpent autrichien, 1600 klafters carrés, a 57^{ares},56; le *juchard* ou arpent de Suisse, 400 perches carrées, est de 36^a; il en est de même de l'arpent de Bade, appelé *morgen*. Le morgen de Bavière = 34^a,07; celui de Prusse = 25^a,53.

En Espagne et dans l'Amérique espagnole, la *fanega* = 64^a,26; l'*aranzada* = 44^a,62.

Le *geira*, au Portugal et au Brésil, = 58^a,6.

225. Mesures de capacité. — En Angleterre et aux États-Unis, la pinte, *pint* = 0^{lit},5679; le *gallon impérial* = 8 pintes = 4^l,543; le boisseau, *bushel*, vaut 8 gallons; le *sack*, 3 bushel; le *haldron*, 12 sacs.

Le *maas* d'Autriche vaut 1^l,415; l'*eimer*, pour la bière, 60^l,14, le *metze*, 61^l,605. — Le *metze*, de Bavière = 37^l,06. — Le *scheffel* de Prusse, divisé en 16 metze, est de 54^l,96; l'eimer de Prusse, de 68^l,70; l'eimer de Bavière, de 68^l,42.

En Suisse, le *maas* est 1^l,50 ; le *quarteron*, 10 *maas*, 15 litres ; le *malter*, 10 quarterons, 150$^{l\,\cdot}$.

Le *tchetwert*, russe a 210^l ; le *stoff*, pot, 1^l,537.

En Égypte, l'*ardeb* du Caire=179^l ; l'ardeb d'Alexandrie=271^l ; l'ardeb de Rosette=284^l.

La *fanéga*, de 55^l et l'*arrobe*, de 16^l, sont usités en Espagne et dans l'Amérique espagnole ; l'*almude* de Portugal vaut 2 pots ou 16^l,74.

226. Poids. '—En Angleterre et aux États-Unis la livre troy, *troy pound*, pour les mesures de précision, est divisée en 12 onces et vaut 373^{gr},242 ; la livre avoirdupoids, *avoirdupoidspound*, est divisée en 16 onces, et vaut 453^{gr},593. Le quintal avoirdupoids, *hundredweight* (*cwt*), vaut 112 pounds, et la tonne, *ton*, vaut 20 cwt.

En Allemagne, au Danemark, en Suède, en Norwége, la principale unité des poids est la livre, généralement divisée en 32 *loth*. La livre d'Autriche et de Bavière, *pfund*, vaut 560^{gr} ; le quintal est de 100 livres. En Prusse et dans les États d'Anhalt, de Bade, de Brunswick, de Hanovre, dans les Hesses, le Nassau, les Saxes, le Wurtemberg, à Francfort, la livre est de 468^{gr} ; dans la Hesse-Électorale et la Prusse et à Francfort, le quintal est de 110 l. ; dans les autres, de 100 livres. — La livre forte de Francfort est de 505^{gr}, et le quintal correspondant de 100 livres. —Le *marc* de Prusse =1/2 livre=233^{gr},855.—A Brême, la livre est de 498^{gr},5 et le quintal de 116 livres ; il en est de même en Norwége et en Danemark.—A Lubeck la livre est de 480^{gr}, le quintal, de 112 livres—A Hambourg, la livre est de 484^{gr}, le quintal de 112 livres, et la livre de banque, de 2 marcs, y vaut 472^{gr},72.

Dans la plupart des Etats précédents sont usités des poids nouveaux, dont l'unité principale est le *zollpfund*, livre de douane, de 500^{gr} ; dans ce système le quintal est de 100 livres.

En Suisse, la livre, *pfund*, divisée en 32 loth, est de 500^{gr}.

En Suède, la livre *skalpund*, de 32 lod, est de 425^{gr}.

En Russie, la livre, *funt*, de 32 loth, est de 409^{gr},5 ; le *poud* vaut 40 livres

En Turquie, l'oque, *okka*=1^{k},285 ; elle est divisée en 400 drachmes ; la livre, *loudra* ou *rottle*=565^{gr} ; le quintal vaut 100 livres ou 44 oques.

En Espagne et dans les républiques hispano-américaines, la livre est de 460^{gr} ; en Portugal et au Brésil, elle est de 459^{gr} Dans les uns et les autres elle est divisée en 16 onces ou en 2 marcs,

et le quintal vaut 4 *arrobes*; l'arrobe vaut en Portugal et au Brési
32 livres et dans les autres 25 livres.

227. Extension du système métrique. — Le système
monétaire français est en vigueur dans la Belgique, l'Italie et la
Suisse. En Belgique, toutes les mesures métriques sont déjà en
usage. Aux Pays-Bas, ces mêmes mesures, sauf les monnaies, constituent les mesures légales; elles y portent seulement des noms
différents. En Italie, au Danemark, en Suède, en Portugal, en
Grèce, au Pérou, au Chili, dans la Nouvelle-Grenade, dans la République Argentine, le système métrique adopté en principe est
usité conjointement aux mesures locales; il le sera au Brésil en
1873. Enfin l'Angleterre et les États-Unis ont autorisé l'emploi légal
des mesures métriques dans les ventes et les contrats.

**228. Conversion des mesures étrangères en me-
sures métriques.**

Exemple I. *Convertir 12 livres sterling, 3 shillings, 7 deniers en
francs et centimes.*

$$
\begin{aligned}
12 \ \pounds \quad &= \quad 25^{f},12 \times 12 = 301^{f},44 \\
3 \ \text{shill.} \quad &= \quad 1^{f},12 \times 3 = 3^{f},36 \\
\underline{7 \ \text{deniers}} \quad &= \quad \underline{0^{f},10 \times 7 = 0^{f},70} \\
12 \ \pounds \ 3 \ \text{shill.} \ 7 \ \text{den.} \quad \ldots \ldots \quad &= \quad 305^{f},50
\end{aligned}
$$

Réponse : 305^f,50.

Exemple II. *Convertir en litres 2 scheffel, 9 metze de Prusse.*

1 scheffel $= 54^l,96$; 1 metze $= \frac{1}{16}$ scheffel $= 3^l,435$.

$$
\begin{aligned}
2 \ \text{sheffel} \quad &= \quad 109^l,92 \\
\underline{9 \ \text{metze}} \quad &= \quad \underline{30^l,915} \\
2 \ \text{scheffel} \ 9 \ \text{metze} \quad &= \quad 140_l,835
\end{aligned}
$$

Réponse : 140^l,8.

Exemple III. *Convertir en kilogrammes 3 quintaux, 20 livres de
Hambourg.*

1 livre $= 0^{kg},484$; \qquad $1^{ql} = 0,484 \times 112 = 54^{kg},2$

$$
\begin{aligned}
3 \ \text{quintaux} \quad &= \quad 162^{kg},6 \\
\underline{20 \ \text{livres}} \quad &= \quad \underline{9 \ ,7} \\
3 \ \text{quintaux} \ 20 \ \text{livres} \quad &= \quad 172^{kg},3
\end{aligned}
$$

Réponse : 172^{kg}.

229. Problème inverse.

EXEMPLE I. *Combien* 134ª,307 *font-ils de joch d'Autriche?*

$$57^a,56 = 1 \text{ joch}; \quad 1^a = \frac{1}{57,56} \text{ joch}$$

$$134^a,307 = \frac{134,307}{57,56} \text{ joch} = 2,33$$

Réponse : environ 2 joch $\frac{1}{3}$.

EXEMPLE II. *Convertir* 17ᶠ,70 *en florins et en kreuzers d'Autriche.*

$$2^f,45 = 1 \text{ florin}; \quad 1^f = \frac{1}{2,45} \text{ florin}$$

$$17^f,70 = \frac{17,70}{2,45} \text{ florin}$$

En faisant la division, on trouve 7 entiers ou 7 florins, et il reste 0ᶠ,55;

$$0^f,03 = 1 \text{ kreuzer}; \quad 0^f,01 = \tfrac{1}{3} \text{ kreuzer}$$

$$0^f,55 - \tfrac{55}{3} = 18,3 \text{ kreuzers.}$$

Réponse : 7 florins, 18 kreuzers.

EXERCICES Nº 25.

I. Convertir en francs 1º 3 £ 2 schillings 8 deniers; 2º la valeur de 2 couronnes et 6 pence; 3º 25 $ 34 cents — 25, 34 $; 4º 3 krone, 4 thalers; 5º 5 florins, 14 kreuzers de la 3ᵉ zone du Zollverein; 6º 14 thalers de Hambourg; 7º 3 ducats des Pays-Bas; 8º la valeur de 2 demi-impériales de Russie et de 4 kopeeks de 50 roubles chacun; 9º 54 drachmes 35 lepta de Grèce; 10º 5 sequins d'or et 4 piastres d'argent, de Turquie; 11º 13 duros et 20 réaux d'Espagne; 12º 5 pistoles et 1 piastre du Mexique; 13º 34 500 reïs de Portugal (or); 14º 15 milreïs du Brésil.

II. Convertir en mètres 1º 3ᵖⁱ 4 pouces des Etats-Unis; 2º 34ᵖⁱ 8 pouces de Prusse; 3º 7 aunes $\frac{1}{4}$ du Brabant; 4º 35 verstes, 132 sagènes; 5º 25 vares $\frac{3}{4}$ de Castille.

III. Convertir en mètres carrés et en ares : 1º 3 acres, 2 roods, 22 rods; 2º 13 joch d'Autriche; 3º 6 juchards, 24 perches carrées de Suisse; 4º 21 morgen de Prusse.

IV. Convertir en litres 1º 3 quarters (de 8 bushels) et 7 bushels; 2º 154 maas d'Autriche; 3º 12 maas $\frac{1}{2}$ de Suisse; 4º 12 sacs (de 10 schetvert) et 4 schetwert de Russie; 5º 25 $\frac{4}{5}$ ardeb du Caire; 5º 34 fanégas d'Espagne.

V. Convertir en kilogrammes : 1º 3 livres 4 onces (système Troy); 2º 154 tons 12 cwt 80 livres (système avoirdupoids); 3º 2 quintaux

40 livres de Lubeck; 4° 3 poud 18 livres 16 loths de Russie; 5° 1 quintal, 2 arrobes, 8 livres d'Espagne.

VI. L'Angleterre (le royaume seul) a 50 535 milles carrés; combien renferme-t-elle d'acres, combien d'ares?

VII. Quel est le prix de 63 gallons de rhum à 10 sh. 10 d. par gallon; l'exprimer en monnaie anglaise, livres, shillings et deniers, et en monnaie française?

VIII. Quel est en piastres du Pérou le prix de 2 arrobes de cacao, sachant que 4747 kilogrammes de cette denrée ont coûté 7000 francs?

IX. En 1866, 10 939 228 quintaux métriques de houille venant des états du Zollverein ont été consommés en France au prix de 19 471 826 fr.; une charge de 3500 quintaux (de 100 livres zollpfund) a été vendue 900 thalers; cette dernière houille est-elle plus chère ou moins chère que la houille importée en France?

X. Le ducat des Pays-Bas valant au tarif 11ᶠ, 75 et pesant 3ᵍʳ, 494, quel en est le titre et quelle est la quantité d'or qu'il contient, l'or au tarif valent 3437ᶠ le kilogramme?

CINQUIÈME PARTIE.

RAPPORTS ET APPLICATIONS.

CHAPITRE PREMIER

RAPPORTS ET GRANDEURS PROPORTIONNELLES.

I. RAPPORT DES NOMBRES.

Rapport; définition. — Proportion; définition. — Reconnaître si quatre nombres forment une proportion. — Différentes formes d'une même proportion. — Résoudre une proportion. — Suite de rapports égaux ou inégaux.

230. Rapport; définition. — On appelle *rapport* d'un nombre à un autre nombre le quotient de la division du premier par le second. Les deux nombres sont nommés les *termes* du rapport.

EXEMPLES : I. Le rapport de 8 à 4 est $8 : 4$ ou la fraction $\frac{8}{4} = 2$;

il s'ensuit que $8 = 4 \times 2$ ou 2 fois 4, en sorte que le rapport 2 indique que le premier nombre est 2 fois le second.

II. Le rapport de 3 à 5 est $3 : 5$ ou la fraction $\frac{3}{5}$, donc $3 = 5 \times \frac{3}{5}$

et le rapport $\frac{3}{5}$ indique que le premier nombre est les $\frac{3}{5}$ du second.

III. Le rapport de $\frac{2}{7}$ à $\frac{3}{4}$ est $\frac{2}{7} : \frac{3}{4} = \frac{2 \times 4}{7 \times 3} = \frac{8}{21}$; donc $\frac{2}{7} = \frac{3}{4} \times \frac{8}{21}$; $\frac{2}{7}$ est les $\frac{8}{21}$ de $\frac{3}{4}$.

IV. Le rapport de 2,5 à 3,75 est $2,5 : 3,75 = \frac{250}{375} = \frac{2}{3}$; donc $2,5 = 3,75 \times \frac{2}{3}$; 2,5 est les $\frac{2}{3}$ de 3,75.

On voit que le rapport d'un nombre à un autre indique combien de fois le premier contient le second, ou quelle partie il est du second.

Le rapport de 3 à 5 étant $\frac{3}{5}$, et celui de 5 à 3 étant $\frac{5}{3}$, ou l'inverse de $\frac{3}{5}$, on voit que, d'une manière générale, le rapport d'un premier nombre à un second étant connu, le rapport du second nombre au premier en est l'inverse.

Le rapport de deux nombres étant le quotient du premier par le second, peut être regardé comme une fraction ayant pour termes les deux termes du rapport. Pour cette raison nous donnerons aussi aux deux termes du rapport les noms de numérateur et de dénominateur.

Toutes les propriétés des quotients ou des fractions s'appliquent aux rapports ; c'est ainsi qu'on peut simplifier un rapport, sans en changer la valeur, en divisant ses deux termes par un même nombre ; et qu'on n'altère pas non plus un rapport en en multipliant les deux termes par un même nombre.

231. Proportion ; définition. — On dit que quatre nombres forment une *proportion*, quand le rapport du premier au second est égal à celui du troisième au quatrième. Ainsi 12, 21, 8 et 14 forment une proportion, parce que le rapport de 12 à 21, et celui de 8 à 14 sont égaux entre eux. La proportion que forment ces quatre nombres s'écrit simplement :

$$\frac{12}{21} = \frac{8}{14}$$

et se lit : le rapport de 12 à 21 égale le rapport de 8 à 14, ou plus généralement : 12 sur 21 égale 8 sur 14, ou encore : 12 est à 21 comme 8 est à 14.

Le premier et le dernier terme, 12 et 14, sont appelés les *extrêmes*, et le second et le troisième, 21 et 8, sont appelés les *moyens* de la proportion.

232. Reconnaître si quatre nombres forment une proportion. — Soient les quatre nombres 15, 20, 6, 8 ; il s'agit de reconnaître s'ils forment une proportion, ou si les rapports

$$\frac{15}{20} \quad \text{et} \quad \frac{6}{8}$$

sont égaux. Pour cela, ces rapports pouvant être considérés comme des fractions, on les réduit au même dénominateur; on obtient les rapports équivalents aux premiers :

$$\frac{15 \times 8}{20 \times 8} \quad \text{et} \quad \frac{6 \times 20}{8 \times 20}$$

Ces deux rapports ayant maintenant même dénominateur, pour qu'ils soient égaux, *il faut et il suffit* que leurs numérateurs soient égaux, ou que

$$15 \times 8 = 6 \times 20,$$

c'est-à-dire que *le produit des extrêmes*, 15 et 8, *soit égal au produit des moyens*, 6 et 20. C'est ce qui a lieu pour les nombres donnés : les deux produits sont égaux à 120; donc les rapports eux-mêmes sont égaux; ainsi la condition de l'égalité du produit des extrêmes et du produit des moyens est nécessaire pour qu'il y ait proportion. Je dis maintenant qu'elle est suffisante : en effet, supposons-la remplie, on a :

$$15 \times 8 = 6 \times 20$$

Divisons ces produits égaux par le même nombre 20×8 et simplifions les quotients égaux obtenus, il vient :

$$\frac{15 \times 8}{20 \times 8} = \frac{6 \times 20}{20 \times 8}$$

ou :

$$\frac{15}{20} = \frac{6}{8}$$

Ainsi, la condition est suffisante; d'ailleurs elle est nécessaire. Donc, *pour que 4 nombres soient en proportion, il faut et il suffit que le produit des extrêmes soit égal au produit des moyens.*

REMARQUE I. Il suit de là que si l'on a une proportion, on peut en obtenir d'autres en faisant dans la 1re toutes les permutations de termes qui n'altèrent pas l'égalité entre le produit des extrêmes et le produit des moyens; ainsi l'on peut permuter les extrêmes, permuter les moyens, mettre les extrêmes à la place des moyens, et réciproquement.

REMARQUE II. Suivant que le premier rapport est plus petit ou plus grand que le second, le produit des extrêmes est plus petit ou plus grand que celui des moyens.

233. Différentes formes d'une même porportion. — Étant donnée la proportion :

$$\frac{15}{6} = \frac{20}{8},$$

il résulte de la Remarque I qu'on peut la remplacer par l'une des deux suivantes :

$$\frac{6}{15} = \frac{8}{20}, \quad \text{et} \quad \frac{15}{20} = \frac{6}{8};$$

on en conclut que *si deux rapports sont égaux, 1° les rapports inverses sont encore égaux, et 2° le rapport des numérateurs est égal à celui des dénominateurs (pris dans le même ordre).*

234. Résoudre une proportion. — *Trois termes d'une proportion étant connus, trouver le quatrième.*

Pour plus de brièveté et de commodité, désignons par x le terme inconnu. Deux cas peuvent se présenter :

1° *x est un des extrêmes.* Soit la proportion :

$$\frac{x}{32} = \frac{17}{34}$$

Pour que x soit le terme inconnu de cette proportion, il faut et il suffit que

$$x \times 34 = 17 \times 32.$$

Cette égalité exprime que 17×32 est le produit de 34 par le nombre inconnu x; d'après la définition générale de la division, on a :

$$x = \frac{17 \times 32}{34}$$

ou

$$x = \frac{32}{2} = 16.$$

La proportion est :

$$\frac{16}{32} = \frac{17}{34}$$

2° *x est un des moyens.* Soit la proportion :

$$\frac{16}{x} = \frac{56}{7}$$

Il faut et il suffit de la même manière, que

$$x \times 56 = 16 \times 7,$$

d'où

$$x = \frac{16 \times 7}{56}$$

ou

$$x = \frac{16}{8} = 2$$

La proportion est :

$$\frac{16}{2} = \frac{56}{7}$$

RÈGLE. 1° *L'extrême inconnu est égal au produit des moyens divisé par l'extrême connu.* — 2° *Le moyen inconnu est égal au produit des extrêmes divisé par le moyen connu.*

EXEMPLES : I.

$$\frac{11}{20} = \frac{x}{30}$$

$$x = \frac{11 \times 30}{20} = \frac{33}{2} = 16,5 ,$$

la proportion est :

$$\frac{11}{20} = \frac{16,5}{30}$$

II.

$$\frac{2}{3} = \frac{15}{x}$$

$$x = \frac{3 \times 15}{2} = \frac{45}{2} = 22,5 ,$$

sa proportion est :

$$\frac{2}{3} = \frac{15}{22,5}$$

Le terme inconnu x qui, dans ce cas, est le 4° de la proportion, s'appelle la 4° *proportionnelle* aux nombres 2, 3, 15.

III.

$$\frac{x}{7} = \frac{8}{9}$$

$$x = \frac{7 \times 8}{9} = \frac{56}{9} = 6,222\ldots$$

la proportion est : $\dfrac{6,222....}{7} = \dfrac{8}{9}$

IV. $\dfrac{5,7}{x} = \dfrac{35,42}{2,31}$

$$x = \dfrac{5,7 \times 2,31}{35,42} = 0,37...$$

la proportion est : $\dfrac{5,7}{0,37...} = \dfrac{35,42}{2,31}$

234 (*bis*). Parfois il arrive que dans une proportion les moyens sont égaux : telle est la proportion

$$\dfrac{12}{6} = \dfrac{6}{3}$$

Alors, la proportion s'appelle *continue*, et 6, *terme moyen*, ou plus généralement, *moyenne proportionnelle entre* 12 *et* 3. Cette moyenne proportionnelle peut être inconnue ; nous apprendrons plus tard à la calculer dans tous les cas. Tout ce que nous pouvons dire maintenant, c'est que son carré est égal au produit des nombres donnés ; en effet, dans la proportion :

$$\dfrac{12}{x} = \dfrac{x}{3}$$

on a :

$$x \times x = 12 \times 3$$

ou bien :

$$x^2 = 36$$

Remarque. Il ne faut pas confondre cette moyenne proportionnelle entre 12 et 3 avec leur moyenne arithmétique ; celle-ci est la demi-somme de 12 et de 3, et si on les représente par y, on a :

$$y = \dfrac{1}{2}(12 + 3)$$
$$= 7, 5$$

Or la table de multiplication m'apprend que c'est 6 qui élevé au carré reproduit 36 ; donc

$$x = 6$$

et l'on voit que x diffère de y de $7,5 - 6 = 1,5$.

234 (ter). *Autres principes.* Soit la proportion :

$$\frac{4}{3} = \frac{8}{6}$$

A ces deux rapports égaux ajoutons 1 et réduisons en fractions les deux nombres fractionnaires égaux ainsi obtenus; il vient :

$$\frac{4}{3} + 1 = \frac{8}{6} + 1$$

ou

$$\frac{4+3}{3} = \frac{8+6}{6} \qquad (1)$$

Des deux rapports égaux proposés, retranchons aussi le même nombre 1, et réduisons en fractions les restes égaux trouvés; on a :

$$\frac{4}{3} - 1 = \frac{8}{6} - 1$$

ou

$$\frac{4-3}{3} = \frac{8-6}{6} \qquad (2)$$

Et si l'on divise terme à terme ou, comme on le dit plus généralement, membre à membre, les deux égalités précédentes (1) et (2), les quotients seront évidemment égaux, et l'on aura :

$$\frac{(4+3) \times 3}{3 \times (4-3)} = \frac{(8+6) \times 6}{6 (8-6)}$$

ou, en simplifiant :

$$\frac{4+3}{4-3} = \frac{8+6}{8-6} \qquad (3)$$

Et les égalités (1), (2) et (3) démontrent des principes qu'il est facile de traduire en langage ordinaire et qu'on emploie fréquemment dans les sciences appliquées, notamment en géométrie.

Remarque 1. Si les rapports avaient été inférieurs à 1, au lieu d'en retrancher 1, je les aurais retranchés de 1, et j'aurais eu, par ex. :

$$1 - \frac{3}{4} = 1 - \frac{6}{8}$$

ou bien

$$\frac{4-3}{4} = \frac{8-6}{6}$$

Et le numérateur de chaque nouveau rapport eût toujours été

1.   13

la différence des termes du rapport correspondant de la proportion donnée.

Remarque II. Si dans la proportion donnée $\frac{4}{3} = \frac{8}{6}$, je permutais les extrêmes et les moyens, j'obtiendrais la proportion :

$$\frac{3}{4} = \frac{6}{8}$$

qui, comme précédemment, me donnerait :

$$\frac{3+4}{4} = \frac{6+8}{8}$$

et si, dans cette nouvelle proportion, je permute les extrêmes et les moyens, il vient :

$$\frac{4}{3+4} = \frac{8}{6+8}$$

Ce résultat, rapproché de la proportion donnée $\frac{4}{3} = \frac{8}{6}$, prouve qu'on peut tout aussi bien ajouter chaque numérateur à son dénominateur que chaque dénominateur à son numérateur.

235. Suite de rapports égaux ou inégaux. — 1° *Dans une suite de rapports égaux, le rapport de la somme des numérateurs à la somme des dénominateurs est égal à l'un quelconque des rapports donnés.*

EXEMPLE. Étant donnée la suite de rapports égaux :

$$\frac{4}{6} = \frac{2}{3} = \frac{10}{15} = \frac{6}{9},$$

On en peut déduire la proportion suivante :

$$\frac{4+2+10+6}{6+3+15+9} = \frac{4}{6}$$

En effet, le numérateur du premier rapport, 4, est les 4 sixièmes du dénominateur correspondant, 6 ; (§ 230) ; mais tous ces rapports étant égaux, chaque numérateur est aussi les 4 sixièmes du dénominateur correspondant : donc, la somme des numérateurs est aussi les 4 sixièmes de la somme des dénominateurs ; c'est-à-dire que le rapport de la somme des numérateurs à celle des dénominateurs est $\frac{4}{6}$.

2° *Dans une suite de rapports inégaux, le rapport de la somme des numérateurs à la somme des dénominateurs est compris entre le plus petit et le plus grand des rapports donnés.*

EXEMPLE : Étant donnée la suite de rapports inégaux :

$$\frac{4}{6} < \frac{2,5}{3} < \frac{13}{15} < \frac{8}{9},$$

on en peut déduire l'inégalité suivante :

$$\frac{4}{6} < \frac{4 + 2,5 + 13 + 8}{6 + 3 + 15 + 9} < \frac{8}{9}.$$

En effet, pour que les trois derniers rapports devinssent égaux au plus petit $\frac{4}{6}$ en conservant leurs dénominateurs, il faudrait diminuer leurs numérateurs ; alors le rapport de la somme de ces numérateurs diminués à la somme des dénominateurs égalerait $\frac{4}{6}$; donc le rapport de la somme des numérateurs, tels qu'ils sont, à la somme des dénominateurs est plus grand que $\frac{4}{6}$.

De même, pour que les trois premiers rapports devinssent égaux au plus grand $\frac{8}{9}$ en conservant leurs dénominateurs, il faudrait augmenter leurs numérateurs ; alors le rapport de la somme de ces numérateurs augmentés à la somme des dénominateurs égalerait $\frac{8}{9}$; donc le rapport de la somme des numérateurs, tels qu'ils sont, à la somme des dénominateurs est plus petite que $\frac{8}{9}$.

REMARQUES. I. On ne change donc pas la valeur d'un rapport en ajoutant respectivement à ses deux termes les termes correspondants d'un ou plusieurs autres rapports, égaux au premier ; par suite on ne la change pas non plus en retranchant respectivemer· des deux termes les termes correspondants d'un ou de pl· autres rapports égaux au premier.

Exemple : Etant donnée la suite de rapports égaux :

$$\frac{20}{30} = \frac{4}{6} = \frac{2}{3} = \frac{6}{9}$$

on en peut déduire

$$\frac{20 - 4 - 2 - 6}{30 - 6 - 3 - 9} = \frac{20}{30}.$$

II. On verrait facilement qu'on peut de même, à volonté, ajouter les termes d'un ou plusieurs rapports, et retrancher ceux d'un ou plusieurs autres ; que par exemple, de la même suite de rapports égaux, on peut déduire :

$$\frac{20 - 4 + 2 - 6}{30 - 6 + 3 - 9} = \frac{20}{30}.$$

III. Ces propriétés générales restreintes au cas de deux rapports seulement peuvent s'énoncer ainsi :

Dans une proportion, *le rapport de la somme ou de la différence des numérateurs à la somme ou à la différence des dénominateurs, est égal à celui d'un numérateur au dénominateur correspondant :*

Exemple : La proportion

$$\frac{10}{15} = \frac{4}{6}$$

fournit les proportions équivalentes :

$$\frac{10 + 4}{15 + 6} = \frac{4}{6} \qquad \frac{10 - 4}{15 - 6} = \frac{4}{6} \qquad \frac{10 + 4}{15 + 6} = \frac{10 - 4}{15 - 6}$$

II. RAPPORTS DES GRANDEURS.

Rapport de deux grandeurs ; définition. — Grandeurs proportionnelles. — Application. — Grandeurs inversement proportionnelles. — Application. — Exercices.

236. Rapport de deux grandeurs ; définition. — On appelle *rapport de deux grandeurs* le nombre qui exprime combien de fois la première contient la seconde, ou une partie déterminée de la seconde. Il est évident qu'on ne peut comparer ainsi que des grandeurs de même espèce, une longueur avec une longueur, une surface avec une surface, un poids avec un poids.... — Ex. : Le rapport de 8^m à 2^m est 4, parce que la grandeur 8^m contient 4 fois la grandeur 2^m ; de même le rapport de 3^m à 5^m est $\dfrac{3}{5}$, parce que 3^m contient 3 fois 1^m ou 3 fois le 5^{ieme} de 5^m, c'est-à-dire les $\dfrac{3}{5}$ de 5^m.

REMARQUES. I. Comme la mesure d'une grandeur (184) est le nombre qui exprime combien de fois cette grandeur contient son unité ou une partie connue de cette unité, il s'ensuit que la mesure d'une grandeur n'est autre que le rapport de cette grandeur à son unité. Ainsi une longueur ayant pour mesure 5^m, le rapport de cette longueur à son unité est 5.

II. Le rapport de deux grandeurs est indépendant de la grandeur de l'unité avec laquelle on les a mesurées toutes les deux ; car si, par exemple, 3^m contient 3 fois le 5ième de 5^m, 300^{cm} (qui est la même chose que 3^m) contiendra aussi trois fois le 5ième de 500^{cm} (qui est la même chose que 5^m), soit 3 fois 100^{cm}.

III. Le rapport de deux grandeurs est égal au rapport des deux nombres obtenus en les mesurant avec une troisième grandeur de même espèce prise pour unité : ainsi le rapport de 8^m à 4^m est le même que celui du nombre 8 au nombre 4 ; car il est visible que 8^m contient 4^m autant de fois que 8 contient 4 ; de même les longueurs 3 fois 7^m et 5 fois 7^m sont dans le rapport de 3 à 5.

237. Grandeurs proportionnelles. — Quand une quantité variable est liée par sa nature à une autre, de telle sorte qu'elle devient en même temps qu'elle 2 fois, 3 fois, 4 fois plus grande, on dit que ces deux quantités sont *directement proportionnelles*, ou simplement qu'elles sont *proportionnelles* ; on dit encore qu'*elles varient dans le même rapport*. Ainsi le prix d'une marchandise est directement proportionnel à la quantité achetée, parce qu'une quantité 2, 3, 4 fois plus grande se paye 2, 3, 4 fois plus cher.

Exemples de grandeurs directement proportionnelles ou habituellement considérées comme telles.

Prix d'une marchandise .... }	Quantité achetée : longueur, surface, volume, poids.
Valeur d'un travail ou salaire des ouvriers.. } .... }	Quantité de travail exécutée, temps employé à l'exécuter.
Quantité de travail exécutée....... }	Temps employé à l'exécuter, nombre d'ouvriers employés.
Quotient, rapport ou fraction	Dividende ou numérateur.
Poids d'un objet.................	Volume de cet objet.
Grandeur d'un angle au centre ou inscrit...... } .... }	Arc intercepté entre ses côtés dans un cercle déterminé.

238. Application. — Problème. *Pour* 5^f, *on a* 2^m *d'étoffe; combien en aura-t-on pour les* $\dfrac{4}{7}$ *de* 5^f?

Si pour 5^f on a. . . . . 2^m d'étoffe,

pour $\dfrac{1}{7}$ de 5^f on aura 7 fois moins, ou $\dfrac{1}{7}$ de 2^m, soit 2$^m \times \dfrac{1}{7}$,

et pour les $\dfrac{4}{7}$ de 5^f, on aura 4 fois plus ou les $\dfrac{4}{7}$ de 2^m, ou

$$2^m \times \dfrac{4}{7} = 1^m, 14\ldots$$

Réponse : Les $\dfrac{4}{7}$ de 2^m, ou 1^m,14.

Remarque. Ce raisonnement s'appliquerait à tout autre exemple; il montre que *deux grandeurs étant proportionnelles, si l'on part de deux valeurs correspondantes de ces deux grandeurs* (ici 5^f et 2^m), *quand l'une devient une certaine fraction de ce qu'elle était, l'autre devient la même fraction de ce qu'elle était.*

239. Grandeurs inversement proportionnelles. — Quand une quantité variable dépend de la grandeur d'une autre et que la première devenant 2, 3, 4 fois plus grande, la seconde devient 2, 3, 4 fois plus petite, on dit que ces deux quantités sont *inversement proportionnelles*, ou dans un *rapport inverse*, ou qu'*elles varient en raison inverse l'une de l'autre.*

Ainsi le temps qu'il faut pour faire un certain ouvrage est inversement proportionnel au nombre des ouvriers qui l'exécutent, parce que si le nombre des ouvriers qui y sont employés devient 2, 3, 4... fois plus grand, il faut 2, 3, 4... fois moins de temps pour l'achever.

Exemples de grandeurs inversement proportionnelles ou habituellement considérées comme telles.

Longueur d'une étoffe achetée......	Largeur de la même étoffe, le prix restant le même.
Nombre de journées pour exécuter un travail donné...............	Nombre d'heures dont se compose la journée.
Nombre de journées ou nombre d'heures dans la journée.........	Nombre d'ouvriers pour faire un travail donné.
Quotient, fraction ou rapport......	Diviseur ou dénominateur.
Pression sur un gaz.............	Volume de ce gaz.
Segments extérieurs de sécantes partant d'un même point et coupant un même cercle.............	Sécantes entières.

238. Application. — PROBLÈME. *12 ouvriers ont mis 20 heures pour faire un certain travail, combien les* $\frac{2}{3}$ *de ce nombre d'ouvriers, ou 8 ouvriers, mettront-ils d'heures pour faire le même travail?*

Si 12 ouvriers ont mis. . . . . , , ...   20 heures,

$\frac{1}{3}$ de 12 ouvriers mettront 3 fois *plus* de temps ou

$$20^h \times 3$$

et les $\frac{2}{3}$ de 12 ouvriers mettront 2 fois *moins* de temps, ou

$$\frac{20^h \times 3}{2} = 20^h \frac{3}{2} = 30^h$$

Réponse : Les $\frac{3}{2}$ de 20^h, on 30^h.

REMARQUE. Ce raisonnement pourrait s'appliquer à tout autre exemple; il montre que *deux grandeurs étant inversement proportionnelles, si l'on part de deux valeurs correspondantes de ces deux grandeurs* (ici 12 ouvriers et 20 heures), *quand l'une devient une certaine fraction de ce qu'elle était, l'autre devient la fraction inverse de ce qu'elle était.*

239. Grandeurs directement ou inversement proportionnelles à plusieurs autres grandeurs. — Il est rare que les variations d'une grandeur soient déterminées uniquement par les variations d'une autre grandeur; le plus souvent une grandeur variable dépend à la fois de plusieurs autres : ainsi, par exemple, le poids d'un cylindre métallique dépend à la fois de la hauteur du cylindre, du rayon de sa base et de la densité du métal; le nombre d'ouvriers nécessaires pour faire un ouvrage déterminé dépend du nombre de jours pendant lesquels ils travaillent, du nombre d'heures de travail par jour, etc.

Lorsqu'une grandeur dépend ainsi de plusieurs autres et que, tous les éléments qui la déterminent, sauf un seul d'entre eux, étant supposés conserver des valeurs invariables, la grandeur considérée varie en raison directe ou en raison inverse du seul élément resté variable, on dit qu'elle est proportionnelle ou inversement proportionnelle à ces diverses autres grandeurs.

EXERCICES n° 26.

I. Simplifier, s'il y a lieu, et ensuite évaluer en décimales les rapports 1° de 20 à 30; 2° de 13 à 15: 3° de 16 à 13; 4° 3,2 à 6; 5° de 6 3,2; 6° de 0,73 à 0,74; 7° de 5 à $\frac{3}{4}$; 8° de $\frac{3}{4}$ à 5; 9° de $\frac{7}{8}$ à $\frac{9}{2}$; 10° de $5\frac{2}{3}$ à $\frac{34}{9}$. 11° de $7\frac{3}{11}$ à $1\frac{8}{11}$.

II. Vérifier si les séries de 4 nombres qui suivent forment proportion : 1° 7-9-21-27; 2° 6-3-13, 5-6,75; 3° 7-8-9-10; 4° 5,1-7-9-6; 5° 5,1-36,72-1-7.2; 6° $\frac{3}{5} - \frac{4}{9} - \frac{2}{30} - \frac{1}{9}$; 7° $1\frac{1}{2} - 2\frac{1}{3} - \frac{\cdot}{4} - \frac{25}{21}$.

III. Trouver le terme inconnu dans les proportions suivantes : 1° $\frac{x}{14} = \frac{15}{4}$: 2° $\frac{5}{x} = \frac{15}{4}$; 3° $\frac{7}{9} = \frac{x}{7}$; 4° $\frac{21}{11} = \frac{21}{x}$; 5° $\frac{5,3}{7} = \frac{x}{8}$; 6° $\frac{5\frac{3}{4}}{6\frac{1}{4}} = \frac{7\frac{1}{5}}{x}$1.5

IV. Les 3 côtés d'un triangle sont 3^m, 5^m. 4^m; le périmètre d'un triangle semblable est $13.^m$; quels sont les 3 côtés de ce dernier triangle?

V. Trois sommes, l'une de 30 000 fr., la seconde de 40 000 fr.. la troisième de 25 000 fr., ont rapporté en tout 27 896 fr. 25 c.; 1° combien chacune d'elles a-t-elle rapporté? 2° quelle somme aurait rapporté 50 000 fr., ces quatre sommes étant aux mêmes conditions de placement?

VI. Dans un triangle rectangle l'hypoténuse a $25^m,20$ et la différence des côtés de l'angle droit est de 15^m; on demande la différence des côtés de l'angle droit d'un triangle semblable au premier, mais dont l'hypoténuse est $12^m,30$.

VII. Pour $55^f,20$ on a eu 6^m d'étoffe; 1° combien aurait-on de cette même étoffe pour 18^f? 2° combien coûteraient $7^m,50$ de la même étoffe?

VIII. Dans une circonférence un angle au centre de 25° intercepte un arc dont la longueur est de $12^m,65$; quel serait l'angle qui intercepterait un arc de $21^m,372$, à 1 seconde d'angle près, les nombres donnés étant rigoureusement exacts?

IX. Deux divisions donnent le même quotient; la somme des termes, dividende et diviseur, est pour la première 18,560, et pour la seconde 4,4544; le premier diviseur est 5: quels sont les termes de ces deux divisions; et quel est le quotient qu'on obtient en faisant l'une ou l'autre?

X. Il a fallu 20 ouvriers pour faire un ouvrage en un mois, combien en faudra-t-il pour faire le même ouvrage en 3 fois moins de temps; combien pour le faire en 6 fois plus de temps; combien pour le faire en un temps qui soit les $\frac{3}{5}$ du premier (chaque fraction d'ouvrier sera comptée comme un ouvrier)?

CHAPITRE II.

RÈGLES DE TROIS; INTÉRÊTS, ESCOMPTES.

I. RÈGLE DE TROIS SIMPLE.

Règle de trois; définition. — Règle de trois simple directe. — Règle de trois simple inverse. — Exercices.

241. Règles de trois simples; définition. — Quand deux quantités sont directement ou inversement proportionnelles, que l'on donne la valeur de la première correspondant à une valeur donnée de la seconde, et que l'on demande la valeur de la première qui correspond à une deuxième valeur de la seconde, le problème que l'on résout s'appelle *règle de trois simple*. Elle est *directe* ou *inverse*, suivant que les deux sortes de grandeurs qui y entrent sont *directement* ou *inversement* proportionnelles.

242. Règle de trois simple directe.

Problème I. *Le sac de 159^{kg} de farine coûtant 66^f,25, combien coûtent 35^{kg} de la même farine ?*

Solution. Le prix varie en raison directe de la quantité achetée; le problème est une règle de trois simple directe. Soit x le nombre de francs cherché; on dispose le calcul comme il suit :

ÉNONCÉ ABRÉGÉ.

$$159^{kg} \text{ coûtent } 66^f,25 \qquad (1)$$
$$35^{kg} \text{ — } \qquad x$$

RAISONNEMENT PAR RÉDUCTION A L'UNITÉ.

$$159^{kg} \text{ coûtent} \ldots \ldots \ldots 66^f,25$$

$$1^{kg} \text{ coûte } 159 \text{ fois moins ou } \frac{66,25}{159}$$

$$35^{kg} \text{ coûtent } 35 \text{ fois plus ou } \frac{66,25 \times 35}{159} = 14^f,58\ldots$$

Réponse : 14^f,58.

REMARQUE. Mais en se reportant à la remarque du n° 238, on peut faire le raisonnement d'une façon plus rapide :

RAISONNEMENT ABRÉGÉ.

159^{kg} coûtent. . . . . $66^f,25$

35^{kg} ou les $\dfrac{35}{159}$ de 159^{kg} coûtent les $\dfrac{35}{159}$ de $66^f,25$ ou $66,25 \times \dfrac{35}{159}$.

Si l'on remarque que $66^f,25$ est la quantité de même espèce que l'inconnue et que $\dfrac{35}{159}$ est le rapport des quantités de l'autre espèce, dans l'ordre de l'énoncé (1), que de plus le même raisonnement conduirait à un résultat pareil dans les problèmes du même genre, on en conclura la règle suivante :

RÈGLE. *Dans le cas de la règle de trois simple et directe, l'inconnue est égale à la quantité connue de la même espèce, multipliée par le rapport direct des quantités de l'autre espèce.*

PROBLÈME II. *Une machine à vapeur dépense 1545^{kg} de charbon en 70 jours, combien dépenserait-elle dans une année de 365 jours?*

Solution.   En 70^j. . . . . 1545^{kg}
En 365^j. . . . . x^{kg}
direct

D'après la règle précédente on a immédiatement :

$$x = 1545 \times \frac{365}{70} = 8056^{kg},07.$$

Réponse : 8056^{kg}, à un kilogr. près.

On pourrait d'ailleurs répéter le même raisonnement qu'au problème I.

PROBLÈME III. *La chaux hydraulique ordinaire se fabrique en calcinant un mélange de $83^{kg},333$ de carbonate de chaux avec $16^{kg},666$ d'argile. Combien faut-il de carbonate de chaux avec $1535^{kg},7$ d'argile?*

Solution. $16^{kg},666$ d'argile avec $83^{kg},333$ de carbonate
      $1535^{kg},7$ — x^{kg}
    direct

A $16^{kg},666$ d'argile, il faut joindre $83^{kg},333$ de carbonate de chaux;

à $1535^{ks},700$ d'argile, ou les $\dfrac{1535700}{16666}$ de $16^{ks},666$, il faut joindre

les $\dfrac{1535700}{16666}$ de $83^{ks},333$, soit

$$83^{ks},333 \times \dfrac{1535700}{16666};$$

et si l'on remarque que le rapport $\dfrac{1535700}{16666} = \dfrac{1535,7}{16,666}$, on a défi-

nitivement :

$$x = 83^{ks},333 \times \dfrac{1535,7}{16,666}$$
$$= 7678^{ks},7$$

Réponse : 7678^{ks}, 7 de carbonate de chaux.

Ce problème fait voir que la règle s'applique également au cas où les nombres donnés sont des nombres décimaux; mais comme les nombres fractionnaires peuvent être remplacés par des nombres décimaux, il s'ensuit qu'elle s'appliquerait de même si les données étaient représentées par des nombres fractionnaires, comme dans le problème suivant.

PROBLÈME IV. *Pour tisser $\dfrac{3}{4}$ de mètre d'une étoffe, il a fallu $\dfrac{5}{7}$ de jour; combien faudra-t-il de temps pour en tisser $5^m \dfrac{1}{2}$?*

Solution. $3/4^m$. . . . . $5j/7$
      $5^m 1/2$. . . . . x^j
      direct

$$= \dfrac{5}{7} \times \dfrac{5 1/2}{3/4} = \dfrac{5}{7} \times \dfrac{11/2}{3/4} = \dfrac{5}{7} \times \dfrac{11}{2} \times \dfrac{4}{3} = \dfrac{5 \times 11 \times 4}{7 \times 2 \times 3} = 5j\dfrac{5}{21}$$

Réponse : 5j 1/4 environ.

Si l'on voulait développer dans ce cas le raisonnement, on dirait :

Pour tisser $\dfrac{3}{4}$ de mètre il faut. . . . . $\dfrac{5}{7}$ de jour,

Pour tisser $\dfrac{1}{4}$ de mètre il faut 3 fois moins de jours, ou $\dfrac{5}{7} \times \dfrac{1}{3}$,

Pour tisser 1^m il faut 4 fois plus de jours, ou $\dfrac{5}{7} \times \dfrac{4}{3}$,

Pour tisser $\frac{1}{2}$ mètre il faut 2 fois moins de jours, ou $\frac{5}{7} \times \frac{4}{3} \times \frac{1}{2}$,

Et pour tisser $\frac{11}{2}$ il faut 11 fois plus de jours, ou $\frac{5}{7} \times \frac{4}{3} \times \frac{11}{2}$.

Ainsi $$x = \frac{5}{7} \times \frac{4}{3} \times \frac{11}{2}$$

ce qui revient à : $$x = \frac{5}{7} \times \frac{11/2}{3/4}$$

243. Règle de trois simple inverse.

Problème I. *Pour mettre en meules le blé d'un champ, il a fallu 15 ouvriers pendant 12ʰ; combien aurait-il fallu d'ouvriers pour faire le même travail en 9ʰ ?*

Solution. Plus il y a d'ouvriers pour faire un travail, moins il faut de temps : règle de trois simple inverse.

En 12ʰ. . . . . 15 ouvriers
En 9ʰ. . . . . x —
inverse

Pour faire l'ouvrage en 12ʰ, il faut. . . . . 15 ouvriers
Pour le faire en 1ʰ, il en faut 12 fois plus ou. . . . 15×12

Et pour le faire en 9ʰ, il en faut 9 fois moins ou. . $\dfrac{15 \times 12}{9}$

donc $$x = \frac{15 \times 12}{9} = 20.$$

Réponse : 20 ouvriers.

Remarque. En se reportant à la remarque du n° 240, on peut faire le raisonnement d'une façon plus rapide.

Pour faire l'ouvrage en 12ʰ, il faut. . . . . 15 ouvriers

Pour le faire en 9ʰ ou $\dfrac{9}{12}$ de 12ʰ, il faut les $\dfrac{12}{9}$

de 15 ouvriers, ou . . . . $15 \times \dfrac{12}{9}$

De là, résulte la règle suivante :

Règle. *Dans le cas de la règle de trois simple inverse, l'inconnue est égale à la quantité connue de la même espèce multipliée par le rapport inverse des quantités de l'autre espèce.*

Problème II. *Pour parqueter une salle il a fallu 854 feuilles de parquet de 410 centimètres carrés ; combien faudra-t-il de feuilles de 244 centimètres carrés ?*

Solution.   410^{cmq} . . . . 854 feuilles

244 . . . . x —

inverse

La règle précédente donne immédiatement :

$$x = 854 \times \frac{410}{244} = 1435 \text{ feuilles.}$$

Réponse : 1435 feuilles.

Problème III. *Une étoffe a 0^m,75 de largeur ; pour doubler un tapis, Il en faut 4^m,25. Combien faudra-t-il, pour le même usage, de mètres d'une étoffe ayant 0^m,65 de large ?*

Solution.   0^m, 75 de large. . . . . 4^m, 25 de long

0^m, 65 — . . . . . x^m —

inverse

Si l'étoffe a 0^m,75 de large, il en faut. . . . . 4^m,25

—   0^m,65, ou les $\dfrac{65}{75}$ de 0^m,75, il faut les $\dfrac{75}{65}$ de 4^m,25, ou

$$4^m,25 \times \frac{75}{65}$$

donc $x = 4^m,25 \times \dfrac{75}{65} = 4^m,25 \times \dfrac{0,75}{0,65} = 4^m,90.$

Réponse : 4^m,90.

Ce problème montre que la règle donnée plus haut s'applique au cas où les nombres sont décimaux ; par suite elle s'appliquerait de même au cas où ils sont fractionnaires.

EXERCICES N° 27.

I. Une livraison de sucre de 355^{kg},6 a été payée 528^f,75 ; on demande le prix d'une livraison de 500^{kg} du même sucre.

II. Pour 5760^f on a livré 36 pièces de vin blanc ; combien en a-t-on livré du même pour 11 840^f ?

III. Une machine locomotive a dépensé, pour parcourir 54800^{km}, en tout 52 060^f ; combien dépense une semblable machine pour faire le voyage de Paris à Marseille, la distance de ces deux villes étant 863^{km} ?

IV. Pour améliorer une terre, on y a répandu 58 125^{kg} de fumier représentant un volume de 76 hectolitres ; on demande combien il a fallu de charretées contenant chacune $1^{mc},5$ pour transporter sur une autre terre 19 875^{kt} du même fumier?

V. Une pièce d'étoffe dont la largeur est de 0^m, 50 et dont l'aunage est de $55^m,30$, a le même poids qu'une autre pièce de la même étoffe dont la largeur est de $0^m,60$: quel est l'aunage de cette seconde pièce d'étoffe?

VI. Avec 134 feuillets de chêne ayant 8^{cm} de large on a parqueté une salle; combien faudrait—il de feuillets de même longueur sur 10^{cm} de large pour parqueter une salle de même grandeur?

II. RÈGLE DE TROIS COMPOSÉE.

Règle de trois composée. — Exercices.

243 bis. Règle de trois composée : Définition. — Une grandeur est proportionnelle ou inversement proportionnelle à diverses autres grandeurs d'espèces déterminées : on donne la valeur de cette grandeur qui correspond à des valeurs données de toutes les autres, et l'on demande de trouver la valeur de la première grandeur qui correspond à d'autres valeurs données des grandeurs dont elle dépend : tel est l'énoncé général du problème connu sous le nom de règle de trois composée.

244. EXEMPLES.

PROBLÈME I. *La paye de 25 ouvriers qui travaillaient 10 heures par jour a été de 93 fr. 75 c.; quelle doit être dans les mêmes conditions la paye de 16 ouvriers dont la journée a été de 12 heures?*

Solution. Le salaire varie en raison directe avec le nombre d'ouvriers et le nombre d'heures de travail par jour; le problème est donc une règle de trois composée directe.

$$25 \text{ ouvriers.} . . 10 \text{ heures par jour.} . . 93 \text{ fr. } 75$$
$$16 \quad — \quad . . . 12 \quad — \quad — \quad . . . x'.$$

Si 25^{ouv} travaillant 10^h par jour gagnent $\quad 93_f,75$

$\qquad 1^{ouv}$ — $\quad 10^h$ gagne 25 fois moins $\quad = \dfrac{93,75}{25}$

Et 16^{ouv} — $\quad 10^h$ gagn. 16 f. plus que $1^{ouv} = \dfrac{93,75 \times 16}{25}$

$\qquad 16^{ouv}$ ne trav. que 1^h gagnent 10 f. moins $= \dfrac{93,75 \times 16}{25 \times 10}$

Et 16^{ouv} trav. — $\quad 12^h$ gagnent 12 fois plus $= \dfrac{75 \times 16 \times 12}{25 \times 10}$

Donc,

$$x = \frac{93,75 \times 16 \times 12}{25 \times 10} = 72$$

REMARQUE I. On peut faire ce raisonnement d'une façon plus rapide :

25^{ouv} travaillant 10^h par jour gagnent   93^f,75

16^{ouv} ou $\dfrac{16}{25}$ de 25^{ouv} travaillant aussi 10^h par jour

gagnent les $\dfrac{16}{25}$ de 93^f,75, ou $93,75 \times \dfrac{16}{25}$

Et quand ces 16^{ouv} travaillent 12^h par jour au lieu de 10,

soit les $\dfrac{12}{10}$ de 10^h, ils gagnent les $\dfrac{12}{10}$ de $93,75 \times \dfrac{16}{25}$

Donc $x = 93,75 \times \dfrac{16}{25} \times \dfrac{12}{10} = 72^f$

REMARQUE II. Mais, sans développer la solution, on peut encore se servir de la règle trouvée pour la règle de trois simple, et raisonner ainsi :

En faisant varier seulement le nombre des ouvriers, la valeur de la paye nouvelle sera obtenue en multipliant la paye primitive par le rapport direct des nombres d'ouvriers, $\dfrac{16}{25}$, ce qui donne $93,75 \times \dfrac{16}{25}$; en faisant varier ensuite le nombre des heures de travail par jour, il faudra multiplier le résultat correspondant à 10^h par le rapport direct des nombres d'heures $\dfrac{12}{10}$, ce qui donne

$$x = 93,75 \times \frac{16}{25} \times \frac{12}{10}.$$

D'où l'on voit que dans la règle de trois composée directe, l'inconnue est égale à la quantité connue de la même espèce multipliée successivement par les rapports directs des quantités des autres espèces.

PROBLÈME II. *Pour le dallage d'une cour, on a employé 4165 briques posées sur champ, et dont la face formant le dallage a 5 centimètres de large sur 15 de long; combien aurait-il fallu de briques de même espèce ayant sur la face formant le dallage 6 centimètres de large sur 20 de long?*

Solution. 5^c de large. . . 15 de long. . . 4165 briques

      6^c — . . . 20   — . . . x —

Quand les briques ont 5ᶜ de large et 15ᶜ de long, il en faut   4165.

Quand elles ont 6ᶜ de large, soit les $\dfrac{6}{5}$ de 5ᶜ et

même longueur 15ᶜ, il faut les $\dfrac{5}{6}$ de 4165^{br} $=$ . . . . . 4165 $\times \dfrac{5}{6}$

Et quand les briques ont toujours 6ᶜ de large, mais

20ᶜᵐ de long au lieu de 15, soit les $\dfrac{20}{15}$ de 15, il faut

un nombre de briques égal aux $\dfrac{15}{20}$ de 4165 $\times \dfrac{5}{6}$ $=$ 4165 $\times \dfrac{5}{6} \times \dfrac{15}{20}$

donc

$$x \;=\; 4165 \;\times\; \frac{5}{6} \times \frac{15}{20} = \frac{4165 \times 5 \times 15}{6 \times 20} = 2603^{\text{br}},1$$

Réponse : Plus de 2603 briques.

REMARQUE. On peut aussi appliquer la règle donnée pour la règle de trois simple inverse, en raisonnant de la façon suivante :

Si l'on fait varier seulement la largeur, on devra multiplier le nombre des briques par le rapport inverse de celui des largeurs $\dfrac{5}{6}$, ce qui donnera 4165 $\times \dfrac{5}{6}$; si l'on fait ensuite varier la longueur, on devra multiplier le résultat obtenu par le rapport inverse des longueurs $\dfrac{15}{20}$, ce qui donnera :

$$x = 4165 \times \frac{5}{6} \times \frac{15}{20}.$$

D'où il suit que, dans la règle de trois composée inverse, l'inconnue est égale à la quantité connue de la même espèce multipliée successivement par les rapports inverses des quantités des autres espèces.

PROBLÈME III. *Une machine de 150 chevaux a pu élever dans une journée de 18ʰ, 607 tonnes de charbon à 120ᵐ de haut ; quelle serait la force d'une machine qui, travaillant 20ʰ, élèverait à 90ᵐ de haut 1000 tonnes de charbon ?*

Plus la machine met de temps à faire un ouvrage, moins elle est forte ; plus elle lève dans le même temps à la même hauteur, plus elle est forte ; plus la hauteur à laquelle elle élève un fardeau dans un temps donné est grande, plus elle est forte ; le problème est donc une règle de trois composée, partie inverse, partie directe.

$$18^h \ldots \ldots 607^t \ldots \ldots 120^m \ldots \ldots 150 \text{ chevaux-vapeur}$$
$$20^h \ldots \ldots 1000^t \ldots \ldots 90^m \ldots \ldots x \quad —$$
$$\textit{inverse} \quad\quad \textit{direct} \quad\quad \textit{direct}$$

Raisonnement. Puisque la machine est forte de 150 chevaux-vapeur quand elle effectue le travail mécanique donné en 18 heures, quand elle ne l'effectue qu'en 20 heures, c. a. d. en $\dfrac{20}{18}$ de 18 , sa force n'est que les $\dfrac{18}{20}$ de 150, soit

$$150 \times \frac{18}{20}$$

Si, au lieu d'élever en 20 heures 607 tonnes à une certaine hauteur, elle en élève 1000 ou les $\dfrac{1000}{607}$ de 607, sa force est les $\dfrac{1000}{607}$ de $150 \times \dfrac{18}{20}$, soit

$$150 \times \frac{18}{20} \times \frac{1000}{607}$$

Enfin, si au lieu d'élever en 20^h, 1000^t à 120^m de haut, elle ne les élève qu'à 90^m ou aux $\dfrac{90}{120}$ de 120^m, la force de la machine est évidemment les $\dfrac{90}{120}$ de $150 \times \dfrac{18}{20} \times \dfrac{1000}{607}$; on a donc :

$$x = 150 \times \frac{18}{20} \times \frac{1000}{607} \times \frac{90}{120}$$
$$= \frac{150 \times 18 \times 1000 \times 90}{20 \times 607 \times 120} ;$$

Simplifiant et effectuant, il vient :

$$x = 166^{\text{ch.vap.}} \ \frac{488}{607}$$

REMARQUE. En appliquant les règles données pour les règles de trois simples, on peut raisonner ainsi :
Si l'on fait varier seulement le nombre d'heures de travail, il

faut multiplier la force 150 chev. vap. par le rapport inverse des nombres d'heures $\frac{18}{20}$, ce qui donne :

$$150 \times \frac{18}{20};$$

si l'on fait varier ensuite le nombre de tonnes, il faut multiplier ce résultat par le rapport direct des nombres de tonnes $\frac{1000}{607}$, ce qui donne :

$$150 \times \frac{18}{20} \times \frac{1000}{607};$$

si enfin l'on fait varier la hauteur, il faut multiplier ce dernier résultat par le rapport direct des hauteurs $\frac{90}{120}$, ce qui donne :

$$x = 150 \times \frac{18}{20} \times \frac{1000}{607} \times \frac{90}{120}.$$

Le raisonnement est général et conduit à la règle suivante :

RÈGLE. *Dans la règle de trois composée, l'inconnue est égale à la quantité connue de la même espèce multipliée successivement par les rapports directs des quantités qui varient avec l'inconnue en raison directe, et par les rapports inverses des quantités qui varient avec elle en raison inverse.*

Comme nous nous sommes appuyés pour la démonstration de cette règle sur celle de la règle de trois simple, et que cette dernière a été démontrée pour le cas des nombres fractionnaires comme pour le cas des nombres entiers, il s'ensuit que la règle que nous venons d'en déduire pour la règle de trois composée s'applique à toute espèce de nombres.

PROBLÈME IV. *25 ouvriers terrassiers ont employé 8 journées pour enlever la terre d'une tranchée peu profonde (1) de 22ᵐ de large sur 75ᵐ*

---

(1) Nous disons peu profonde, car si la profondeur était considérable, la longueur cesserait d'être inversement proportionnelle à la profondeur. On comprend, en effet, que la difficulté allant en croissant avec la profondeur, si la profondeur à donner devenait double, triple, les mêmes ouvriers, dans le même temps, ne sauraient donner au fossé une longueur réduite à la moitié, au tiers, etc.....

de long ; quelle est dans les mêmes conditions la longueur d'une tran-
chée qui a été faite par 12 terrassiers en 16 journées, cette tranchée
ayant 15ᵐ de large ?

Solution.

$$
\begin{array}{llll}
25 & 8^{j} & 22^{m} & 75^{m} \\
12 & 16^{j} & 15^{m} & x^{m} \\
\textit{direct} & \textit{direct} & \textit{inverse} &
\end{array}
$$

$$
x = 75 \times \frac{12}{25} \times \frac{16}{8} \times \frac{22}{15} = \frac{12 \times 2 \times 22}{5} = 105^{m}, 6.
$$

Réponse : 105ᵐ,6.

EXERCICES Nᵒ 28.

I. Une lampe Carcel brûle dans une soirée de 4ʰ un poids égal à 170ᵍʳ d'huile à 1ᶠ,80 le kilogramme ; 1° on demande combien elle a brûlé d'huile dans une soirée où elle a été allumée pendant 5ʰ $\frac{1}{2}$, et quelle est la dépense pour cette soirée ; 2° quelle est la dépense pour une année d'éclairage avec une pareille lampe, en supposant que la durée moyenne de l'éclairage par soirée soit 4ʰ 20ᵐⁱⁿ ?

II. Pour faucher un champ, il a fallu 8 faucheurs pendant 3 journées de 11ʰ ; combien aurait-il fallu de faucheurs s'ils avaient travaillé pendant 5 journées de 12ʰ ?

III. Pour mettre en moyettes 1080 gerbes de blé, il a fallu 6 ouvriers travaillant pendant 9ʰ chacun ; combien d'heures auraient dû travailler 5 ouvriers pour mettre en moyettes 700 gerbes ?

IV. 25 000 kilogrammes de paille de froment ont été répandus sur un champ dont la largeur est de 75ᵐ,80 et la longueur 150ᵐ ; on demande combien il faut répandre de kilogrammes de cette même paille pour fumer autant un champ qui a 5ᵐ,50 de long sur 40ᵐ,70 de large ?

V. La coupe d'un champ de 54ᵐ de large sur 170ᵐ de long a rapporté dans une année 1536 bottes de foin ; quelle serait la longueur d'un champ de 65ᵐ de large qui en rapporterait 3000 ?

VI. 171ᵏˢ,5 d'acide sulfurique ordinaire contiennent 56ᵏˢ de soufre, 112ᵏˢ d'oxygène et 3ᵏˢ,5 d'hydrogène ; combien 1500ᵏˢ de ce même acide contiennent-ils de soufre, d'oxygène et d'hydrogène ?

VII. Pour la construction d'un mur en briques ayant 25ᶜᵐ d'épaisseur, 10ᵐ,5 de long et 2ᵐ,7 de haut, on a employé des briques de 5ᶜᵐ d'épaisseur sur 8 de large et 15 de long ; on demande : 1° combien on a dû employer de briques ; 2° déduire du résultat obtenu le nombre de briques qu'il aurait fallu si ces briques avaient eu 6ᶜᵐ d'épaisseur, 10 de large et 20 de long ?

VIII. Dans une étoffe, les fils de chaîne (en long) sont éloignés les uns des autres de 0ᵐᵐ,3 ; ceux de la trame (en travers) sont éloignés de 0ᵐᵐ,2 ; dans une autre les mêmes distances sont respectivement 0ᵐᵐ,5 et 0ᵐᵐ,3 ; sachant que 2 ouvriers en 35 jours ont fabriqué 302ᵐ,55 de la première, combien faudrait-il de jours à 3 ouvriers pour fabriquer 200ᵐ de la seconde ?

III. INTÉRÈTS : MÉTHODE GÉNÉRALE.

Intérêts. — Intérêt annuel. — Valeur du capital au bout d'une année; cas du 5 pour 100. — Relation générale entre le capital, l'intérêt, le taux et le temps. — Applications. — Valeur d'un capital au bout d'un temps quelconque; cas du 5 pour 100. — Exercices.

245. Intérêts. — Quand une somme d'argent a été prêtée, l'emprunteur au remboursement du prêt doit au prêteur : 1° le montant du prêt, qui prend le nom de *capital*; 2° une certaine somme en plus qu'on nomme l'*intérêt* du capital. L'intérêt au bout d'une année est toujours une fraction déterminée du capital, par exemple les 5/100, les 6/100, ou, suivant l'expression adoptée, 5 pour 100, 6 pour 100 du capital. Ce tant pour 100, ou cette fraction du capital représentée par l'intérêt annuel, se nomme *taux* du prêt. L'intérêt varie d'ailleurs proportionnellement au temps, c'est-à-dire à la durée de l'emprunt.

246. Intérêt annuel. — Problème. *Quel est l'intérêt annuel de 3450ᶠ,60 à 5 pour 100 ?*

Solution. Le taux 5 pour 100 indique que l'intérêt annuel est les 5/100 du capital; l'intérêt demandé sera donc

$$3450,60 \times \frac{5}{100} = 3450,60 \times \frac{1}{20} = \frac{343,06}{2} = 172^{\mathrm{f}},53.$$

Réponse : 172ᶠ,53, ou en forçant : 172ᶠ,55.

Règle. *L'intérêt annuel est égal au capital multiplié par le taux.* Dans le cas particulier du 5 pour 100, l'intérêt annuel est 1/20 du capital : il s'obtient en divisant le capital par 10, puis le quotient par 2.

247. Valeur d'un capital au bout d'une année; cas du 5 pour 100. — Problème I. *Quelle est au bout d'une année la valeur d'un capital de 7400ᶠ placé au commencement de l'année à 4 pour 100 ?*

Solution. Ce capital vaut au bout de l'année ce qu'il valait au commencement, plus ses intérêts à 4 pour 100.

Il a donc augmenté des 4/100 de ce qu'il était; il vaut donc les 104/100 de ce qu'il était, ou

$$7400 \times \frac{104}{100} = 7400 \times 1,04 = 7696^{\mathrm{f}}.$$

Réponse : 7696ᶠ.

En remarquant que $1,04 = 1 + 0,04 = 1 +$ le taux, on voit que *la valeur d'un capital après une année de placement s'obtient en le multipliant par l'unité augmentée du taux.*

PROBLÈME II : CAS DU 5 POUR 100. *Combien valent, au bout d'une année, 635^f,30 prêtés à 5 pour 100 ?*

Solution.   Valeur du capital primitif....   635^f,30

Intérêts ou $\dfrac{1}{20}$ de 635^f,30.....   31^f,765

Valeur au bout d'une année.   667^f,065

Réponse : 667^f,05, en se réduisant aux 5 centimes.

La valeur d'un capital après une année de placement à 5 pour 100 s'obtient en ajoutant au capital sa vingtième partie.

248. Relation générale entre le capital, l'intérêt, le taux et le temps. — PROBLÈME I. *Quel est l'intérêt de 15 400^f à 5 pour 100 pendant 4 ans ?*

Solution. L'intérêt annuel de 15 400^f à 5 pour 100 est

$$15400 \times \frac{5}{100} \text{ ou } 15400 \times \frac{1}{20}.$$

L'intérêt pendant 4 ans est 4 fois cette somme, ou

$$15400 \times \frac{1}{20} \times 4 = 15400 \times \frac{2}{10} = 3080^f$$

Réponse : $x = 3080^f$.

REMARQUE. Un capital ne reste pas toujours placé pendant un nombre exact d'années, mais pendant un certain nombre de mois ou un certain nombre de jours. Dans ce cas on est convenu de compter l'année comme formée de 360 jours, ou de 12 mois de 30 jours chacun. Il est clair que si un capital reste placé pendant

$\dfrac{1}{2}$, $\dfrac{3}{4}$, $\dfrac{5}{3}$ d'année, il rapportera la moitié, les $\dfrac{3}{4}$, les $\dfrac{5}{3}$ de ce qu'il

rapporte en une année.

PROBLÈME II. *Quel est l'intérêt de 7000ᶠ à 6,5 pour 100 pendant 3 mois et 6 jours?*

Solution. 3 mois et 6 jours font 96 jours ou $\dfrac{96}{360}$ d'une année. L'intérêt annuel de 7000ᶠ à 6,5 pour 100 est

$$7000 \times \frac{6,5}{100}$$

l'intérêt pendant $\dfrac{96}{360}$ d'année sera les $\dfrac{96}{360}$ de cette somme ou

$$7000 \times \frac{6,5}{100} \times \frac{96}{360} = 7 \times 6,5 \times \frac{8}{3} = 121^{\mathrm{f}},33\ldots$$

Réponse : 121ᶠ,35.

RÈGLE. *L'intérêt d'un capital pendant un temps quelconque et à un taux donné est égal à l'intérêt annuel multiplié par le temps (exprimé en années et fraction d'année).*

Comme d'ailleurs l'intérêt annuel est égal, d'après la règle du nº 246, au capital multiplié par le taux, on peut, réunissant cette règle à la précédente, formuler ainsi la règle générale :

RÈGLE GÉNÉRALE : RELATION ENTRE LE CAPITAL, L'INTÉRÊT, LE TAUX ET LE TEMPS. *L'intérêt d'un capital pendant un temps quelconque et à un taux donné est égal au produit du capital multiplié successivement par le taux et par le temps (exprimé en années et fraction d'année).*

REMARQUE. On peut observer que les problèmes d'intérêt ne sont autre chose que des règles de trois. Le problème précédent peut se poser de la manière suivante :

$$1^{\mathrm{f}} \text{ pendant } 1 \text{ année rapporte} \ldots \ 0^{\mathrm{f}},065$$
$$7000^{\mathrm{f}} \text{ pendant } \frac{96}{360} \text{ d'année rapportent } x$$
$$\textit{direct} \qquad\qquad \textit{direct}$$

En appliquant la règle du § 244, Rem. II, on a immédiatement :

$$x = 0^{\mathrm{f}},065 \times \frac{7000}{1} \times \frac{96}{360}.$$

Pʀᴏʙʟᴇᴍᴇ III. *Quel capital placé pendant 3 ans a 6 pour 100 à rapporté* 216ᶠ ?

1ʳᵉ *solution*. Appliquant la règle de trois, après avoir écrit ainsi l'énoncé :

$$0^f,06 \text{ sont rapportés en 1 an par } 1^f$$
$$216^f, \quad \text{—} \quad \text{en 3 ans par } x^f$$
$$\textit{direct} \qquad\qquad \textit{inverse}$$

on peut formuler immédiatement le résultat demandé.

$$x = 1 \times \frac{216}{0,06} \times \frac{1}{3} = \frac{216}{0,06 \times 3} = 1200^f.$$

Réponse : 1200ᶠ.

On pourrait d'ailleurs, au lieu d'appliquer directement la règle, faire le raisonnement par l'unité comme pour toute autre règle de trois.

2ᵉ *solution*. D'après la relation générale (Probl. II), l'intérêt est le produit obtenu en multipliant successivement le capital par le taux et par le temps ; donc *le capital est égal à l'intérêt divisé successivement par le taux et par le temps*. D'où la solution :

$$x = (216 : 0,06) : 3 = \frac{216}{0,06 \times 3}$$

Pʀᴏʙʟᴇᴍᴇ IV. *A quel taux* 3500ᶠ *ont-ils rapporté en 2 ans* 280ᶠ ?

1ʳᵉ *solution*. Considérant ce problème comme une règle de trois, on a :

$$3500^f \text{ en 2 ans rapportent } 280^f$$
$$1^f \text{ en 1 an rapporte } x$$
$$\textit{direct} \quad \textit{direct}$$

Et :

$$x = 280 \times \frac{1}{3500} \times \frac{1}{2} = \frac{28}{700} = 0,04.$$

Réponse : Au taux 4 pour 100.

2ᵉ *solution*. D'après la relation générale (Probl. II), l'intérêt est le produit obtenu en multipliant le taux par le capital et par le temps ; donc *le taux est égal à l'intérêt divisé successivement par le capital et par le temps*. De là résulte la solution :

$$x = (280 : 3500) : 2 = \frac{280}{3500 \times 2} = \frac{28}{700} = \frac{4}{100} \text{ ou } 0,04$$

PROBLÈME V. *Pendant combien de temps a été placé un capital de 675ᶠ, sachant qu'à 3 pour 100 il rapporte 162ᶠ?*

1ʳᵉ *solution.* Traitant le problème comme une règle de trois, on a :

$$1^f \text{ rapporte} \qquad 0^f,03 \text{ en 1 année}$$
$$675^f \text{ rapportent } 162^f \qquad \text{en } x \text{ années}$$
$$\textit{inverse} \qquad\qquad \textit{direct}$$

$$x = 1 \times \frac{1}{675} \times \frac{162}{0,03} = \frac{6}{0,75} = 8 \text{ ans.}$$

Réponse : 8 ans.

2ᵉ *solution.* D'après la règle générale (Probl. II), l'intérêt est le produit obtenu en multipliant le temps par le capital et le produit par le taux, *le temps est égal à l'intérêt donné divisé successivement par le capital et par le taux.* De là résulte la solution :

$$x = (162 : 675) : 0,03 = \frac{162}{675 \times 0,03} = 8^a$$

249. Applications. — PROBLÈME I. *Quel est l'intérêt produit en 5 ans 3 mois et 8 jours par 2375ᶠ,25 au taux 3 $\frac{1}{2}$ pour 100?*

Solution. Le taux $= 0,035$; le temps $= 5$ ans 3 mois et 8 jours $= 1898$ jours $= \frac{1898}{360}$ ou $\frac{949}{180}$ d'année ; d'après la règle (248, Probl. II), on a pour l'intérêt demandé :

$$x = 2375^f,25 \times 0,035 \times \frac{949}{180} = 438^f,299..$$

Réponse : 438ᶠ,30.

PROBLÈME II. *Quel capital placé pendant 3 mois $\frac{1}{2}$ à 7 pour 100 a rapporté 3528ᶠ?*

Solution. Taux $= 0,07$; temps $= 3$ mois $\frac{1}{2} = 105$ jours $= \frac{105}{360} = \frac{7}{24}$ d'année. D'après la règle qui donne le capital (248, Probl. III), on aura :

$$x = (3528 : 0,07) : \frac{7}{24} = \frac{3528 \times 24}{0,07 \times 7} = 172\,800^f$$

PROBLÈME III. *A quel taux 5885^f,80 ont-ils rapporté en 2 ans 3 mois et 7 jours 685^f,25?*

Solution. D'après la règle qui donne le taux (248, Probl. IV,) on trouve :

$$x = (685{,}25 : 5885{,}80) : \frac{817}{360} = \frac{685{,}25 \times 360}{5885{,}80 \times 817} = 0{,}051\ldots$$

Réponse : $0{,}051\ldots = 5{,}1\ 0/0$ ou un peu plus de 5 pour 100.

PROBLÈME IV. *Pendant combien de temps faut-il placer 375^f,25 à 4 pour 100 pour que ce capital rapporte 25^f ?*

Solution. D'après la règle qui donne le temps (248, Probl. V,) on trouve :

$$x = \frac{25}{375{,}25 \times 0{,}04} = \frac{2500}{1501} \text{ d'année} = 1 \text{ an } 7 \text{ mois } 29^j,6\ldots$$

Réponse : En forçant, 1 *an* 8 *mois*, à 1 jour près.

250. Valeur d'un capital au bout d'un temps quelconque; cas du 5 pour 100. — **PROBLÈME I.** *Quelle est au bout de 10 ans la valeur d'un capital de 7400^f placé à 4 pour 100 (les intérêts ne portant pas intérêt) ?*

Solution. Chaque année (247) le capital s'accroît des $\dfrac{4}{100}$ de 7400 ; dans 10 ans, il se sera accru de 10 fois cette somme ou des $\dfrac{4 \times 10}{100}$ de 7400, ou des $\dfrac{40}{100}$ de 7400; il vaudra donc 1 fois 7400 et les $\dfrac{40}{100}$ de 7400, ou en tout les $\dfrac{140}{100}$ de 7400, soit :

$$7400 \times \frac{140}{100} = 7400 \times 1{,}40 = 10\,360^f.$$

Réponse : 10 360^f.

Remarquant que 1,40 a été obtenu en ajoutant l'unité au produit du taux par le temps, on en conclut que *la valeur d'un capital après un temps quelconque de placement s'obtient en le multipliant par l'unité augmentée du produit du taux par le temps.*

I.   14

Problème II. *Combien valent, au bout de 6 ans 3 mois 25 000; placés à 5 pour 100 ?*

Solution :

Le capital primitif = ... 25000^f,00
Les intérêts à 5 pour 100 pendant 6 ans 3 mois, ou

pendant 75 mois, sont $25\,000 \times \dfrac{1}{20} \times \dfrac{75}{12} =$ . . 7812^f,50

Donc capital et intérêt réunis $= 25\,000^f + 7\,812^f,50 = \overline{32812^f,50}$

Réponse : 32.812^f,50.

Donc *la valeur d'un capital après un temps quelconque de placement à 5 pour 100 s'obtient en ajoutant au capital le produit d'un vingtième du capital par le temps exprimé en années et fraction d'année.*

Problème III. *Quel est le capital qui, ayant été placé à 5 pour 100 pendant 2 ans et 7 mois, vaut au bout de ce temps 6775^f ?*

Solution. $2^a\ 7^m = \dfrac{31}{12}$ d'année. Maintenant, je représente par

x le capital demandé; ce capital est placé au taux $\dfrac{5}{100}$; d'après

la règle précédente, en $\dfrac{31}{12}$ d'année, il devient :

$$x \times \left(1 + \frac{5}{100} \times \frac{31}{12} \right)$$

ou bien, après simplifications et réductions :

$$x \times \frac{271}{240}$$

or le capital retiré est 6775 ; donc

$$x \times \frac{271}{240} = 6775$$

Cette égalité exprime que 6775 est un produit de deux facteurs dont l'un, x, est inconnu; d'après la définition même de la division, j'ai :

$$x = 6775 : \frac{271}{240} = 6775^f \times \frac{240}{271} = 6000^f$$

Réponse : 6000^f.

On conclut de là que *la valeur primitive d'un capital s'obtient en divisant sa valeur après le placement par l'unité augmentée du produit du taux par le temps.*

EXERCICES N° 29.

I. Quel est l'intérêt annuel de 534ᶠ, 75, 1° à 1 pour 100, 2° à $1\frac{1}{2}$, 3° à 2; 4° à $2\frac{1}{2}$; 5° à 3, etc., jusqu'à 10 pour 100 ?

II. Quel est à 5 pour 100 l'intérêt de 612ᶠ, 25 pendant 4 ans ?

III. Quel est à 7 pour 100 l'intérêt de 7000ᶠ pendant 3 mois ?

IV. Quel capital a produit en 5 ans 25ᶠ d'intérêt à 7 pour 100 ?

V. Quel capital à 6 pour 100 a produit 7ᶠ, 40 en 5 mois ?

VI. Quel capital à 4, 5 pour 100 a produit 520ᶠ, 625 en 11 mois ?

VII. Pendant combien de temps ont été placés 5000ᶠ à 5 pour 100, sachant qu'ils ont produit 750ᶠ d'intérêt ?

VIII. Pendant combien de temps a été placée une somme qui a produit à 4 pour 100 un intérêt égal à cette même somme ?

IX. Pendant combien de temps une somme à 5 pour 100 produit-elle un intérêt, 1° égal à sa valeur ; 2° moitié de sa valeur; 3° égal aux $\frac{2}{3}$ de sa valeur ?

X. A quel taux faut-il placer 78 050ᶠ, pour qu'ils produisent en 7 ans et 8 mois 39 023ᶠ ?

XI. A quel taux faut-il placer une somme pour qu'en 75 ans elle produise un intérêt double de sa valeur ?

XII. Quelle est au bout d'une année de placement, 1° à 5 pour 100, 2° a 6 pour 100, 3° à 7 pour 100 la valeur d'une somme qui était au commencement du placement 5400ᶠ ?

XIII. Combien vaudrait au 1ᵉʳ janvier 1858 une somme de 1ᶠ placée à intérêts simples depuis le 1ᵉʳ janvier de l'an 1 ?

XIV. A quel taux faut-il placer 5000ᶠ pour qu'au bout de 12 ans 4 mois cette somme ait pris une valeur de 6166ᶠ $\frac{2}{3}$?

XV. Pendant combien de temps faut-il placer 1200ᶠ pour qu'à 5 pour 100 cette somme acquière une valeur totale de 2000ᶠ ?

IV. CALCUL DES INTÉRÊTS : MÉTHODES PARTICULIÈRES.

Intérêts pour un nombre donné de jours ; méthode des nombres et des diviseurs fixes. — Tableau des diviseurs fixes pour les taux variant de 1/2 pour 100. — Intérêt à un taux quelconque en partant de 60 jours et du taux 6 pour 100. — Exercices.

251. Intérêts pour un nombre donné de jours ; méthode des nombres et des diviseurs fixes. — PROBLÈME. *Quel est l'intérêt de 5425ᶠ placés pendant 47 jours à 5 pour 100 ?*

Solution. Indépendamment de la règle générale qui s'appliquerait directement à ce problème, on peut le traiter de la façon suivante :

Le taux étant $\dfrac{5}{100}$,

1ᶠ en 365 jours rapporte. . . . $\dfrac{5}{100}$ de franc.

5425ᶠ pendant le même temps, rapportent 5425 fois $\dfrac{5}{100}$ de fr. . . . $= \dfrac{5}{100} \times 5425$

Dans 1 jour ils rapportent 360 fois moins, ...   ou $\dfrac{5}{100 \times 360} \times 5425$

Enfin, dans 47 jours, ils rapportent 47 fois plus, ...   ou $\dfrac{5}{100 \times 360} \times 5425 \times 47$

Réduisant à l'unité le numérateur de $\dfrac{5}{100 \times 360}$, j'ai, en représentant l'inconnue par x :

$$x = \frac{1}{7200} \times 5425 \times 47$$

$$= \frac{5425 \times 47}{7200} = 35ᶠ,41$$

Réponse : 35ᶠ,40.

Dans ce cas particulier où le temps est exprimé en jours, la règle connue peut se traduire ainsi :

RÈGLE. *L'intérêt pendant un nombre de jours donné est égal au pro-*

aut du capital par le nombre de jours multiplié par le rapport du taux à 360.

Or ce rapport peut généralement être simplifié dans les cas usuels, de façon à ce que son numérateur soit réduit à 1 : dans l'exemple précédent ce rapport simplifié devient $\dfrac{1}{7200}$; en sorte que la multiplication par ce rapport se ramène à la division par un nombre entier, 7200. Cette simplification devient très-utile quand on doit calculer l'intérêt de plusieurs sommes placées au même taux pendant des temps différents. Les produits obtenus en multipliant chaque capital par le nombre de jours correspondant s'appellent les *nombres*; le diviseur constant par lequel, pour un taux donné, il faut diviser ces nombres pour obtenir l'intérêt s'appelle le *diviseur fixe*.

PROBLÈME II. *Trouver la somme des intérêts à 5 pour 100 des sommes suivantes :*

        1° 7800ᶠ » pendant 90 jours ;
        2° 1525,25   —   32   —
        3° 716,30   —   15   —
        4° 2000 »   —   10   —

Solution. Le taux étant 5 pour 100, il faudra, pour trouver l'intérêt de chaque somme multiplier le capital par le nombre de jours et diviser le résultat par 7200. On aura ainsi pour les nombres :

        7800   × 90 = 702 000
        1525,75 × 32 = 48 824
         716,30 × 15 = 10 744,5
        2000   × 10 = 20 000

Au lieu de diviser chaque nombre par 7200 et d'ajouter les quotients obtenus, on peut ajouter tous les nombres et en diviser la somme par 7200.

La somme des nombres est 781568,50 ; l'intérêt est donc :

$$\frac{781568,5}{7200} = \frac{7815,685}{72} = 108,551\ldots$$

Réponse : 108ᶠ,55.

252. Nombres et diviseurs fixes pour des taux variant de $\frac{1}{2}$ en $\frac{1}{2}$ pour 100. — Il résulte de l'exemple du n° précédent que le diviseur fixe s'obtient en divisant le nombre

36000 par le numérateur du taux; c'est ainsi qu'on a formé le tableau suivant :

Taux.	Diviseurs fixes.	Taux.	Diviseurs fixes.
1 pour 100	36000	6 pour 100	6000
$1\frac{1}{2}$ —	24000	$6\frac{1}{2}$ —	.....
2 —	18000	7 —	.....
$2\frac{1}{2}$ —	14500	$7\frac{1}{2}$ —	4800
3 —	12000	8 —	4500
$3\frac{1}{2}$ —	.....	$8\frac{1}{2}$ —	.....
4 —	9000	9 —	4000
$4\frac{1}{2}$ —	8000	$9\frac{1}{2}$ —	.....
5 —	7200	10 —	3600
$5\frac{1}{2}$ —	.....	$10\frac{1}{2}$ —	.....

Dans les cas où le diviseur ne serait pas entier, nous ne l'avons pas inscrit dans ce tableau; il ne serait pas alors d'un usage commode. Pour trouver, par exemple, les intérêts à 3 ½, il faut multiplier les nombres par $\frac{3,5}{36000} = \frac{35}{360000} = \frac{7}{72000}$, ou les multiplier par 7 et les diviser par 72000.

On pourrait établir des tableaux analogues pour les taux intermédiaires.

Il est bien entendu que ces tableaux sont dressés pour le cas ordinaire où l'année est comptée de 360 j.; s'il en était autrement, il faudrait employer de nouveaux tableaux, que l'on construirait du reste par les mêmes procédés.

253. Intérêt à un taux quelconque en partant de 60 jours et du taux 6 pour 100. — PROBLÈME I. *Quel est l'intérêt de 3075ᶠ, 50 placés à 6 pour 100 pendant 3 mois et 20 jours ?*

Solution. 3 mois et 20 jours font 110 jours. — A 6 pour 100 100ᶠ produisent 6ᶠ en 1 an, et par suite 1ᶠ en 1/6 d'année ou en 60 jours; autrement dit, 6 pour 100 par an équivalent à 1 pour 100 en 60 jours. L'intérêt en 110 jours est égal à l'intérêt en

60 jours, plus l'intérêt en 30 jours, plus l'intérêt en 15 jours, plus l'intérêt en 5 jours :

3875^f,50 en 60 jours rapportent.	38^f,755
— — 30 jours, la moitié, ou.	19^f,377
— — 15 jours, moitié moins qu'en 30, ou. .	9^f,688
— — 5 jours, 3 fois moins qu'en 15, ou. .	3^f,220
3875^f,50 en 110 jours rapportent la somme de. . .	71^f,049

Réponse : 71^f,05.

Remarque. La méthode qu'on vient de suivre consiste à décomposer le temps donné en parties aliquotes de 60 jours, à calculer l'intérêt de chaque partie et à faire la somme des résultats obtenus; c'est pourquoi on l'appelle *méthode des parties aliquotes.*

Problème II. *Quel est l'intérêt à 5 pour 100, pendant 45 jours, de* 3600^f?

Solution. 5 pour 100 équivalent à la moitié de 6 pour 100, qui est 3 pour 100, plus le tiers de 6 pour 100 qui est 2; de là le procédé suivant :

3600^f à 6 pour 100 en 60^j.	36^f »
— — 20^j.	12 »
— — 20^j.	12 »
— — 5^j.	3 »
3600^f à 6 pour 100 en 45^j.	27^f »
— à 3, 2 fois moins qu'à 6, ou.	13^f,50
— à 2, 3 fois moins qu'à 6, ou.	9 »
3600^f à 5.	22^f,50

Réponse : 22^f,50.

Remarque. On cherche l'intérêt à 6 pour 100 pendant le temps donné; on décompose ensuite le taux donné en parties aliquotes du taux 6, on calcule l'intérêt pour chacune de ces parties du taux, et on fait la somme des résultats obtenus. En voici un exemple :

Problème III. *Quel est l'intérêt de* 2583^f,60 *placés à* 8 $\frac{1}{2}$ *pendant* 37 *jours?*

Solution :

2583,60 à 6 pour 100 en 60ʲ.	25ʳ,836

— — 30ʲ. 12ʳ,918

— — 6. . . . . 2ʳ,5836

— — 1. . . . . 0ʳ,4306

2583,60 à 6 pour 100 en 37ʲ. 15ʳ,932

— à 2, 3 fois moins qu'à 6. . . . . . . 5ʳ,310

— à $\frac{1}{2}$, 4 fois moins qu'à 2 . . . . . . 1ʳ,327

2583,60 à 8 $\frac{1}{2}$. 22ʳ,569

Réponse : 22ʳ,55.

Même méthode quand le nombre des jours est inférieur à 60. — Il est facile de voir qu'à 6 0/0, l'intérêt de 6 jours est le millième du capital. Si donc on avait à calculer l'intérêt de 4500 à 6 0/0 pendant 29 jours, par exemple, on dirait :

Pour 6ʲ l'intérêt de 4500 = le millième de 4500 =   4ʳ,50

Pour 24ʲ ou 4 fois 6ʲ l'int. = 4,5 × 4   = 18ʳ

— 3ʲ ou $\frac{1}{2}$ de 6ʲ l'int. = 4,5 : 2   = 2ʳ,25

— 1ʲ ou $\frac{1}{6}$ de 6ʲ l'int. = 4,5 : 6   = 0ʳ,75

$x =$ 21ʳ, »

V. ESCOMPTE, COMMISSION.

Escompte. — Droit de commission. — Escompte sur les ventes, droits prélevés. — Tableau donnant le nombre de jours compris entre deux dates. — Exercices.

254. **Escompte.** — Si le taux de l'argent est estimé à 5 pour 100 et si l'on doit 105ʳ payables dans un an, ce payement de 105ʳ dans un an peut se remplacer par un payement de 100ʳ fait aujourd'hui. Ces 100ʳ, en effet, rapporteraient à celui qui les paye, ou rapportent à celui qui les reçoit, 5ʳ dans un an, et valent au bout de l'année 105ʳ. — En général, si une dette n'a son échéance que dans un temps donné, on appelle *valeur*

nominale, ici 105ᶠ, la somme qu'il faudra payer à l'échéance ; *valeur actuelle,* ici 100ᶠ, celle qu'il suffirait de payer aujourd'hui ; *escompte,* ici 5ᶠ, l'excès de la valeur nominale sur la valeur actuelle. On voit que l'escompte est l'intérêt de la valeur actuelle.

PROBLÈME I. *6775ᶠ étant payables dans 1 an et 7 mois, combien devrait-on payer aujourdhui pour acquitter cette dette?*

Solution. Cet énoncé revient au suivant : Quel est le capital qui, ayant été placé à 6 pour 100 pendant 2 ans et 7 mois, vaut au bout de ce temps 6775ᶠ? La question a été résolue au nᵒ 250 Probl. III; on trouve 6000ᶠ.

Réponse : On doit payer aujourd'hui : 6000ᶠ; l'escompte est 775ᶠ.

REMARQUE. L'escompte ainsi calculé prend le nom d'escompte *rationnel* ou escompte *en dedans*; il est, comme nous l'avons remarqué, l'intérêt de la valeur actuelle. Mais le plus souvent, au lieu de déduire de la somme payable à l'échéance l'intérêt de la valeur actuelle, on en déduit l'intérêt de la valeur nominale. On nomme escompte *commercial* ou escompte *en dehors* l'intérêt de la valeur nominale d'une dette pendant le temps qui s'écoule depuis l'époque de l'emprunt jusqu'à celle du remboursement.

PROBLÈME II. *Trouver l'escompte en dehors de 6775ᶠ payables dans 2 ans 7 mois, au taux 5 pour 100.*

Solution. C'est l'intérêt de 6775ᶠ à 5 pour 100 pendant 2 ans 7 mois ou 930 jours.

$$
\begin{array}{llll}
6775^f \text{ à } 5 \text{ pour } 100 \text{ en } 720^j & \text{rapportent} & 677^f,50 \\
\text{—} \quad\quad \text{—} \quad\quad 180 & \text{—} & 169^f,375 \\
\text{—} \quad\quad \text{—} \quad\quad 30 & \text{—} & 28^f,229 \\
\hline
6775^f \text{ à } 5 \text{ pour } 100 \text{ en } 930^j & \text{rapportent} & 875^f,104 \\
\end{array}
$$

La somme à payer actuellement est 6775ᶠ — 875, 10 = 5899ᶠ, 90.

Réponse : L'escompte est 875ᶠ, 10; la valeur actuelle, 5899ᶠ, 90.

REMARQUE. La différence entre l'escompte en dedans et l'escompte commercial pour la somme précédente est de 100ᶠ, 10; elle est précisément l'intérêt de l'escompte en dedans, 775ᶠ. La valeur actuelle étant moindre que la valeur nominale, l'escompte en dedans, qui est l'intérêt de la première, est moindre que l'escompte en dehors, qui est l'intérêt de la seconde. Celui qui paye gagne à l'emploi de l'escompte en dehors, par suite celui qui reçoit y perd. Dans l'exemple précédent celui qui paye y gagne 100ᶠ, 10, et celui qui reçoit perd la même somme. Néanmoins pour la plus grande commodité des calculs, l'escompte en dehors est en France le seul usité, à moins de conventions contraires; il n'en est pas toujours de même à l'étranger.

PROBLÈME III. *Le porteur d'un billet de 2500ᶠ payable dans 90 jours se présente chez un banquier pour en encaisser le montant; le banquier escompte le billet à 4 pour 100; combien doit-il remettre au porteur?*

Solution. La valeur nominale est ici la somme 2500ᶠ inscrite sur le billet; c'est la valeur actuelle, ou cette somme diminuée de son intérêt à 4 pour 100 pendant 90 jours, que le banquier doit remettre au porteur. Le calcul de l'intérêt par une des méthodes connues donne 25ᶠ. La valeur actuelle remise au porteur est donc 2500ᶠ — 25ᶠ = 2475ᶠ.

Réponse : 2475ᶠ.

255. **Droit de commission.** — Quand on présente un effet à escompter chez un banquier, le banquier prélève ordinairement, outre l'escompte, 1 pour 100, $\frac{1}{2}$ pour 100, $\frac{1}{3}$ pour 100, de la valeur escomptée, comme prix du service qu'il rend; c'est ce qu'on nomme son *droit de commission* ou sa *commission*.

PROBLÈME I. *Combien doit recevoir le porteur d'un billet de 4525ᶠ,50 payable dans 145 jours, escompté à 5 1/2 pour 100 chez un banquier qui prend 1/2 pour 100 de commission?*

Solution. Escompte à 5 $\frac{1}{2}$ pour 145 jours . . . . — 100ᶠ,252

Commission $\frac{1}{2}$ pour 100 = $\frac{1}{200}$ du capital. = 22ᶠ,627

A prélever. 122ᶠ,879
A recevoir 4525ᶠ,50 — 122ᶠ,90 = 4402ᶠ,60.

Réponse : 4402ᶠ,60.

256. **Escompte sur les rentes, droits prélevés**, etc. — On donne encore le nom d'*escompte* à la déduction accordée par le marchand sur le prix des marchandises vendues; elle s'estime toujours à tant pour cent. Quand un intermédiaire se charge d'une affaire, on convient ordinairement qu'il sera payé à tant pour 100 du chiffre des affaires faites; on nomme ce pré-

lèvement *droit de commission*, comme dans l'exemple précédent. Le calcul du tant pour cent prélevé sur une somme est un cas particulier de la règle d'intérêt dans lequel le temps n'entre pas. Il suffira de quelques exemples.

PROBLÈME I. *Sur une facture montant à 534ʳ, 25 on accorde 8 pour 100 d'escompte; quelle est la valeur à recevoir?*

Solution. La valeur à déduire est les $\dfrac{8}{100}$ de 534ʳ,25 ou 534ʳ,25 × 0,08 = 42ʳ,74, et la valeur à recevoir est 534ʳ,25 — 42,74 = 491ʳ,50.

Réponse : 491ʳ,50.

PROBLÈME II. *Un homme d'affaires chargé de faire des rentrées de fonds à raison de* 1 $\dfrac{1}{2}$ *pour 100 sur les sommes qu'il touchera, remet* 12534ʳ,25 *après avoir prélevé sa commission; quel est le chiffre des rentrées qu'il a faites?*

Solution. Le chiffre de ses rentrées diminué de $\dfrac{3}{2}$ pour 100 ou $\dfrac{3}{200}$ de sa valeur est 12534ʳ,25; c'est dire que cette somme représente les $\dfrac{200-3}{200}$ ou les $\dfrac{197}{200}$ de ce chiffre; donc ce dernier est les $\dfrac{200}{197}$ de 12534ʳ,25 ou 12534ʳ,25 × $\dfrac{200}{197}$ = 12725ʳ,12.

Réponse : 12725ʳ,10.

PROBLÈME III. *Un mémoire montant à 3475ʳ, 25 a été acquitté après réduction au prix de 3325ʳ; de combien pour 100 est la réduction qu'il a subie?*

Solution. La réduction est sur tout le mémoire de 3475ʳ,25 — 3325ʳ = 150ʳ,25; c'est-à-dire de 150,25 sur 3475,25 ou sur 1ʳ de $\dfrac{150,25}{3475,25}$ = 0,0432, ou enfin de 4,32 pour 100.

Réponse : 4,32 pour 100.

257. Tableau donnant le nombre des jours compris entre deux dates. — Dans l'évaluation du nombre de jours pendant lesquels un capital porte intérêt, l'année quand elle est entière est comptée comme formée de 360 jours, mais le temps qui s'écoule entre deux dates de la même année est rigoureusement exprimé par le nombre de jours qui s'écoule effectivement depuis le jour de l'entrée des capitaux, exclusivement, jusqu'à celui de leur sortie inclusivement. Le tableau suivant peut faciliter le calcul du nombre de jours compris entre deux dates.

Tableau des nombres de jours écoulés au 1ᵉʳ de chaque mois.

Janvier (1)	Février	Mars	Avril	Mai	Juin	Juillet	Août	Septembre	Octobre	Novembre	Décembre	Janvier (2)
0	31	59	90	120	151	181	212	243	273	304	334	365

Ce tableau veut dire que du 1ᵉʳ janvier, exclusivement, au 1ᵉʳ février, au 1ᵉʳ mars, etc., inclusivement, il s'est écoulé 31 jours, 59 jours, etc. Par suite, du 4 janvier par exemple au 4 février, au 4 mars, etc., il s'est écoulé aussi 31 jours, 59 jours, etc.; c'est-à-dire que ce tableau donne les nombres de jours écoulés depuis une date de janvier jusqu'à la même date d'un autre mois de l'année.

EXEMPLES : I. *Du 7 février au 7 juin, combien de jours ?* — Autant que du 1ᵉʳ février au 1ᵉʳ juin, ou $151 - 31 = 120$.

II. *Du 7 février au 20 juin, combien de jours ?* — 7 février au 7 juin, 120 jours; plus, du 7 juin au 20 juin, $20 - 7 = 13$ jours; en tout, $120 + 13 = 133$ jours.

III. *Du 20 février au 7 juin, combien de jours ?* — Du 20 au 20, 120 jours, d'où il faut retrancher $20 - 7$ ou 13 jours; donc du 20 février au 7 juin, $120 - 13$ ou 107 jours.

IV. *Du 12 mai 1867 au 5 février 1868, combien de jours ?* — Du 12 mai au 1ᵉʳ janvier, d'après le tableau, $365 - 120 - 12 = 233$ jours; du 1ᵉʳ janvier au 5 février, $31 + 5 = 36$ jours; en tout, $233 + 36 = 269$ jours.

EXERCICES Nº 30.

I. Calculer par la méthode des nombres et des diviseurs fixes l'intérêt total à 3 pour 100 des sommes suivantes : 1° 5700^f placés pendant 85 jours, 2° 7834^f pendant 70 jours ; 3° 575^f, 50 pendant 46 jours ; 4° 1176^f, 25 pendant 37 jours ; 5° 2812^f pendant 20 jours.

II. Calculer l'intérêt total des mêmes sommes dans les mêmes temps, 1° à $4\frac{1}{2}$; 2° à 8 ; 3° à 10 pour cent.

III. Même problème pour les taux suivants : 1° $5\frac{1}{2}$; 2° 7 ; 3° 9.

IV. Calculer l'intérêt des mêmes sommes à 3 pour 100 dans les mêmes temps, par la méthode du 6 pour 100 et des 60 jours.

V. Même problème pour les taux : 1° $4\frac{1}{2}$; 2° 8 ; 3° 10.

VI. Même problème pour les taux : 1° $5\frac{1}{2}$; 2° 7 ; 3° 9.

VII. Même problème pour le taux $7\frac{2}{3}$.

VIII. Faire le tableau des nombres de jours pendant lesquels un capital rapporte 1 pour 100 de sa valeur, à tous les taux variant de $\frac{1}{2}$ en $\frac{1}{2}$ pour 100, depuis 1 jusqu'à $10\frac{1}{2}$.

IX. Faire le tableau des diviseurs fixes entiers correspondants aux taux $1\frac{1}{4}$, $1\frac{2}{3}$, $2\frac{1}{4}$, $2\frac{2}{3}$, $3\frac{1}{3}$, $3\frac{3}{4}$.

X. Faire le tableau des diviseurs fixes entiers correspondant à des taux entiers depuis 1 jusqu'à 10 %, dans le cas où l'année est regardée comme composée de 365 jours.

XI. Quel est l'escompte d'un billet de 2000^f, payable dans 45 jours, au taux $\frac{1}{2}$ pour 100 ?

XII. Quel est l'escompte à $4\frac{1}{2}$ pour 100 d'un billet qu'on fait escompter le 6 juin et dont l'échéance est au 24 décembre ?

XIII. Une valeur payable le 30 septembre est payée le 15 juillet 5340^f, 25, l'escompte étant fait à 5 pour 100 ; quelle est la valeur payable le 30 septembre ?

XIV. A quel taux a-t-on escompté le 5 janvier 1867 un effet payable le 15 mars 1868, sachant que la valeur nominale était 18000 et que le payement effectué a été de 17 132^f ?

CHAPITRE III.

PARTAGES PROPORTIONNELS, ETC.

I. PARTAGES PROPORTIONNELS.

Définition. — Règle générale et applications. — Exercices.

258. Définition. — *Partager une quantité en deux parties proportionnelles à des nombres donnés, c'est la décomposer en deux quantités partielles telles que le rapport de la première à la seconde soit égal au rapport du premier nombre donné au second.* Ainsi, partager 48.fr. en parties proportionnelles à 7 et 5, c'est décomposer 48 en deux nombres de francs x et y tels que l'on ait :

$$\frac{x}{y} = \frac{7}{5} \qquad (1)$$

avec la condition expresse que

$$x + y = 48 \qquad (2)$$

Or, si dans la proportion (1) je change de place les moyens, il vient :

$$\frac{x}{7} = \frac{y}{5} \qquad (3)$$

Cette proportion exprime que le rapport de la première part au nombre correspondant est égal au rapport de la 2e part au nombre correspondant. Prenant cette conséquence immédiate pour une définition (elle est plus avantageuse dans la solution des problèmes), on dit :

Partager une quantité en parties proportionnelles à des nombres donnés, c'est décomposer cette quantité en parties telles que le rapport de chaque partie au nombre correspondant soit constant. D'après cela, partager 25ᵐ en parties proportionnelles à 2, 3, 5, 7, c'est trouver des parties x, y, z, v, telles que, d'abord :

$$x + y + z + u = 25 \qquad (4)$$

et qu'ensuite on ait la suite de rapports égaux :

$$\frac{x}{2} = \frac{y}{3} = \frac{z}{5} = \frac{u}{7} \qquad (5)$$

REMARQUE. De la proportion (1) ou (2), tirons l'extrême x, on a :

$$x = \frac{y \times 7}{5} = y \times \frac{7}{5} \; ; \text{ soit les } \frac{7}{5} \text{ de } y$$

Cette conséquence peut aussi servir de point de départ dans les problèmes.

On devra toujours simplifier autant que possible les rapports donnés.

259. Règle générale et applications. — PROBLÈME I. *Partager 10094ᶠ en trois parties proportionnelles à 3, 5 et 6.*

1ʳᵉ *Solution d'après la remarque précédente.*

La 1ʳᵉ part $=$ 3 fois le 6ᵉ de la dernière ;
La 2ᵉ $\quad = 5$ fois le 6ᵉ de la dernière ;
La 3ᵉ $\quad = 6$ fois son 6ᵉ.

Donc leur somme, 10 094, égale 14 fois le 6ᵉ de la dernière.

En divisant 10 094 par 14, on aura le 6ᵉ de la dernière part :

$$10094 : 14 = 721$$

La 1ʳᵉ part, égale à 3 fois ce nombre, est 721ᶠ $\times$ 3 $=$ 2163ᶠ
La 2ᵉ part, égale à 5 fois ce nombre, est 721 $\times$ 5 $=$ 3605
La 3ᵉ part, égale à 6 fois ce nombre, est 721 $\times$ 6 $=$ 4326

Comme vérification, la somme des parts doit être. $\quad$ $\overline{10094^f}$

Réponse : 1ʳᵉ part, 2163ᶠ ; 2ᵉ part, 3 605ᶠ ; 3ᵉ part, 4 326ᶠ.

2ᵉ *Solution.* Soient x, y, z, les 3 parts demandées ; elles doivent par définition former la suite de rapports égaux :

$$\frac{x}{3} = \frac{y}{5} = \frac{z}{6}$$

Or la somme des numérateurs divisée par la somme des dénominateurs forme un rapport égal à chacun des rapports proposés ; en outre, si l'on remarque que la somme $x+y+z$ des trois parts $= 10094$, il vient :

$$\frac{x}{3} = \frac{y}{5} = \frac{z}{6} = \frac{x+y+z}{3+5+6} = \frac{10094}{14}$$

De la proportion $\quad \dfrac{x}{3} = \dfrac{10094}{14}$

je tire $\quad\quad\quad x = \dfrac{10094 \times 3}{14} = \dfrac{10094}{14} \times 3$

De $\quad\quad\quad\quad \dfrac{y}{5} = \dfrac{10094}{14}$

on tire $\quad\quad\quad y = \dfrac{10094 \times 5}{14} = \dfrac{10094}{14} \times 5$

Enfin de $\quad\quad\quad \dfrac{z}{6} = \dfrac{10094}{14}$

je tire $\quad\quad\quad z = \dfrac{10094 \times 6}{14} = \dfrac{10094}{14} \times 6$

Et ces résultats sont exactement les mêmes que ceux de la solution précédente.

Le même raisonnement s'appliquerait dans tous les cas où les nombres qui indiquent les rapports des parts sont entiers; on en conclut la règle suivante :

Règle générale. *Pour partager une grandeur en parties proportionnelles à des nombres donnés, on divise cette grandeur par la somme des nombres donnés; on obtient ensuite chaque part en multipliant le quotient par le nombre correspondant à cette part.*

Problème II. *Pour* 19^{gr} *de cuivre, le bronze des médailles contient* 0^{gr},92 *d'étain,* 0^{gr},4 *de zinc; combien y a-t-il de ces trois métaux dans* 1^{kg},5 *de ce bronze? Faire l'opération de façon à ne pas se tromper de* 1^{gr} *sur le tout.*

Solution. 1° Les quantités demandées sont proportionnelles à 19, à 0,92 et à 0,40.

2° On ne change pas les rapports de ces nombres en les multipliant tous les trois par 100; le problème revient alors à partager 1^{kg},5 proportionnellement aux nombres 1900, 92 et 40.

En appliquant la règle générale, on trouve, en grammes :

$$\text{Cuivre} \dots \frac{1500}{2032} \times 1900 = 0{,}7381889 \times 1900 = 1402^{gr}{,}559$$

$$\text{Etain} \dots \frac{1500}{2032} \times 92 = 0{,}7381889 \times 92 = 67^{gr}{,}913$$

$$\text{Zinc} \dots \frac{1500}{2032} \times 40 = 0{,}7381889 \times 40 = 29^{gr}{,}527$$

Comme vérification, la somme. . . . . . $\overline{1499^{gr}{,}99}$

doit différer de moins de 1^{gr} du poids demandé 1500^{gr}.

Réponse : $1402^{gr}{,}559$ de cuivre, $67^{gr}{,}913$ d'étain, $29^{gr}{,}527$ de de zinc.

Remarques : I. L'opération se fait de la manière suivante : on cherche la valeur du quotient $\frac{1500}{2032}$, et on le multiplie ensuite par chacun des nombres donnés 1900, 92, 40. Si l'on veut, par exemple, avoir chaque poids exprimé en milligrammes, et à $0^{gr}{,}001$ près, il faut obtenir le quotient de 1500 par 2032 avec 7 chiffres décimaux : car si on ne le prenait qu'avec 6 chiffres décimaux exacts, soit à 0,000001 près, l'erreur commise, répétée 1900 fois, pourrait dépasser 0,001, c'est-à-dire 1 milligramme.

II. Si les parts peuvent se faire comme elles sont indiquées, c'est-à-dire en milligrammes, et s'il est possible de laisser de côté 1^{gr}, au plus, sur le poids total, on se contente du résultat, tel qu'il vient d'être obtenu. Si au contraire les parts doivent être des nombres exacts de grammes, et si l'on tient à parfaire le poids total 1500^{gr}, ce qui n'est possible qu'en altérant un peu la proportion entre les parts, on agit comme il suit.

On remarque qu'en s'arrêtant aux grammes, c'est-à-dire en prenant pour les trois parts 1402^{gr}, 67^{gr}, et 29^{gr}, l'erreur totale est de 2^{gr}. Il faut donc distribuer ces 2^{gr} entre les trois nombres, de façon à altérer le moins possible leurs rapports. A cet effet, on cherche d'abord sur laquelle des trois parts on peut forcer le chiffre des unités en faisant la plus petite erreur relative; or, les erreurs relatives en forçant l'unité, sont respectivement :

$$\frac{441}{1402559} \qquad \frac{82}{67913} \qquad \frac{473}{29527}$$

en réduisant au numérateur 1, et prenant seulement aux dénominateurs assez de chiffres significatifs pour pouvoir comparer les quotients, ces erreurs, plus commodément exprimées, sont :

$$\frac{1}{3180}, \quad \frac{1}{1780}, \quad \frac{1}{62}.$$

C'est donc sur le premier nombre que l'erreur commise sera la plus petite en forçant les unités. Reste encore une unité à répartir; faut-il la reporter sur le second nombre ou encore sur le premier? Pour le savoir, comparons les erreurs relatives commises en ajoutant 2 aux unités du premier nombre ou en ajoutant 1 à celles du second; ces erreurs relatives sont :

$$\frac{1441}{1402559} \quad \text{et} \quad \frac{87}{67913} \quad \text{ou} \quad \frac{1}{973} \quad \text{et} \quad \frac{1}{780}$$

il vaut donc mieux ajouter 2 aux unités du premier nombre que 1 aux unités du second. Les parts seront alors :

Cuivre	1404^{fr}
Étain.	67
Zinc.	29
En tout.	1500^{fr}

Problème III. *Partager le nombre 572 fr. proportionnellement aux trois nombres* $\frac{3}{14}, \frac{4}{21}, \frac{1}{12}$, *à moins de 1 centime.*

Solution. Multiplions les 3 nombres donnés par le plus petit multiple, 84, des trois dénominateurs des fractions données, ce qui n'altérera pas leurs rapports; nous aurons à la place des nombres fractionnaires les trois nombres entiers

$$18, \ 16, \ 7.$$

Le problème est alors ramené à partager 572 proportionnellement à 18, 16 et 7. En appliquant la règle, on trouve :

$$1^{\text{re}} \text{ part.} = \frac{252}{41} \times 18 = 6{,}1463 \times 18 = 110{,}6344$$

$$2^{\text{e}} \text{ part.} = \frac{252}{41} \times 16 = 6{,}1463 \times 16 = 98{,}3408$$

$$3^{\text{e}} \text{ part.} = \frac{252}{41} \times 7 = 6{,}1463 \times 7 = 43^{\text{r}}{,}0241$$

Comme vérification, la somme . . . . $\overline{251^{\text{r}}{,}9993}$
ne diffère pas de 1 centime du nombre donné.

En négligeant les chiffres qui suivent les centimes, on a une unité de différence; en raisonnant comme au problème II, on reconnaît qu'il faut forcer le chiffre des centièmes sur le premier nombre : on obtient alors les parts définitives.

Réponse :

$$1^{re} \text{ part .} \quad 140^f,64$$
$$2^e \text{ part .} \quad 98^f,34$$
$$3^e \text{ part .} \quad \underline{43^f,02}$$
$$\text{En tout .} \quad 252^f,00$$

REMARQUE. On aurait pu évidemment suivre la règle générale sans ramener les nombres à être entiers; les parts auraient été exprimées en effet par

$$\frac{252}{41/84} \times 18/84, \quad \frac{252}{41/84} \times 16/84, \quad \frac{252}{41/84} \times 7/84,$$

et seraient bien équivalentes aux résultats trouvés, car elles n'en diffèrent que parce qu'un diviseur et un multiplicateur dans chacune est divisé par 84, ce qui ne change rien à la valeur du quotient.

PROBLÈME IV. *La pâte de la fabrique de Sèvres, pour les porcelaines de service, est composée de kaolin, de craie de Bougival, de sable d'Aumont et de sable feldspathique; le rapport du poids du kaolin à celui de la craie est de 160 à 13; le rapport du poids de la craie à celui du sable d'Aumont est de 3 à 10; le rapport du poids du sable d'Aumont à celui du sable feldspathique est de 2 à 1; combien y a-t-il de chacune de ces 4 substances dans 100^k de pâte, à 1 hectogramme près?*

Solution. D'après l'énoncé et la remarque du § 258, il faut partager 100 en 4 parties telles que la 3e soit le double de la 4e; que la 2e soit les $\dfrac{3}{10}$ de la 3e ou les $\dfrac{3}{10}$ de 2 fois la 4e, ou bien encore les $\dfrac{2 \times 3}{10} = \dfrac{6}{10} = \dfrac{3}{5}$ de la 4e; qu'enfin la 1re soit les $\dfrac{160}{13}$ de la seconde ou les $\dfrac{160}{13}$ des $\dfrac{3}{5}$ de la 4e ou bien les $\dfrac{3 \times 160}{5 \times 13} = \dfrac{480}{65}$ de la 4e.

On peut donc maintenant écrire :

$$4^e \text{ part .} = 1 \text{ fois } 4^e \text{ part.}$$
$$3^e \text{ part .} = 2 \text{ fois } 4^e \text{ part.}$$
$$2^e \text{ part .} = \frac{3}{5} \text{ de } 4^e \text{ part.}$$
$$1^{re} \text{ part .} = \frac{480}{65} \text{ de } 4^e \text{ part.}$$

Réduisons maintenant $1, 2, \frac{3}{5}$ et $\frac{480}{65}$ au même dénominateur ;

ces nombres deviennent :

$$\frac{65}{65}, \quad \frac{130}{65}, \quad \frac{39}{65}, \quad \frac{480}{65}$$

Les égalités précédentes deviennent par suite :

$$4^e \ \text{part.} = \frac{65}{65} \ \text{de } 4^e \ \text{part.}$$

$$3^e \ \text{part.} = \frac{130}{65} \ \text{de } 4^e \ \text{part.}$$

$$2^e \ \text{part.} = \frac{39}{65} \ \text{de } 4^e \ \text{part.}$$

$$1^{re} \ \text{part.} = \frac{480}{65} \ \text{de } 4^e \ \text{part.}$$

Donc : $1^{re} + 2^e + 3^e + 4^e$ parts, soit 100^k,

$$= \frac{65}{65} + \frac{130}{65} + \frac{39}{65} + \frac{480}{65} = \frac{714}{65} \ \text{de } 4^e \ \text{part.}$$

Dès lors si $\dfrac{714}{65}$ de la 4e part $= 100^k$

$$\frac{1}{65} \ \text{de la } 4^e \ \text{part} = \frac{100}{714}$$

Et $\qquad \dfrac{65}{65}$ de   ou la $4^e = \dfrac{100}{714} \times 65$

De même les $\dfrac{130}{65}$ de 4e ou la $3^e = \dfrac{100}{714} \times 13$

$\qquad\qquad$ les $\dfrac{39}{69}$ de 4e ou la $2^e = \dfrac{100}{714} \times 39$

Enfin $\quad$ les $\dfrac{480}{65}$ de 4e ou la $1^{re} = \dfrac{100}{714} \times 480$

En faisant les opérations, on a d'abord : $100 : 714 = 0,1400$, puis :

$$4^e \text{ part.} \quad . \quad . \quad 0,1400 \times 65 = 9^{kg},10$$
$$3^e \quad — \quad . \quad . \quad \text{le double} \quad = 18^{kg},20$$
$$2^e \quad — \quad . \quad . \quad 0,1400 \times 39 = 5^{kg},46$$
$$1^{re} \quad — \quad . \quad . \quad 0,1400 \times 480 = 67^{kg},20$$

Comme vérification, la somme . . . . . $\overline{99^{kg},96}$

doit différer de moins de 1^{kg} du nombre donné 100^{kg}. Si l'on veut compléter ce poids total, en suivant les indications données au problème II, on trouvera que la première part est celle qu'il faut augmenter de 0, 1 ; le partage définitif donnera ainsi :

Réponse : 1re Kaolin . . . . $67^{kg},3$
2e Craie de Bougival . . . . $5^{kg},4$
3e Sable d'Aumont . . . . . $18^{kg},2$
4e Sable feldspathique . . . . $\underline{9^{kg},1}$
En tout . . . . $100^{kg},0$

EXERCICES N° 31.

I. Partager, 1o 2375 en parties proportionnelles à 3 et à 2 ; 2o 4757, 4 en parties proportionnelles à 5, 7 et 6 ; 3o 7087,6 en parties proportionnelles à $\frac{1}{3}$, $\frac{1}{4}$ et $\frac{1}{2}$.

II. Partager, 1o 54 812^r en trois parties telles que la première soit à la seconde dans le rapport de 5 à 3, la seconde à la troisième dans le rapport de 4 à 7 ; 2o 35^r, 70 en quatre parties telles que la première soit à la seconde dans le rapport de $\frac{1}{4}$ à $\frac{1}{7}$; la seconde à la troisième dans le rapport de $\frac{2}{9}$ à $\frac{3}{11}$; la troisième à la quatrième dans le rapport de 3 à $\frac{5}{2}$; faire ces deux partages à 1 unité près et compléter les parts trouvées, s'il est nécessaire, de telle sorte qu'il ne reste rien sur les sommes données.

III. Partager 23835 en parties proportionnelles à $\frac{1}{3}$ et $\frac{1}{2}$; faire voir que les parts doivent être inversement proportionnelles à 3 et 2.

IV. Partager 11858 en parties proportionnelles à $\frac{1}{2}$, $\frac{1}{3}$, $\frac{1}{4}$, et $\frac{1}{5}$; faire voir que les parts doivent être inversement proportionnelles à 2, 3, 4, 5 ; c'est-à-dire que si l'on considère deux d'entre elles, elles doivent être inversement proportionnelles aux deux nombres correspondants ; ainsi que la deuxième et la quatrième qui correspondent aux nombres 3 et 5 doivent être directement proportionnelles à 5 et 3.

V. La plus grosse cloche du monde, celle du Kremlin, à Moscou, pèse 196 401ᵏᵍ; en la supposant formée, selon les proportions habituelles, de 78 pour 100 de cuivre et de 22 pour 100 d'étain, quel est le poids de l'étain et quel est le poids du cuivre qui y entrent?

VI. Le bronze employé pour les timbres de pendule renferme sur 100 parties 71 de cuivre, 27 d'étain et 2 de fer. Pour cette fabrication on a employé dans une année 6475ᵏᵍ de bronze; combien y a-t-on employé de kilogrammes de cuivre, combien d'étain, combien de fer?

VII. La craie ou carbonate de chaux est composée de trois corps simples, l'oxygène, le carbone (charbon), et le calcium (métal qui avec l'oxygène forme la chaux); le rapport du poids de l'oxygène à celui de la chaux est égal à $\frac{6}{5}$; le rapport du poids de la chaux à celui du carbone est égal à $\frac{10}{3}$; on demande, 1° quelles sont à 1ᵍ près les quantités d'oxygène, de carbone et de chaux qui forment 100ᵏ de carbonate de chaux; 2° quelle est la quantité de chaux pure qu'on peut retirer de 7ᵏ,586 de carbonate de chaux, en supposant qu'il s'en perde $\frac{1}{20}$ dans l'opération?

VIII. Sur un hectare de terre semée en seigle, on a fait, tant en grain qu'en paille et en fourrage vert, une récolte dont le poids total est de 17 854ᵏ; combien a-t-on récolté de grain, de paille et de fourrage vert, sachant que les poids des deux premiers sont dans le rapport de 14 à 25, et ceux des deux derniers dans le rapport de 1 à $8\frac{259}{342}$?

IX. La pâte qui a servi à fabriquer du verre à vitre a été composée en employant les corps suivants : pour 100 parties de sable, 35 de craie, 30 de carbonate de soude, 120 de groisil (débris de verre); on a ajouté ensuite du peroxyde de manganèse et de l'acide arsénieux à raison de 25 centièmes et 20 centièmes du poids total des trois premiers corps; combien y a-t-il de chacun de ces six corps, 1° dans 250ᵏ de pâte; 2° dans 100ᵏ de pâte à 1ᵍ près et en complétant les décagrammes?

II. RÈGLE DE SOCIÉTÉ.

Règle de société ou de compagnie; — simple; — composée.

260. Règle de société ou de compagnie, définition. — La *règle de société* a pour but de répartir entre des associés les bénéfices ou les pertes qu'ils ont pu faire. Le capital apporté dans la société par chacun des associés s'appelle sa *mise*.

Si les mises sont inégales et sont restées le même temps dans la société, la règle est dite simple; le bénéfice ou la perte se répartit proportionnellement aux mises.

... mises sont égales et sont restées des temps différents dans la société, la règle est encore simple, et le partage se fait proportionnellement au temps.

Si les mises sont inégales et les temps différents, la règle est compliquée, et on ramène alors la question à l'une des deux précédentes, en s'appuyant sur ce principe, admis comme évident, qu'une certaine mise placée pendant un certain temps équivaut à une mise 2, 3, 4,... fois plus forte placée pendant un temps 2, 3, 4,... fois moins long.

261. Règle de société simple. — PROBLÈME 1. *Trois associés ont apporté dans une entreprise, le premier 8400ᶠ, le second 5800ᶠ, le troisième 12000ᶠ; l'entreprise a donné 9000ᶠ de bénéfice : quelle part revient à chacun des associés?*

Solution. 9000ᶠ doivent être partagés proportionnellement aux nombres qui représentent les mises, 8400, 5800, 12000. En appliquant la règle générale des partages proportionnels (259), on trouve que les trois parts sont :

$$1^{o} \quad \frac{9000}{26200} \times 8400 = 0^{f},34351145 \times 8400 = 2885^{f},49618$$

$$2^{o} \quad \frac{9000}{26200} \times 5800 = 0^{f},34351145 \times 5800 = 1992^{f},36641$$

$$3^{o} \quad \frac{9000}{26200} \times 12000 = 0^{f},34351145 \times 12000 = 4122^{f},13740$$

La somme des trois parts est............ 8999ᶠ,98

en s'en tenant aux centimes : les deux centimes restants seront attribués suivant le procédé du nᵒ 259, Rem. II, à la 1ʳᵉ et à la 3ᵉ part : les trois parts deviendront ainsi :

Réponse }
1ʳᵉ part. 2885ᶠ,50
2ᵉ 1992ᶠ,36
3ᵉ 4122ᶠ,14

Vérification............ 9000ᶠ,00

REMARQUE. On désigne quelquefois le procédé employé sous le nom de règle du *marc-le-franc*, ou du *tant par franc*; la quantité 0ᶠ,34351145 est ce qui revient à chaque franc. Le raisonnement peut en effet se faire de la façon suivante : pour 8400ᶠ + 5800ᶠ + 12000ᶠ ou en tout 26 200ᶠ de capital, le bénéfice est de 9000ᶠ; pour 1ᶠ de capital, le bénéfice est 26200 fois moindre, ou

$$\frac{9000}{26200} = 0^{f},34351145;$$

reste à multiplier ce nombre par 8400, par 5800, par 1200, afin d'avoir le bénéfice pour 8400^f de capital, pour 5800^f, pour 12000^f.

PROBLÈME II. *Une entreprise a été commencée par une seule personne qui y a consacré une certaine somme; 4 mois après une seconde personne s'est jointe à la première et a apporté à la société une nouvelle somme égale à la première; au bout de l'année le bénéfice est de 4850^f,25; faire les parts de bénéfice des deux associés.*

Solution. Les capitaux égaux ont été placés dans la société l'un 12 mois, l'autre 12 — 4 ou 8 mois : le bénéfice doit être partagé proportionnellement à 12 et 8, ou à 3 et 2.

Réponse :

$$1^{re} \text{ part.} \quad \frac{4850,25}{5} \times 3 = 970,05 \times 3 = 2910^f,15$$

$$2^o \quad \frac{4850,25}{5} \times 2 = 970,05 \times 2 = 1940^f,10$$

$$\text{Vérification:} \quad \overline{4850^f,25}$$

262. Règle de société composée. — PROBLÈME I. *Trois associés ont fourni : le premier 5000^f, dont la société s'est servie pendant 12 mois; le second 8000^f, pendant 6 mois; le troisième 11000^f, pendant 4 mois; le bénéfice de l'année a été de 19000^f : en faire le partage aux trois associés.*

Solution. 5000^f placés pendant 12 mois produisent le même bénéfice que 12 fois 5000^f pendant 1 mois; — 8000^f pendant 6 mois produisent le même bénéfice que 6 fois 8000^f pendant 1 mois; — 11000^f pendant 4 mois produisent le même bénéfice que 4 fois 11000^f pendant 1 mois.

Le partage doit donc se faire proportionnellement aux nombres suivants :

$$\text{pour le premier.....} \quad 5000 \times 12 = 60000$$
$$\text{pour le second......} \quad 8000 \times 6 = 48000$$
$$\text{pour le troisième....} \quad 11000 \times 4 = 44000$$

c'est-à-dire proportionnellement à 60, 48 et 44, ou encore à 15, 12 et 11.

Les parts seront :

$$\text{Réponse : } 1^{re} \quad \frac{19000}{38} \times 15 = 500 \times 15 = 7500^f$$

$$2^e \quad \frac{19000}{38} \times 12 = 500 \times 12 = 6000$$

$$3^e \quad \frac{19000}{38} \times 11 = 500 \times 11 = 5500$$

$$\text{Vérification.} \quad \overline{19000^f}$$

REMARQUE. Quand le temps et la mise varient en même temps, les parts sont proportionnelles aux produits de chaque mise par le temps correspondant.

PROBLÈME II. *Un premier capitaliste a commencé une entreprise avec 12 600^f; 3 mois après il s'en est associé un second qui a versé 7000^f; encore 3 mois après un troisième capitaliste s'est associé avec eux et a versé 15000^f; mais le premier capitaliste s'est retiré de la société 1 mois après ce dernier versement ; au bout de l'année l'entreprise liquide avec 7500^f de perte : quelle perte doit supporter chaque associé?*

Solution :

Les 12600^f du premier ont été placés pendant 7 mois
— 7000^f du second   —   9 —
— 15000^f du troisième   —   6 —

La perte doit être partagée, d'après la remarque précédente, proportionnellement aux produits

$$12600 \times 7, \quad 7000 \times 9, \quad 15000 \times 6,$$

ou, après simplification, proportionnellement aux nombres :

$$49, \quad 35, \quad 50.$$

Les parts de la perte seront donc :

$$1^{re} \text{ part.} \quad \frac{7500}{134} \times 49 = 55{,}9701 \times 49 = 2742^f{,}5349$$

$$2^e \quad \frac{7500}{134} \times 35 = 55{,}9701 \times 35 = 1958^f{,}9535$$

$$3^e \quad \frac{7500}{134} \times 50 = 55{,}9701 \times 50 = 2798^f{,}5050$$

La somme des trois parts est. . . . . . . : 7499^f, 98

en s'en tenant aux centimes ; les deux centimes restants seront attribués (259, Rem. II) à la 1ʳᵉ et à la 3ᵉ part. Les trois parts deviendront donc :

Réponse :	1ʳᵉ . . .	2742ᶠ,54
	2ᵉ . . .	1958ᶠ,95
	3ᵉ . . .	2798ᶠ,51
	Vérification.	7500ᶠ,00

III. RÉPARTITION DE L'IMPOT ET DU CONTINGENT.

Contribution foncière ; — mobilière. — Contingent militaire. — Exercices.

263. Contribution foncière[1]. — MODE DE RÉPARTITION. Le cadastre fournit l'étendue et le revenu des propriétés foncières appartenant à chaque propriétaire ; on en déduit le revenu de la propriété foncière par commune, par arrondissement, par département. La totalité de l'impôt étant fixée, on le répartit proportionnellement aux revenus imposables entre les départements, puis de la même manière, dans chaque département, entre les arrondissements, dans chaque arrondissement entre les communes, dans chaque commune entre les propriétaires contribuables. De cette façon l'impôt est partagé proportionnellement entre tous les propriétaires de toutes les communes de France.

Pour faciliter le travail de cette répartition, on divise l'impôt total par le revenu total ; le quotient représente ce que doit payer 1 franc de revenu ; on le nomme le *centime le franc* (261, Pr. I, Rem.). Il ne reste plus qu'à multiplier le centime le franc par le revenu de chaque propriété, pour obtenir la part de contribution foncière que le propriétaire doit payer.

PROBLÈME. *Dans une commune, le contingent de la contribution foncière à répartir étant de* 13067ᶠ,67 *et le revenu imposable de* 40403ᶠ,56, *on demande de déterminer* 1° *le centime le franc de la contribution foncière,* 2° *la part qu'on doit payer pour une propriété dont le revenu est de* 45ᶠ, 85.

Solution.

1° Centime le franc . . . . 13067ᶠ,67 ÷ 40403ᶠ,56 = 0ᶠ,3234286 ...

2° Contrib. fonc. pʳ 45ᶠ,85 de revenu, 0ᶠ,32342 × 45ᶠ,85 = 14ᶠ,829,...

Réponse : 1° 0ᶠ,32342 ; 2° 14ᶠ,83.

---

[1] Voir le *Cours de législation civile*, troisième année. Les seuls impôts qui donnent lieu à répartition proportionnelle sont les contributions foncière et mobilière.

264. Contribution mobilière. — Mode de répartition. La contribution mobilière forme avec la contribution personnelle un seul impôt qui se répartit entre les départements, les arrondissements, les communes et les contribuables comme l'impôt foncier, si ce n'est qu'avant le partage proportionnel on commence par déduire du total de l'impôt le montant de la contribution personnelle (contribution variable représentant 3 journées de travail dont chacune est évaluée à 0ᶠ,50 au moins et 1ᶠ,50 au plus). Cette soustraction faite, l'excédant est alors réparti entre les contribuables proportionnellement aux valeurs locatives correspondantes. Pour cela, cet excédant total est divisé par la somme totale des valeurs locatives; le quotient est le *centime le franc* de la contribution mobilière; en le multipliant par la valeur locative de l'habitation de chaque contribuable, on obtient la part de contribution mobilière qu'il doit payer; il résulte de là que la contribution mobilière, proportionnelle entre les contribuables d'une même commune, ne l'est plus entre les contribuables de deux communes différentes.

PROBLÈME. *Le contingent d'une commune pour la contribution personnelle et mobilière étant de 2420ᶠ,73; le nombre des habitants étant de 209, imposés chacun à raison de 0ᶠ,50 pour chaque journée de travail; le montant des valeurs locatives étant de 2941ᶠ; 1º quel est le centime le franc pour cette commune? 2º quelle est en détail et en total la contribution personnelle et mobilière d'un contribuable dont le loyer est estimé à 125ᶠ?*

Solution.

1º Montant des trois journées de travail par habitant. .   =   1ᶠ,50
    Produit de la contribution personnelle. .   1ᶠ,50 × 209   =   313ᶠ,50
    Excédant à répartir en contrib. mob., 2420ᶠ,73 — 313ᶠ,50   =   2107ᶠ,23
    Centime le franc . . . .   2107ᶠ,23 : 2941ᶠ   =   0ᶠ,7165
2º Contribution personnelle pour 1 contribuable . . . .   =   1ᶠ,50
    Contrib. mob. pour un loyer de 125ᶠ, 0ᶠ,7165 × 125. .   =   89ᶠ,5625
    Contribution personnelle et mobilière : Total. 91ᶠ,0625

Réponse : 1º 0ᶠ,7165 ; 2º 91ᶠ,06.

265. Contingent militaire. — Mode de répartition. Le chiffre annuel du contingent total est fixé par une loi; d'autre part, un relevé fait dans chaque commune fournit le nombre d'hommes parvenus à l'âge de la conscription : 1º dans chaque canton; 2º par suite, dans chaque département.

Le chiffre total du contingent est réparti d'abord entre les départements; puis le contingent du département entre les cantons qui le composent, dans les deux cas proportionnellement au nombre des conscrits. En réalité, on forme le quotient du nombre total des hommes à fournir par le nombre total des conscrits; le quotient est ce que l'on nomme le *chiffre proportionnel*; en multipliant par ce nombre le nombre des conscrits de chaque canton, on obtient pour produit le contingent de chaque canton.

PROBLÈME. *Dans le département de Seine-et-Marne, le nombre des hommes inscrits était, en 1866, par cantons :*

1er....	88 inscrits.	11e....	63 inscrits.	21e....	87 inscrits.
2e....	102 —	12e....	98 —	22e....	95 —
3e....	79 —	13e....	59 —	23e....	127 —
4e....	95 —	14e....	80 —	24e....	132 —
5e....	94 —	15e....	84 —	25e....	82 —
6e....	124 —	16e....	94 —	26e....	139 —
7e....	72 —	17e....	61 —	27e....	95 —
8e....	94 —	18e....	82 —	28e....	102 —
9e....	110 —	19e....	128 —	29e....	119 —
10e....	95 —	20e....	129 —		

D'après la répartition déjà faite entre les départements, le contingent du département est de 899 hommes. Faire la répartition entre les cantons.

Solution. Le total des hommes inscrits est 2809; donc le chiffre proportionnel est $\dfrac{899}{2809} = 0,32$; en multipliant par ce nombre le nombre des hommes inscrits dans chaque canton, on obtiendra le nombre d'hommes que chaque canton doit fournir. On trouve ainsi les nombres inscrits dans les deuxièmes colonnes du tableau suivant :

1er....	28,16	29	11e....	20,16	41	21e....	27,84	05
2e....	32,61	11	12e....	31,36	20	22e....	30,40	19
3e....	25,28	28	13e....	18,88	06	23e....	40,64	08
4e....	30,40	19	14e....	25,60	15	24e....	42,24	17
5e....	30,08	30	15e....	26,88	04	25e....	26,24	28
6e....	39,68	08	16e....	30,08	30	26e....	44,48	11
7e....	23,04	41	17e....	19,52	24	27e....	30,40	19
8e....	30,08	30	18e....	26,24	28	28e....	32,64	11
9e....	35,20	22	19e....	40,96	00	29e....	38,08	24
10e....	30,40	19	20e....	41,24	17			

En faisant le total des entiers seuls, on trouve seulement

887 hommes; il en reste donc 899 — 887 ou 12 à répartir de façon à altérer le moins possible la proportionnalité. On suit la règle du n° 259, Probl. II, Rem. II. On prend donc l'erreur commise en augmentant de 1 chaque nombre trouvé et négligeant la fraction, on la divise par le nombre d'hommes et on écrit en regard le quotient trouvé. Ces nombres forment la 3ᵉ colonne du tableau précédent : pour le premier, par exemple : 1 — 0, 16 = 0, 84; 0,84 : 28,16 = 0,029...; on a écrit dans le tableau 29, nombre de millièmes.

Les plus faibles erreurs relatives correspondent aux 12 cantons qui ont pour numéros : 19, 15, 21, 13, 6, 23, 2, 26, 28, 14, 20 et 24; on augmentera d'une unité les entiers obtenus pour les contingents de ces 12 cantons, ce qui donnera le tableau définitif suivant[1] :

1ᵉʳ.... 28 hommes.		11ᵉ.... 20 hommes.		21ᵉ.... 28 hommes.	
2ᵉ.... 33	—	12ᵉ.... 31	—	22ᵉ.... 30	—
3ᵉ.... 25	—	13ᵉ.... 19	—	23ᵉ.... 41	—
3ᵉ.... 30	—	14ᵉ.... 26	—	24ᵉ.... 43	—
5ᵉ.... 30	—	15ᵉ.... 27	—	25ᵉ.... 26	—
6ᵉ.... 40	—	16ᵉ.... 30	—	26ᵉ.... 45	—
7ᵉ.... 23	—	17ᵉ.... 19	—	27ᵉ.... 30	—
8ᵉ.... 30	—	18ᵉ.... 26	—	28ᵉ.... 33	—
9ᵉ.... 35	—	19ᵉ.... 41	—	29ᵉ.... 38	—
10ᵉ.... 30	—	20ᵉ.... 42	—		

Comme vérification, le total doit donner 899.

EXERCICES N° 32.

I. Trois associés ont apporté dans une entreprise, le premier 5400ᶠ, le second 7500ᶠ, le troisième 4880ᶠ; le bénéfice total de l'entreprise a été de 8673ᶠ : quelle part revient à chacun des associés ?

II. Un commerçant ayant été déclaré en faillite, son avoir a été estimé à 25 812ᶠ,50. Les créances sont dans les mains de 4 créanciers, pour les sommes respectives de : 7895ᶠ,25; 9512ᶠ,50; 12 830ᶠ,70, et 20 000ᶠ. Combien chaque créancier doit-il recevoir et combien perd-il ? Leurs pertes sont-elles proportionnelles aux sommes qu'ils reçoivent ?

III. Une société à capital limité est au-dessous de ses affaires et ses dettes dépassent son avoir de 25 800ᶠ; les créances sont : 1° 2500ᶠ; 2° 7900ᶠ,90;

1. En réalité on se contente ordinairement de reporter 1 de plus sur les contingents dont les parties décimales sont les plus grandes; mais cette pratique est inexacte et doit être abandonnée.

2º 17.500ᶠ; 3º 18.700ᶠ; les associés proposent à leurs créanciers de leur assurer personnellement par des valeurs déposées 40 pour 100 de leur créance, à condition que la société continuera ses affaires; ce qui est accepté. Lequel est actuellement le plus avantageux? combien chacun aurait-il perdu dans le cas où la proposition n'eût pas été acceptée? quelle est la portion de chacune des 5 créances qui n'est pas assurée dans le cas de l'acceptation?

IV. Trois capitalistes ont à se partager le bénéfice d'une affaire dans laquelle le premier a mis 7890ᶠ pendant 6 mois, le second 12 000ᶠ pendant 4 mois 1|2, le troisième 10 500ᶠ pendant 3 mois; faire le partage.

V. Une société est composée de quatre associés dont le premier y a placé 28 000ᶠ pendant toute l'année; le second 16 000ᶠ pendant 9 mois, le troisième 12 000ᶠ pendant 6 mois, le quatrième 6000ᶠ pendant 4 mois; en outre, deux employés sont intéressés le premier à 2 pour 100 et le second à 1 pour 100 dans les bénéfices; ceux-ci s'étant élevés à 25 000ᶠ, combien en revient-il à chacun des deux employés et des quatre associés?

VI. Le revenu imposable dans une commune est de 44 298ᶠ,78; le contingent à partager entre les contribuables est de 14 374ᶠ,74; combien doivent payer des propriétés dont les revenus imposables sont pour la première de 64ᶠ,25; pour la seconde, de 512ᶠ,21; pour la troisième de 8ᶠ,10; pour la quatrième de 81ᶠ,86; pour la cinquième de 64ᶠ,11; pour la sixième de 84ᶠ,71?

VII. Dans une commune le nombre des habitants passibles de la contribution personnelle est de 825, au plus bas prix de la journée de travail; le contingent pour la contribution personnelle et mobilière est de 2772ᶠ,80; quelle est en total et en détail la contribution personnelle et mobilière que doivent payer des contribuables dont les loyers sont, pour le premier 5ᶠ, pour le second 10ᶠ; pour le troisième 15ᶠ; pour le quatrième 20ᶠ, pour le cinquième 400ᶠ?

VIII. Quatre cantons voisins doivent fournir 108 soldats à eux quatre; il y a 104 conscrits dans le premier canton, 56 dans le second, 77 dans le troisième et 94 dans le quatrième;

IV. MOYENNES ET ÉCHÉANCE MOYENNE.

Moyennes. — Échéance commune ou échéance moyenne. — Exercices.

226. Moyennes. — Problème I. Les ventes d'un commerçant pendant une semaine ont été pour les différents jours de la semaine 1823ᶠ,40; 1275ᶠ,60; 1842ᶠ,20; 2039ᶠ,55; 2348ᶠ,05. Combien a-t-il vendu par jour en moyenne, c'est-à-dire combien aurait-il vendu par jour si les ventes des divers jours eussent été égales entre elles et eussent donné le même total au bout de la semaine?

Solution. En additionnant les ventes des 6 jours on trouve qu'il a vendu en tout pour 11664ᶠ,05; en 1 jour, en moyenne, il aurait vendu 6 fois moins ou 11664ᶠ,05 : 6 = 1944ᶠ,008...

Réponse : 1944ᶠ à 1 centime près.

Remarque. La vente trouvée est dite la moyenne des ventes de la semaine. On appelle *moyenne arithmétique* ou simplement *moyenne*, entre des quantités, le quotient de leur somme par leur nombre. Il est évident que la moyenne entre plusieurs quantités est nécessairement comprise entre la plus grande et la plus petite.

Problème II. *Dans un marché on a vendu 35 sacs de farine à 85ᶠ, 12 à 88ᶠ, 5 à 90ᶠ; quel est le prix moyen du sac?*

Solution. Même marche et même raisonnement qu'au problème I ; mais on simplifie les opérations en remplaçant les additions de nombres égaux (35 fois 85, 12 fois 88, 5 fois 90) par des multiplications. On dispose les opérations comme il suit :

$$35 \text{ sacs à } 85^f \text{ valent.} \quad 85^f \times 35 = 2975^f$$
$$12 \quad - \quad 88 . \quad - \quad 88^f \times 12 = 1056^f$$
$$5 \quad - \quad 90^f . \quad - \quad 90^f \times 5 = 450^f$$

$$\text{Donc : } \overline{52} \text{ sacs valent} \qquad \overline{4481^f}$$

$$\text{et . . . . 1 sac vaut . . . . } \frac{4481^f}{52} = 86^f,173.$$

La division est poussée jusqu'à ce que le reste soit inférieur à 1 centime.

Réponse : 86ᶠ,173.

Problème III. *Un capitaliste, ayant divisé son capital en 4 parts égales, a placé la 1ʳᵉ à 5 pour 100, la 2ᵉ à 4,5, la 3ᵉ à 4, la 4ᵉ à 3,5. A quel taux unique faudrait-il placer tout le capital pour qu'il rapportât autant?*

Solution. Un quart rapportant 5 pour 100, un quart 4,5, un quart, 4, et un quart 3,5, équivalent à un seul quart rapportant $5 + 4,5 + 4 + 3,5$ pour 100, ou aux 4 quarts placés à un taux 4 fois moindre, soit à

$$\frac{5+4,5+4+3,5}{4} = 4,25 \text{ pour } 100,$$

c'est-à-dire à un taux qui est la moyenne des 4 taux donnés.

Problème IV. *Un capitaliste a placé 4382ᶠ,25 à 5,5 pour 100, 3820ᶠ à 4, 6830ᶠ à 3 ; à combien en moyenne a-t-il placé son capital?*

Solution. Un capital de 438255 centimes placé à 5,5 pour 100 rapporte le même intérêt qu'un centime placé à un taux

438225 fois plus grand ; les capitaux ci-dessus, à leurs taux respectifs reviennent donc à :

$$1^e \text{ placé à } 5,5 \times 438225 \text{ 0/0}$$
$$1^e \quad - \quad 4 \times 382000 \text{ 0/0}$$
$$1^e \quad - \quad 3 \times 683000 \text{ 0/0}$$

alors toutes les sommes placées étant égales à 1e, on est ramené au cas du problème précédent, et il suffit de prendre la moyenne des taux auxquels sont placés tous les centimes séparément. Cette moyenne est le quotient de la somme des taux auxquels chaque centime est placé divisée par le nombre des centimes placés, ou

$$\frac{5,5 \times 438225 + 4 \times 382000 + 3 \times 683000}{438225 + 382000 + 683000}$$

ou
$$\frac{5,5 \times 4382,25 + 4 \times 3820 + 3 \times 6830}{4382,25 + 3820 + 6830} = 3,982\ldots$$

Réponse : 3,982 pour 100.

267. Échéance commune ou échéance moyenne.

PROBLÈME I. *On a à faire 3 payements égaux à 4 mois de date, à 6 mois, à 11 mois ; on préférerait payer toute la somme d'un coup, quelle doit être l'échéance de ce payement ?*

Solution. L'intérêt, quel qu'en soit le taux, portant sur un tiers de la somme totale pendant 4 mois, sur un tiers pendant 6 mois et sur un tiers pendant 11 mois, ou autrement sur un seul tiers pendant $4 + 6 + 11$ mois, est le même que l'intérêt portant sur la somme totale pendant 3 fois moins de temps ou

$$\frac{4 + 6 + 11}{3} = \frac{21}{3} = 7 \text{ mois,}$$

c'est-à-dire que l'échéance à laquelle le tout doit être payé est la moyenne entre les échéances données.

Réponse : 7 mois.

PROBLÈME II. *Sur trois effets, le premier de 2540^f est payable dans 90 jours ; le second de 5000^f, dans 120 jours, et le troisième de 4000^f, dans 150 jours ; dans combien de jours doit être payable un effet unique dont le montant est égal à la somme des trois, pour que l'intérêt soit le même ?*

Solution. Un capital de 2540^f, payable dans 90 jours donnerait aujourd'hui le même escompte et par suite aurait même valeur actuelle que 1^f payable dans 2540 fois plus de jours; donc les capitaux donnés peuvent être remplacés par :

$$1^f \text{ payable dans } 90^j \times 2540$$
$$1^f \quad — \quad 120^j \times 5000$$
$$1^f \quad — \quad 150^j \times 4000$$

et on est ainsi ramené au problème précédent, puisque les sommes placées sont toutes égales à 1^f; reste donc à prendre la moyenne des échéances de toutes les sommes égales à 1^f; cette moyenne est

$$\frac{90 \times 2540 + 120 \times 5000 + 150 \times 4000}{2540 + 5000 + 4000}$$

ou

$$\frac{90 \times 254 + 120 \times 500 + 150 \times 400}{254 + 500 + 400} = \frac{142860}{1154} = 123,7\ldots \text{ jours.}$$

Réponse : L'effet unique sera payable le 124e jour.

REMARQUE. Les trois effets pendant les 90 premiers jours (échéance du plus rapproché) portent intérêt comme s'ils étaient réunis en un seul; il suffit donc de compenser les échéances à partir de cette date; le premier serait payable dans 0^j, le second dans 30^j, le troisième dans 60^j; et l'échéance moyenne à partir des 90 premiers jours serait :

$$\frac{30 \times 5000 + 60 \times 4000}{2540 + 5000 + 4000} = \frac{30 \times 500 + 60 \times 400}{254 + 500 + 400} = 33,7\ldots \text{ jours,}$$

et en y joignant les 90^j on a : $33,7\ldots + 90 = 123,7\ldots$

PROBLÈME III. *A quelle date faut-il payer la somme des deux effets suivants : 3425^f,25 au 15 avril, et 2890^f,75 au 15 juillet ?*

Solution. Du 15 avril au 15 juillet, 91 jours. En appliquant la remarque précédente, le nombre de jours à partir du 15 avril sera :

$$\frac{91 \times 2890,75}{3425,25 + 2890,75} = 41,6.$$

Le payement devra être fait le 42e jour après le 15 avril; du 15 avril au 15 mai, il y a 30 jours; il faut en ajouter 12, ce qui conduit au 27 mai.

Réponse : le 27 mai.

EXERCICES N° 33.

I. Trouver les moyennes, 1° entre 12, 18 et 25 ; — 2° entre 3, 5 ; 48,2 ; 100,4 ; — 3° entre $\frac{3}{4}$, $\frac{5}{7}$, $\frac{7}{12}$ et $\frac{5}{13}$; 4° entre $\frac{27}{9}$, $3\frac{4}{11}$ et $5\frac{7}{18}$.

II. Le volume d'un corps a été mesuré 4 fois ; on a obtenu successivement : 5mc,748 ; 5mc,759 ; 5mc,750 ; 5mc,746 : quel est le volume de ce corps ?

III. La moyenne des températures observées à Paris tous les jours de l'année à midi est de 13°,5. En formant ainsi les moyennes pour toutes les heures du jour et de la nuit, pendant toute l'année, on a trouvé :

minuit...	8°,5	6ʰ......	8°,2	midi ...	13°,5	6ʰ......	12°,2
1ʰ......	8°,1	7ʰ......	9°,2	1......	14°,1	7ʰ......	11°,6
2ʰ......	7°,7	8ʰ......	10°,3	2ʰ......	14°,5	8ʰ......	10ʰ,8
3ʰ......	7°,4	9ʰ......	11°,2	3ʰ......	13°,0	9ʰ......	10°,2
4ʰ......	7°,1	10ʰ......	12°,1	4ʰ......	13°,4	10ʰ......	9°,7
5ʰ......	7°,5	11ʰ......	12°,9	5ʰ......	12°,8	11ʰ......	9°,1

D'après ce tableau, on demande : 1° quelle est la température moyenne de Paris ; 2° à quelles heures du matin et du soir correspond cette température moyenne ; 3° quelle serait la moyenne entre la plus petite et la plus grande chaleur du jour ; 4° quelle erreur (relative) on commet dans la détermination de cette température, quand, au lieu de prendre la moyenne de toutes les observations, on ne prend que la moyenne des deux extrêmes (Saigey) ?

IV. La moyenne de deux nombres est 60,5 ; l'un d'eux est 79, quel est l'autre ?

V. La moyenne de trois températures étant 8°,6333... ; la moyenne des deux extrêmes étant 8°,5, et la première étant 5°,7, quelles sont ces trois températures ?

VI. Dans un département, sur 1250 hectares drainés dans une année, 450 l'ont été à raison de 270ᶠ,25 par hectare, 500 à raison de 285ᶠ,70 et le reste à raison de 286ᶠ,60 ; quel a été le prix moyen de l'hectare de drainage ?

VII. Un cultivateur a acheté du guano du Pérou contenant 17 pour 100 d'azote et 27 pour 100 de phosphate ; l'azote étant estimé à 1ᶠ,70, le phosphate à 0ᶠ,15, et les 56 pour 100 de matières diverses à 0ᶠ,025, quelle est la valeur des 100 kilogrammes de ce guano ?

VIII. Quelle est la valeur moyenne de l'hectolitre de blé d'après les ventes qui suivent : 135ʰˡ à 22ᶠ,70 ; 70ʰˡ à 23ᶠ ; 80ʰˡ à 23ᶠ,25 ?

IX. Un capitaliste a placé un quart de ses capitaux à 3,5 pour 100, un quart à 5, un quart à 5,5, et un quart à 6 ; quel est le taux auquel il a placé son argent ?

X. Un capitaliste a placé un tiers de ses capitaux à 4 pour 100, un quart à 5 pour 100, le reste à 5,5 ; quel est le taux moyen de ces trois placements ?

XI. Un commerçant doit payer 10 500ᶠ dans 1 an, 1340ᶠ dans 6 mois, 2245ᶠ dans 3 mois ; quelle serait l'échéance commune de ces trois sommes ?

XII. Quatre effets de 1234ᶠ, de 520ᶠ, de 741ᶠ et de 800ᶠ, sont payables l'un le 25 janvier, le second le 31 mars, le troisième le 15 mai, le quatrième le 31 juillet ; quelle en serait l'échéance commune ?

XIII. Une compagnie émet des obligations de 300ᶠ payables ; 25ᶠ au 1er octobre 1867 ; 25ᶠ au 1er novembre ; 75ᶠ au 15 novembre ; 50ᶠ au 10 janvier 1868 ; 50ᶠ au 10 avril, et 75ᶠ au 10 juillet de la même année : on demande 1° à quelle date devrait être effectué un payement unique de 300ᶠ, pour remplacer les six payements ci-dessus ; 2° en comptant l'intérêt à 5 pour 100, quelle somme il faudrait payer au 1er octobre 1867.

FIN.

TABLE DES MATIÈRES.

FIN DE LA TABLE.

PARIS. — IMPRIMERIE JULES LE CLERE, RUE CASSETTE, 29.